高等学校智能建筑技术系列教材

Jianzhu Gongpeidian Xitong Sheji
建筑供配电系统设计

曹祥红 张 华 陈继斌 主 编
寿大云 崔光照 主 审

人民交通出版社

内 容 简 介

本书是为适应高等学校"卓越工程师培养计划"的专业教学需要而组织编写的,强调以工程综合应用为目的,突出培养学生掌握建筑供配电系统设计的理念、规范要求和实际应用中所需的知识及能力,充分体现建筑供配电系统设计技术的新发展和国家标准规范的新要求。全书共分十章,内容包括建筑供配电系统设计基础、常用电气设备、建筑变配电所的结构布置及主接线、负荷计算及无功功率补偿、短路电流及其计算、电气设备的选择与校验、导线和电缆的选择、建筑低压配电系统设计、建筑防雷与接地系统、建筑供配电系统设计工程实例等。书中例题与习题大多精心选自工程实际。

本书内容丰富,实用性强。既可作为高等学校建筑电气与智能化、建筑环境与设备工程、电气工程及其自动化等本科专业及相近专业的教材和教学参考用书,也可作为供配电工程设计、监理、安装和运行技术人员的培训和参考用书。

本书提供电子课件方便教学,可向作者索取,联系邮箱:caoxhong@zzuli.edu.cn。

图书在版编目(CIP)数据

建筑供配电系统设计/曹祥红,张华等主编.—北京:人民交通出版社,2011.8
 ISBN 978-7-114-09055-4

Ⅰ.①建… Ⅱ.①曹… ②张… Ⅲ.①房屋建筑设备-供电-系统设计②房屋建筑设备-配电系统-系统设计 Ⅳ.①TU852

中国版本图书馆 CIP 数据核字(2011)第 148913 号

书　　名:	建筑供配电系统设计
著 作 者:	曹祥红　张　华　陈继斌
责任编辑:	刘永芬
出版发行:	人民交通出版社
地　　址:	(100011)北京市朝阳区安定门外外馆斜街 3 号
网　　址:	http://www.ccpress.com.cn
销售电话:	(010) 59757969,59757973
总 经 销:	人民交通出版社发行部
经　　销:	各地新华书店
印　　刷:	北京鑫正大印刷有限公司
开　　本:	787×1092　1/16
印　　张:	18.75
字　　数:	440 千
版　　次:	2011 年 8 月　第 1 版
印　　次:	2018 年 7 月　第 2 次印刷
书　　号:	ISBN 978-7-114-09055-4
定　　价:	35.00 元

(有印刷、装订质量问题的图书由本社负责调换)

前言

本书是为适应高等学校"卓越工程师培养计划"的专业教学需要而组织编写的。在内容阐述上,强调以工程综合应用为目的,突出培养学生掌握建筑供配电系统设计的理念、规范要求和实际应用中所需的知识及能力,充分体现建筑供配电系统设计技术的新发展和国家标准规范的新要求。内容包括建筑供配电系统设计基础、常用电气设备、建筑变配电所的结构布置及主接线、负荷计算及无功功率补偿、短路电流及其计算、电气设备的选择与校验、导线和电缆的选择、建筑低压配电系统设计、建筑防雷与接地系统、建筑供配电系统设计工程实例等。书中例题与习题大多精心选自工程实际。在本书的编写过程中,我们力求做到:

1. 内容全面。本书全面介绍了建筑供配电系统设计的内容、程序和要求等相关基础知识,并介绍了进行建筑供配电系统设计必备的负荷计算、短路电流计算、电气设备及其选择、导线和电缆的选择等基本理论,在此基础上结合实例对建筑供配电所结构布置与主接线、建筑低压配电系统设计、防雷与接地系统设计等进行了论述,最后介绍了一个建筑供配电系统设计的工程实例。

2. 实用性强。以工程应用为出发点,重点培养解决实际工程技术问题的能力。在能够说明基本原理的基础上,尽量减少理论推导过程,内容通俗易懂;通过大量的例题和设计实例,使学生尽快掌握解决实际工程技术问题的方法。

3. 技术内容新。本书的编写中注意贯彻最新的国家标准和设计规范,采用新的电气符号,重点论述应用前景看好的新技术、新设备和新方法,使内容更新颖、更实用,在文字叙述上也力求简明易懂,条理清楚,安排得当。

4. 工程应用性强。本书强调以工程综合应用为目的,突出了培养学生掌握工程设计的理念、规范要求和实际应用知识的能力,目标旨在培养合格的建筑供配电系统设计工程师,专设建筑供配电系统设计工程实例一章,通过大量的图纸实例,让学生将前面所学理论内容系统化,达到通过本课程的学习能够识读建筑供配电系统图纸和独立进行部分的建筑供配电系统设计的能力,提高了实践教学效果,为课程设计和毕业设计打下坚实的基础。

本书是智能建筑系列教材之一,既可作为高等学校建筑电气与智能化、建筑环境与设备工程、电气工程及其自动化等专业相关课程的本科学生用书,也可作为教师的教学参考用书，同时也可用于供配电工程设计、监理、安装和运行技术人员的培训和参考用书。本书同时提供电子课件方便教学，需要者可向作者索取，联系邮箱：caoxhong@zzuli.edu.cn。

本书由郑州轻工业学院曹祥红、河南工业大学张华、郑州轻工业学院陈继斌、张志艳、朱向前、过金超、平顶山城建学院程坦共同完成，曹祥红、张华、陈继斌担任主编，负责全书的构思和统稿。

全书共分十章，第一、十章由曹祥红编写，第三、五章由张华编写，第二、七章由陈继斌编写，余下章节和附录由张志艳、朱向前、过金超、程坦共同完成编写。北京林业大学寿大云教授和郑州轻工业学院崔光照教授担任本书主审，河南省建筑设计研究院有限公司段玉荣高工也提出了很多宝贵意见，在此向他们表示衷心的感谢。本书在编写过程中参考了许多的相关教材、手册、规范和标准图集，在此向所有作者表示诚挚的谢意。

由于编者知识水平有限，编写时间仓促，书中疏漏在所难免，敬请读者批评指正。

目录 MULU

第一章 建筑供配电系统设计基础 ... 1
- 第一节 电力系统概述 ... 1
- 第二节 供电电能的质量 ... 8
- 第三节 建筑供配电的负荷分级及供电要求 ... 13
- 第四节 建筑供配电系统设计的内容、程序及要求 ... 20
- 思考与练习题 ... 26

第二章 常用电气设备 ... 28
- 第一节 建筑供配电系统电气设备的分类 ... 28
- 第二节 电气设备中的电弧问题 ... 28
- 第三节 高压电气设备 ... 29
- 第四节 低压电气设备 ... 43
- 思考与练习题 ... 50

第三章 建筑变配电所的结构、布置及主接线 ... 51
- 第一节 供电区域的规划设计 ... 51
- 第二节 建筑变配电所的型式、结构及布置 ... 55
- 第三节 变配电所主接线设计 ... 63
- 思考与练习题 ... 75

第四章 负荷计算及无功功率补偿 ... 76
- 第一节 负荷计算的意义和目的 ... 76
- 第二节 计算负荷的确定 ... 77
- 第三节 功率因数和无功功率补偿 ... 86
- 第四节 建筑供配电系统中的功率损耗 ... 91
- 第五节 配电变压器容量的计算 ... 92
- 第六节 应急电源容量的计算 ... 97
- 第七节 建筑供配电工程负荷计算实例 ... 102
- 思考与练习题 ... 103

第五章 短路电流及其计算 ... 105
- 第一节 短路概述 ... 105
- 第二节 三相短路的过渡过程及其相关物理量 ... 108
- 第三节 短路电流的计算 ... 112
- 第四节 电动机对短路冲击电流的影响 ... 121

第五节　短路电流的效应 122
思考与练习题 131

第六章　电气设备的选择与校验 133
第一节　电气设备选择与校验的一般原则 133
第二节　高压电气设备的选择 135
第三节　低压电气设备的选择 144
思考与练习题 150

第七章　导线和电缆的选择 151
第一节　导线和电缆的分类及型号选择 151
第二节　导线和电缆截面选择的一般原则 155
第三节　按发热条件选择线缆截面 157
第四节　按允许电压损失选择线缆截面 159
第五节　按经济电流密度选择线缆截面 166
第六节　线缆短路时的热稳定性校验 167
思考与练习题 167

第八章　建筑低压配电系统设计 169
第一节　建筑低压配电系统设计原则 169
第二节　建筑低压配电系统的接地形式选择 171
第三节　低压用电设备和配电线路的保护 175
第四节　电度表及接线方式 177
第五节　低压配电箱（盘） 180
第六节　各类建筑物低压配电系统设计要点 182
第七节　建筑低压配电系统图 188
思考与练习题 192

第九章　建筑防雷与接地系统 193
第一节　过电压与雷电基本知识 193
第二节　建筑物防雷装置的组成及作用 195
第三节　建筑物的防雷分类及保护措施 198
第四节　接地装置设置与接地电阻计算 206
第五节　建筑物等电位联结 215
思考与练习题 217

第十章　建筑供配电系统设计工程实例 218
第一节　工程概况 218
第二节　负荷分级、负荷计算及无功功率补偿 218
第三节　供电电源、电压选择与电能质量 225
第四节　电力变压器选择 226
第五节　变电所电气主接线设计与变电所所址和型式的选择 228
第六节　低压配电干线系统设计 229

第七节　短路电流计算及设备和导线的选择 ································· 232
第八节　防雷与接地系统设计 ································· 242
附录 ································· 246
附录Ⅰ　建筑电气工程图纸中常用电气图形符号和文字符号 ································· 246
附录Ⅱ　部分常用技术数据表格 ································· 252
附录Ⅲ　建筑供配电系统设计工程实例部分图纸 ································· 271
附录Ⅳ　思考与练习题参考答案 ································· 285
参考文献 ································· 289

第一章 建筑供配电系统设计基础

本章重点介绍电力系统的组成及中性点运行方式、电力系统的额定电压和建筑供配电系统设计的内容、程序和要求等相关基础知识。

第一节 电力系统概述

电能是能量的一种表现形式,不论是工农业生产中各种机械设备的运输、控制,还是日常生活中家用电器的使用和照明等都离不开电能。电能已广泛的应用到社会生产生活的各个方面,电力的发展直接影响着国民经济各部门的发展,影响着整个人类社会的进步。

供配电,即电能的供应和分配。建筑供配电就是指建筑所需电能的供应和分配问题。工厂企业和建筑物所需要的电能绝大多数是由公共电力系统供给的,所以有必要先了解电力系统的基本知识。

一、电力系统的组成及特点

1. 电力系统的组成

发电厂是把各种形式的天然能源转化为电能的工厂,变电所将发电厂生产的电能进行变换并通过输电线路分配给用户使用。这一从电能的生产到将电能安全、可靠、优质地输送给用户的系统,就称为电力系统,如图1-1所示。

在电力系统中,由变电所和各种不同电压等级的电力线路以及进行电能的输送、交换和分配电能的设备,组成电力网。电力网是联系发电厂和用户的中间环节。

图1-1 电力系统的组成

电力系统中各环节的作用分别如下:

(1)发电厂:将水力、煤炭、石油、核能、风力、太阳能、原子能、潮汐、地热等能量转变成电能的工厂,可分为火力发电厂、水力发电厂、核电厂及其他方式发电厂等。

(2)变(配)电所:接受电能、变换电压和分配电能的场所,由电力变压器和配电装置组成,按变压的性质和作用又可分为升压变电所和降压变电所两种,对于没有电力变压器的称为配电所。

(3)电力线路:输送电能,并把发电厂、变配电所和电能用户连接起来。

(4)电能用户:又称电力负荷。在电力系统中,一切消费电能的用电设备均称为电能用户。

由发电、输电、变电、配电等环节构成的系统组成供配电系统。工业与民用建筑供配电系统在电力系统中属于建筑楼(群)内部供配电系统,由高压供电电源、变电站(配电所)、低压配电线路和用电设备组成。供配电系统结构如图1-2所示。

图1-2 供配电系统结构

2. 电力系统运行的特点

电能与其他形式能量的生产与运用有显著的区别,其特点如下:

(1)电能发、输、配的同时性。电能不能大量储存,电能的生产、输送和使用几乎是同时进行的,即发电厂任何时刻生产的电能必须等于该时刻用电设备使用的电能与分配、输送过程中所损耗的电能之和。这就要求系统结构合理,便于运行调度。

(2)电力系统中暂态过程的快速性。电力系统正常运行时,任一设备运行状态的转换都是快速完成的。当电力系统出现故障时,其在电磁和机电方面的过渡过程也是十分短暂的。为了使电力系统安全可靠地运行,必须有一整套迅速和灵敏的监视、测量、控制和保护装置。

(3)电能生产的重要性。电能与其他能量之间转换方便,易于大量生产、集中管理、远距离输送、自动控制,因此电能是国民经济各部门使用的主要能源,电能供应的中断或不足将直接影响国民经济各部门的正常运转。这就要求系统运行的可靠和电能供应的充足。随着电子技术和计算机技术的发展,可实现对电力系统的计算机监控和管理,大大提高了供配电系统的可靠性、安全性和灵活性。

二、电力系统的电压

额定电压是指能使电气设备长期运行的最经济的电压。电力系统中的电气设备都是按照额定电压和额定功率来设计的,当电气设备在额定电压和额定频率下运行时,具有最好的技术指标和经济指标。表1-1是国家标准规定的我国三相交流电网、发电机和电力变压器的标准额定电压(GB/T 156—2007)。

第一章 建筑供配电系统设计基础

我国三相交流电力网的额定电压　　　　　　　　　　　　　　　表 1-1

分类	电气设备的最高电压(kV)	电力网(电力线路)额定电压(kV)	交流发电机额定电压(kV)	电力变压器额定电压(kV)	
				一次绕组	二次绕组
低压		0.22/0.127	0.23	0.22/0.127	0.23/0.133
		0.38/0.22	0.40	0.38/0.22	0.40/0.23
		0.66/0.38	0.69	0.66/0.38	0.69/0.40
高压	3.6	3	3.15	3 及 3.15	3.15 及 3.3
	7.2	6	6.3	6 及 6.3	6.3 及 6.6
	12	10	10.5,13.8,15.75,18	10,10.5,13.8,15.75,18	10.5 及 11
	24	20	20,22,24,26	—	—
	40.5	35		35	38.5
	72.5	66		66	72.6
	126	110		110	121
	252	220		220	242
	363	330		330	363
	550	500		500	550
	800	750		750	—
	1100	1000		1000	—

1. 电力线路的额定电压

电力线路(或电力网)的额定电压等级是根据国家国民经济发展的需要及电力工业的水平,经全面技术经济分析后确定的,是确定各类用电设备额定电压的基本依据。

2. 用电设备的额定电压

用电设备运行时,电力线路上要有负荷电流流过,因而在电力线路上引起电压损失,造成电力线路上各点电压略有不同。但成批生产的用电设备,其额定电压不可能按使用地点的实际电压来制造,而只能按线路首端与末端的平均电压,即电力线路的额定电压来制造。电气设备可以长期在其额定电压的 110%～115% 下安全运行,选择电气设备额定电压不低于电网的额定电压,就能使各电气设备在接近它们的额定电压下运行。因此规定用电设备的额定电压不低于同级电力线路的额定电压。

3. 发电机的额定电压

由于电力线路允许的电压损失为 ±5%,即整个线路允许有 10% 的电压损失。为了维护线路首端与末端平均电压的额定值,线路首端(电源端)电压应比线路额定电压高 5%,而发电机是接在线路首端的,所以规定发电机的额定电压高于同级线路额定电压 5%,用以补偿线路上的电压损失。

4. 电力变压器的额定电压

1) 电力变压器一次绕组的额定电压

(1) 电力变压器直接与发电机相连,其一次绕组额定电压与发电机额定电压相同,即高于线路额定电压的 5%;

(2)电力变压器不与发电机相连,而是连接在线路上,变压器可看作是线路上的用电设备,其一次绕组额定电压应与线路额定电压相同。

2)电力变压器二次绕组的额定电压

(1)变压器二次侧供电线路很长时,变压器二次侧的额定电压,既要补偿变压器二次绕组本身5%的阻抗电压降,还要考虑补偿线路上的电压损失,故变压器二次绕组的额定电压要比电力线路额定电压高10%;

(2)变压器二次侧供电线路不长时,变压器二次侧的额定电压,只需要补偿变压器二次绕组本身5%的阻抗电压降,不必考虑补偿线路上的电压损失,故变压器二次绕组的额定电压只需高于电力线路额定电压5%。

【例 1-1】 确定图 1-3 中电力系统各级额定电压。

图 1-3 例 1-1 图

解: ①处为发电机额定电压,高于同级线路额定电压5%,即为 10kV+5%×10kV=10.5kV。

②处和③处均为变压器一次绕组的额定电压,直接与发电机相连,为发电机额定电压,即均为 10.5kV。

④处为变压器二次绕组额定电压,线路为低压线路,传输距离不长,额定电压只需高于电力线路额定电压5%,即为 0.38/0.22kV+5%×(0.38/0.22)kV=0.4/0.23kV。

⑤处为变压器二次绕组额定电压,线路为高压线路,传输距离长,额定电压高于线路额定电压的10%,即为 110kV+10%×110kV=121kV。

⑥和⑦均为变压器的二次绕组额定电压,线路为高压线路,长距离传输,额定电压高于线路额定电压的10%,即⑥处为 35kV+10%×35kV=38.5kV;⑦处为 10kV+10%×10kV=11kV。

三、电力系统的中性点运行方式

电力系统中作为电源的三相发电机和三相电力变压器的中性点是否接地以及如何接地,构成了供电系统中性点运行方式,一般有四种接地运行方式。

1. 中性点不接地运行方式

中性点不接地即系统中所有电源的中性点都不接地,如图 1-4 所示。

线路正常运行时,三相电压对称。此时,系统中线路与大地之间、电气设备的绕组与大地之间存在的对地分布电容对称且相等。此时有

$$\dot{U}_\mathrm{U}+\dot{U}_\mathrm{V}+\dot{U}_\mathrm{W}=0 \tag{1-1}$$

$$\dot{U}_0 = 0 \tag{1-2}$$

$$\dot{I}_{CU} + \dot{I}_{CV} + \dot{I}_{CW} = 0 \tag{1-3}$$

即中性点不接地系统正常运行时，三相对地电容电流的相量和为零，中性点对地电压为零，大地中没有电流流过。各相的对地电压为三相电源的相电压。

当中性点不接地系统发生单相接地故障时，假设 W 相接地，如图 1-5 所示。

图 1-4 中性点不接地系统正常运行

图 1-5 中性点不接地系统 W 相单相接地

则 W 相对地电压为零，即

$$\dot{U}_W = \dot{U}_0 + \dot{U}_w = 0 \tag{1-4}$$

中性点的对地电压

$$\dot{U}_0 = -\dot{U}_w \tag{1-5}$$

即中性点的电压上升为相电压。

其他两相的对地电压

$$\dot{U}_U = \dot{U}_0 + \dot{U}_u = \dot{U}_u - \dot{U}_w = \sqrt{3}\dot{U}_w e^{-j150°} \tag{1-6}$$

$$\dot{U}_V = \dot{U}_0 + \dot{U}_v = \dot{U}_v - \dot{U}_w = \sqrt{3}\dot{U}_w e^{j150°} \tag{1-7}$$

此时，接地故障点通过的故障电流是两非故障相对地电容电流之和：

$$\dot{I}_C = \dot{I}_{CU} + \dot{I}_{CV} = j\omega C \dot{U}_U + j\omega C \dot{U}_V$$

$$= C \times \sqrt{3}\dot{U}_w(e^{-j150°} + e^{j150°})$$

$$= -3j\omega C \dot{U}_0 \tag{1-8}$$

$$\dot{I}_C = 3\omega C U_{ph} \tag{1-9}$$

式中：U_{ph}——相电压有效值。

由以上分析可知：

(1)中性点对地电压 $\dot{U}_0$ 与接地相正常时的电压大小相等，方向相反；

(2)接地故障相的对地电压降为零；两正常相对地电压升高为相电压的 $\sqrt{3}$ 倍，即升高到线电压。三个线电压仍保持对称和大小不变，因此电力用户可以继续运行一段时间。这是这种系统的主要优点，但各种设备的绝缘水平应按线电压来设计。

(3)两正常相的电容电流增大为正常运行时相对地电容电流的 $\sqrt{3}$ 倍；而流过接地点的电

容电流 I_C 为正常运行时相对地电容电流的 3 倍。

由于线路对地电容电流很难准确计算，所以单相接地电流（电容电流）I_C 通常可按下列经验公式计算

$$I_C = \frac{(l_1 + 35l_2)U_N}{350} = \frac{U_N l_1}{350} + \frac{U_N l_2}{10} \tag{1-10}$$

式中：U_N——电网的额定线电压（kV）；

l_1——同级电网具有电的直接联系的架空线路总长度（km）；

l_2——同级电网具有电的直接联系的电缆线路总长度（km）。

通常，中性点不接地系统发生单相接地时，线电压的大小和方向均不改变。因此在发生单相接地时，继电保护装置一般只动作于信号，不动作于跳闸，系统可以继续运行 2h。在此期间必须迅速查明故障，以防系统多点接地造成更严重的故障。

必须指出，中性点不接地系统发生单相接地，当接地电流较大时，接地电流在故障处可能产生稳定的或间歇性的电弧。如果接地电流大于 30A 时，将形成稳定电弧，成为持续性电弧接地，将烧毁电气设备和可能引起多相相间短路。如果接地电流大于 5~10A，而小于 30A，则有可能形成间歇性电弧，容易引起弧光接地，导致相对地电压幅值可达 2.5~3 倍相电压，将危害整个电网的绝缘安全。如果接地电流在 5A 以下，当电流经过零值时，电弧就会自然熄灭。因此中性点不接地系统仅适用于电压不是太高（3~60kV），单相接地电容电流不大的电网。

目前我国规定中性点不接地系统的适用范围为：单相接地电流不大于 30A 的 3~10kV 电力网和单相接地电流不大于 10A 的 35~60kV 电力网。当单相接地电流大于上述规定值时，就要采用中性点经消弧线圈接地。

2. 中性点直接接地运行方式

系统中性点经一无阻抗（金属性）接地线接地的方式，称为中性点直接接地系统。中性点直接接地系统发生单相接地时，通过接地中性点形成单相短路，产生很大的短路电流，该值远大于线路的正常负荷电流，继电保护会立即动作切除故障线路，使系统的其他部分恢复正常运行。

中性点直接接地系统在发生单相接地时，接地电流很大，如不及时切除，会造成设备损坏，严重时会使系统失去稳定。为保证设备安全及系统稳定，必须安装保护装置，迅速切断故障。电力系统发生单相接地故障的比重占整个故障的 65% 以上，当发生单相接地切除故障线路时，将中断向用户供电，降低了供电的可靠性。为了弥补这个缺点，在线路上广泛安装三相或单相自动重合闸装置，当系统是暂时性故障时，靠它来尽快恢复供电。为了限制单相接地电流，通常只将电网中一部分变压器的中性点直接接地。

中性点直接接地的电力系统发生单相接地时，中性点电位仍为零，非故障相对地电压基本不变，电气设备的绝缘水平只要按电力网的相电压考虑，可以降低工程造价。因此，我国 110kV 及以上电网，国外 220kV 及以上电网基本上都采用这种接地方式。

对于 1kV 以下的低压系统来说，电力网的绝缘水平已不成为主要矛盾，系统中性点接地与否，主要从人身安全考虑。在 380/220V 系统中，一般都采用中性点直接接地方式，一旦发生单相接地故障，故障电流大，可以迅速跳开自动开关或烧断熔断器；另一方面，此时非故障相电压基本不升高，不会超过 250V。和中性点不接地系统单相接地电压为 380V 相比，相对是

安全的。当然,即使是250V的相电压,仍然是危险的,发生故障时保护装置迅速动作仍然是保证安全的方法。

中性点直接接地系统较大的单相短路电流将产生磁场,对附近的通信线路和电子装置产生电磁干扰。为了避免这种干扰,应使输电线路远离通信线路,或在弱电线路上采用特殊的屏蔽装置。

3. 中性点经消弧线圈接地运行方式

消弧线圈是安装在变压器或发电机中性点与大地之间的具有铁芯的可调电感线圈。如图1-6所示,当发生单相接地故障时,接地故障相与消弧线圈构成了另一个回路,接地故障相接地电流中增加了一个与接地电容电流 $\dot{I}_C$ 的大小相近,方向相反的电感电流 $\dot{I}_L$,对电容电流进行补偿,减小了接地故障点的故障电流,使电弧易于自行熄灭,从而避免了由此引起的各种危害,提高了供电可靠性。

图1-6 中性点经消弧线圈接地

当系统发生单相接地故障时,消弧线圈在中性点电压 $\dot{U}_0$ 作用下,有一电感性电流 $\dot{I}_L$ 流过线圈

$$\dot{I}_L = \frac{\dot{U}_0}{jX_L} = -j\frac{\dot{U}_0}{\omega L} \tag{1-11}$$

其值的大小为

$$I_L = \frac{U_{ph}}{\omega L} \tag{1-12}$$

$\dot{I}_L$ 滞后 $\dot{U}_0$ 90°,正好与 $\dot{I}_C$ 相位相反,两者之和等于它们绝对值之差。根据消弧线圈的电感电流 $\dot{I}_L$ 对电网电容电流 $\dot{I}_C$ 的补偿程度,可分为全补偿、欠补偿和过补偿3种不同的运行方式:

(1)全补偿方式:若 $I_L = I_C$,接地电容电流将全部被电感电流补偿,即全补偿方式。这种补偿方式因感抗等于容抗,电力网将发生谐振,产生危险的高电压和过电流,影响系统安全运行。因此,一般系统都不允许采用全补偿方式。

(2)欠补偿方式:选择消弧线圈的电感,使 $I_L < I_C$,称为欠补偿方式。采用欠补偿方式时,当电力网运行方式改变而切除部分线路时,整个电力网对地电容将减少,有可能发展为全补偿方式,导致电力网发生谐振。再者,欠补偿方式还有可能出现数值很大的铁磁谐振过电压。因此,欠补偿方式目前很少采用。

(3)过补偿方式:选择消弧线圈的电感使 $I_L > I_C$,称为过补偿方式。在过补偿方式下,即使电力网运行方式改变而切除部分线路时,也不会发展为全补偿方式。同时由于消弧线圈有一定的裕度,今后电力网发展,线路增多,原有消弧线圈还可以继续使用。因此,经消弧线圈接地的系统一般采用过补偿方式。

常把 $K=\dfrac{I_L}{I_C}$ 称为消弧线圈的补偿度,而 $\nu=1-K=\dfrac{I_C-I_L}{I_C}$ 称为脱谐度。目前一般脱谐度选在 10% 左右。

消弧线圈的补偿容量 S 通常是根据该电网的接地电容电流值 I_C 选择的。选择时应考虑电网 5 年左右的发展远景及过补偿运行的需要,按式(1-13)进行计算

$$S = 1.35 I_C \dfrac{U_N}{\sqrt{3}} \tag{1-13}$$

凡不符合中性点不接地要求的 3～63kV 电网,均可采用中性点经消弧线圈接地方式。必要时,110kV 电网也可采用。电压等级更高的电网不宜采用,因为经消弧线圈接地时,电网的最大长期工作电压和过电流水平都较高,将显著增加绝缘方面的费用。

长期以来,消弧线圈补偿电流都是手动调节方式(分接头切换),不能达到准确、及时、令人满意的补偿效果。目前有自动跟踪补偿装置,能根据电网电容电流变化而进行自动调谐,平均无故障时间最少,其补偿效果是离线调匝式消弧线圈无法比拟的。

消弧线圈电感值的调节,可以通过改变铁芯气隙长度或运用现代电子技术改变铁芯的导磁率来平滑调节。

4. 中性点经低值电阻接地运行方式

由于城市建设的需要,城市电网和工业企业配电网中,电缆线路所占的比例愈来愈大,而它的电容电流是同样长度架空线的 20～50 倍,使某些电网出现消弧线圈容量不足的情况。因此中性点经低值电阻接地在这些电网中得到应用。

中性点经低值电阻接地系统,单相接地时,短路电流较大,应设置快速、有选择性地切除接地故障的保护装置。中性点电压不等于零,两个非故障相的电压可能升高,或产生串联谐振。因此,接地电阻 R_N 的选择应为该保护装置提供足够大的故障电流,使保护装置可靠动作,又能限制暂态过电压在 2.5 倍相电压以下。为此 R_N 可由式(1-14)计算:

$$R_N = \dfrac{U_{ph}}{(2\sim 3)I_C} \tag{1-14}$$

中性点经低值电阻接地系统,单相接地时,短路电流从数百至数千安不等,对电信系统也有影响,但比中性点直接接地系统小。由于短路后立即跳闸,对供电可靠性也有影响,也要采取相应的措施,如双电源供电、自动重合闸、备用电源自动投入、环网供电等。

中性点经低值电阻接地系统适用于城市以电缆为主、单相接地电流较大的 6～35kV 系统(不包括发电厂用电和煤炭企业用电系统)。

第二节 供电电能的质量

一、供配电的基本要求

为了切实保证生产和生活用电的需要,并做好节能工作,供配电工作必须达到以下基本要求:

(1) 安全。在电能的供应、分配和使用中,不应发生人身事故和设备事故。

(2) 可靠。应满足电能用户对供电可靠性即供电连续性的要求。

(3)优质。应满足电能用户对电压和频率等方面的质量要求。

(4)经济。应使供配电系统的投资少、运行费用低,并尽可能地节约电能和减少有色金属消耗量。

二、供电电能的质量

电能质量是指供电装置在正常情况下不中断和不干扰用户使用电力的物理特性。电能质量不合格将导致用电设备不能正常工作,并严重影响其寿命甚至危及运行安全。影响供电质量的因素主要是指电力网上的电气干扰,包括:频率偏差、电压偏差、电压波动和闪变、高次谐波和三相不平衡等。除此之外还包括供电可靠性、操作容易、维护费用低和能源使用合理等。

1. 供电频率、频率偏差及其改善

频率是衡量电力系统电能质量的一项重要指标。我国采用的工业频率为50Hz,一般交流电力设备的额定频率就是50Hz,简称为"工频"。

电力系统频率的变化对用户、发电厂及电力系统本身都会产生不利影响。如:若系统频率上下波动,则电动机的转速也随之波动,这将直接影响电动机加工产品的质量,易出现残次品。频率降低将使电动机的转速下降,从而使生产效率降低,并影响电动机的寿命;频率增高将使电动机的转速上升,增加功率消耗,降低经济性。同时,频率偏差也将对发电厂本身造成更为严重的影响。

频率偏差是指实际频率 f 与额定频率 f_N 的差值,即

$$\Delta f = f - f_N \tag{1-15}$$

我国国家标准规定的电力系统频率偏差限值为:

(1)电力系统正常运行条件下,频率偏差限值为±0.2Hz。当系统的容量较小时(3 000MW以下),频率偏差限值可以放宽到±0.5Hz。

(2)在电力系统非正常状况下,频率偏差限值不超过±1.0Hz。

实际运行中,我国各跨省电力系统频率都保持在±0.1Hz 的范围内,这在电网质量中是最有保证的。

2. 供电电压、电压偏差及其调整

电压是衡量电力系统中电能质量的重要参数之一,电力系统中所有的电力设备都有规定的工作电压和频率。在额定电压和额定频率下工作时,电气设备的安全性、经济性最好,使用寿命长。

电压偏差是指电气设备的实际电压与系统标称电压(额定电压)之差,是由于供配电系统运行方式的改变以及负荷的并不剧烈的变动所引起的电压的缓慢变动。设用电设备的额定电压为 U_N,而某时刻实际端电压为 U,则电压偏差为 $\Delta U = U - U_N$。电压偏差通常用其对额定电压的百分值来表示,即

$$\Delta U\% = \frac{U - U_N}{U_N} \times 100\% \tag{1-16}$$

用电设备的运行指标和额定寿命是对其额定电压而言的。当其端子上出现电压偏差时,其运行参数和寿命将受到影响,影响程度视偏差的大小、持续的时间和设备状况而异。按国家标准规定,用电单位受电端供电电压的偏差允许值,应符合下列要求:

(1) 35kV 及以上供电电压正、负偏差绝对值之和不超过额定电压的 10%。
(2) 10kV 及以下三相供电电压偏差为额定电压的 ±7%。
(3) 220V 单相供电电压偏差为额定电压的 +7%～-10%。
(4) 线路电压损失允许值在 5% 以内。
(5) 对供电点短路容量较小、供电距离较长以及对供电电压偏差有特殊要求的用户，由供用电双方协议确定。

正常运行情况下，用电设备端子处的电压偏差限值（以系统额定电压的百分数表示），宜符合下列要求：

(1) 一般电动机为 ±5%。
(2) 电梯电动机宜为 ±7%。
(3) 照明：室内场所为 ±5%；对于远离变电所的小面积一般工作场所，难以满足上述要求时，可为 +5%、-10%；应急照明、景观照明、道路照明和警卫照明为 +5%、-10%。
(4) 医用 X 线诊断机的允许电压波动范围为 ±10%。
(5) 其他用电设备，当无特殊规定时为 ±5%。

可采取以下措施以减小电压偏差：

(1) 正确选择变压器的变压比和电压分接头或采用有载调压变压器，使之在负荷变动的情况下，有效地调节电压，保证用电设备端电压的稳定。
(2) 合理减少系统阻抗，以降低电压损失，从而缩小电压偏差。
(3) 合理补偿无功功率，以提高功率因数，降低电压损失，减小电压偏差范围。
(4) 宜使三相负荷平衡，以减小电压偏差。
(5) 合理地改变供配电系统的运行方式，以调整电压偏差。

计算电压偏差时，应计入采取上述措施后的调压效果。

3. 电压波动、闪变及其抑制

1) 电压波动

电压波动是指一系列的电压变动或电压包络线的周期性变动，用电压的最大值与最小值之差与系统额定电压的比值以百分数形式表示，其变化速度等于或大于每秒 0.2% 时称为电压波动。电压波动幅值为

$$\Delta U_t \% = \frac{U_{max} - U_{min}}{U_N} \times 100\% \tag{1-17}$$

电压波动的允许值：

(1) 配电母线电压波动允许值为 2.5%。
(2) 公共供电点（电力系统中两个或多个用户的连接处）由波动性功率负荷产生的电压波动允许值，10kV 以下系统为 2.5%，35～110kV 系统为 2%。
(3) 电弧炉引起的配电母线电压波动值，按照公共供电点电压波动允许值。
(4) 较大功率的电阻焊机引起的配电母线电压波动值按 2.5% 考虑，波动频率小于 1Hz。

2) 电压闪变

电压闪变是指负荷急剧的波动造成供配电系统瞬时电压升降，照度随之发生急剧变化，使人眼对灯闪感到不适的现象。它一般是由开关动作或与系统的短路容量相比出现足够大的负

荷变动引起的。有些电压波动尽管在正常的电压变化限度以内,但可能产生 10Hz 左右照明闪烁、干扰计算机等电压敏感型电子设备和仪器的正常运行。

3)电压波动和闪变的抑制

抑制电压波动和闪变,可采取以下措施:

(1)对负荷急剧变动的大型用电设备,采用专用线或专用变压器供电,这是最有效的方法。

(2)设法增大供电容量,减小系统阻抗。如将单回路线路改为双回路线路,或将架空线改为电缆线路,使系统的电压损失减小,从而减小负荷变动时引起的电压波动。

(3)减少或切除引起电压波动大的负荷。在供配电系统出现严重电压波动时可采取这个措施。

(4)选用较高的电压等级。对大功率电弧炉用变压器宜由短路容量较大的电网供电,一般是选用更高电压等级的电网供电。

(5)装设无功功率补偿装置,以吸收冲击无功功率和动态谐波电流。国内外普遍采用静止无功补偿装置(Static Var Compensator,SVC)。

4. 高次谐波及其抑制

在电力网中,存在大量非线性元件及负载,如电容性负载、感性负载及开关变流设备,计算机及外设、电动机、整流装置等,易使电压、电流波形发生畸变,引起电网电流波形不再是正弦波。这一非正弦波可用傅里叶级数分解成为一个直流量、基波正弦量和一系列频率为基波频率整数倍的高次谐波正弦分量之和。

高次谐波电流通过变压器,可使变压器的铁芯损耗明显增加,导致变压器出现过热,效率降低,缩短变压器的寿命;高次谐波可使电缆内耗加大,电缆发热,缩短电缆的使用寿命;可使电动机损耗增加,还会使电动机转子振动;含有高次谐波的电压加至电容两端时,由于电容器对高次谐波的阻抗很小,很容易发生过负荷导致损坏。高次谐波的干扰,往往还会导致供电空气开关误动作,造成电网停电,严重影响用电设备的正常工作。同时,高次谐波对通讯设备也产生干扰信号。

抑制电力系统高次谐波的方法很多,常用的有以下几种:

(1)增加换流装置的相数或脉冲数,可以减少换流装置产生的谐波电流,从而减少注入电网的谐波电流。

(2)改变非线性负荷接入电网的接入点。由于高压电网的短路容量大,有承担较大谐波的能力,所以把产生谐波容量大的设备接入到高一级电网的母线,或增加非线性负荷到对谐波敏感负荷之处的电气距离。

(3)在谐波源处或在适当的母线上加装电感、电容式或其他类型的滤波器,吸收谐波电流,防止谐波电流注入公用电网。

(4)对于无功冲击很大的负荷,有时需要同时加装静止无功补偿装置和滤波器,才能有效抑制谐波。

5. 三相不平衡度及其补偿

三相电压不平衡度是指三相系统中三相电压的不平衡程度,用电压或电流负序分量与正序分量的均方根百分比表示。三相电压不平衡(即存在负序分量)会引起继电保护误动、电机附加振动力矩和发热。额定转矩的电动机,如长期在负序电压含量 4% 的状态下运行,由于发热,电动机绝缘的寿命将会降低一半,若某相电压高于额定电压,其运行寿命的下降将更加严重。

电力系统公共连接点正常电压不平衡度允许值为2%,短时不得超过4%。接于公共接点的每个用户引起该点正常电压不平衡度允许值一般为1.3%。

设计低压配电系统时宜采取下列措施,以降低三相低压配电系统的不平衡度:

(1)220V或380V单相用电设备接入220/380V三相系统时,宜使三相平衡。

(2)由地区公共低压电网供电的220V照明负荷,线路电流小于或等于30A时,可采用220V单相供电;大于30A时,宜以220/380V三相四线制供电。

6. 保证供电可靠性的措施

1)供电可靠性

供电可靠性指标是根据用电负荷的等级要求制订的。衡量供电可靠性的指标,是按全年平均供电时间占全年时间的百分数表示。例如,全年时间8 760h,用户全年停电时间为87.6h,即停电时间占全年的1%,供电可靠性为99%。

2)措施

供电企业应不断改善供电可靠性,减少设备检修和电力系统事故对用户的停电次数及每次停电的持续时间。供电设备计划检修应做到统一安排。供电设备计划检修时,对35kV及以上电压供电的用户的停电次数,每年不应超过1次;对10kV供电的用户,每年不应超过3次。

三、供配电系统供电电压的选择

用电单位的供电电压,应根据用电容量、用电设备特性、供电距离、供电线路的回路数、用电单位的远景规划、当地公共电网现状及其发展规划等因素,经技术经济比较后确定。

用电设备容量在250kW以上或需用变压器容量在160kVA以上者宜以10kV供电;当用电设备容量较大时,可由35kV供电;用电设备容量在250kW及以下或需用变压器容量在160kVA及以下者,可以低压方式供电;供电电压等级尚应满足供电部门的具体规定。

当供电电压为35kV时,用电单位的一级配电电压宜采用10kV;低压配电电压应采用380/220V。

采用电制冷的空调冷冻机组等大容量用电设备的电压应视负荷大小及供电电源的具体情况合理选择。

在我国建筑供配电系统中,供电电压一般按下述方法选择:

(1)一般大型、特大型建筑楼(群)设有总降压变电所,把35～110kV电压降为6～10kV电压,向各楼宇小变电所(或车间变电所)供电,小变电所再把6～10kV电压降为380/220V,对低压用电设备供电。

(2)一般中型建筑楼(群)由电力系统的6～10kV高压供电,经高压配电站送到各建筑物变电所,经变电所把电压降至380/220V送给低压用电设备。

(3)一般小型建筑楼(群)只有一个6～10kV降压变电所,使电压降至380/220V供给低压用电设备。

第三节　建筑供配电的负荷分级及供电要求

一、负荷等级

电力系统总负荷是指系统中某一时刻所有用电设备消耗功率的总和。电力系统典型负荷主要包括电动机负荷、电加热负荷、电弧炉、电力电子设备、信息技术设备、家用设备以及照明设备等。

电力系统运行最基本的要求是供电可靠性，不同的负荷，重要程度不同，对供电可靠性的要求也不同。重要的负荷对供电可靠性的要求高，反之则低。

中华人民共和国国家标准《供配电系统设计规范》（GB 50052—2009）中指出：电力负荷应根据对供电可靠性的要求及中断供电对人身安全、经济损失上所造成的影响程度进行分级，并应符合下列规定。

1. 符合下列情况之一时，应为一级负荷

（1）中断供电将造成人身伤害时。

（2）中断供电将在经济上造成重大损失时。例如：使生产过程或生产装备处于不安全状态、重大产品报废、用重要原料生产的产品大量报废、生产企业的连续生产过程被打乱需要长时间才能恢复等将在经济上造成重大损失，则其负荷特性为一级负荷。

（3）中断供电将影响有重要用电单位的正常工作。例如：大型银行营业厅的照明、一般银行的防盗系统，大型博物馆、展览馆的防盗信号电源、珍贵展品室的照明电源，一旦中断供电可能会造成珍贵文物和珍贵展品被盗，因此其负荷特性为一级负荷。在民用建筑中，重要的交通枢纽、重要的通信枢纽、重要宾馆、大型体育场馆，以及经常用于重要活动的大量人员集中的公共场所等，由于电源突然中断造成正常秩序严重混乱的用电负荷为一级负荷。

在一级负荷中，当中断供电将造成人员伤亡或重大设备损坏或发生中毒、爆炸和火灾等情况的负荷，以及特别重要场所的不允许中断供电的负荷，应视为一级负荷中特别重要的负荷。例如：在生产连续性较高行业，当生产装置工作电源突然中断时，为确保安全停车，避免引起爆炸、火灾、中毒、人员伤亡，而必须保证的负荷，为特别重要负荷，例如中压及以上的锅炉给水泵，大型压缩机的润滑油泵等；或者事故一旦发生能够及时处理，防止事故扩大，保证工作人员的抢救和撤离，而必需保证的用电负荷，亦为特别重要负荷。在工业生产中，如正常电源中断时处理安全停产所必需的应急照明、通信系统；保证安全停产的自动控制装置等。民用建筑中，如大型金融中心的关键电子计算机系统和防盗报警系统；大型国际比赛场馆的记分系统以及监控系统等。

2. 符合下列情况之一时，应为二级负荷

（1）中断供电将在经济上造成较大损失时。例如：中断供电使得主要设备损坏、大量产品报废、连续生产过程被打乱需较长时间才能恢复、重点企业大量减产等将在经济上造成较大损失，则其负荷特性为二级负荷。

（2）中断供电将影响较重要用电单位的正常工作。例如：交通枢纽、通信枢纽等用电单位中的重要电力负荷，以及中断供电将造成大型影剧院、大型商场等较多人员集中的重要公共场所秩序混乱，因此其负荷特性为二级负荷。

3. 不属于一级和二级负荷者应为三级负荷

以上规定属于强制性条文,在设计中必须严格执行。

二、各级负荷的供电要求

1. 一级负荷的供电要求

一级负荷的供电电源应符合下列规定。

(1)一级负荷应由双重电源供电;当一个电源发生故障时,另一个电源不应同时受到损坏。两个电源均能承担用户的全部一级负荷设备的供电。

(2)一级负荷中特别重要的负荷,除由双重电源供电外,尚应增设应急电源,并严禁将其他负荷接入应急供电系统;设备的供电电源切换时间,应满足设备允许中断供电的要求。

2. 二级负荷的供电要求

二级负荷的供电系统,宜由两回线路供电。在负荷较小或地区供电条件困难时,二级负荷可由一回 6kV 及以上专用的架空线路供电。当线路自配电所引出采用电缆线路时,应采用两回线路。

3. 三级负荷的供电要求

三级负荷对供电电源无特殊要求,可仅有一回供电线路。

在一个区域内,当用电负荷中一级负荷占大多数时,本区域的负荷作为一个整体可以认为是一级负荷;在一个区域内,当用电负荷中一级负荷所占的数量和容量都较少时,而二级负荷所占的数量和容量较大时,本区域的负荷作为一个整体可以认为是二级负荷。在确定一个区域的负荷特性时,应分别统计特别重要负荷、一、二、三级负荷的数量和容量,并研究在电源出现故障时需向该区域保证供电的程度。

在工程设计中,特别是对大型的工矿企业,有时对某个区域的负荷定性比确定单个的负荷特性更具有可操作性。按照用电负荷在生产使用过程中的特性,对一个区域的用电负荷在整体上进行确定,其目的是确定整个区域的供电方案以及作为向外申请用电的依据。如,在一个生产装置中只有少量的用电设备生产连续性要求高,不允许中断供电,其负荷为一级负荷,而其他用电设备可以断电,其性质为三级负荷,则整个生产装置的用电负荷可以确定为三级负荷;如果生产装置区的大部分用电设备生产的连续性都要求很高,停产将会造成重大的经济损失,则可以确定本装置的负荷特性为一级负荷。如果区域负荷的特性为一级负荷,则应该按照一级负荷的供电要求对整个区域供电;如果区域负荷特性是二级负荷,则对整个区域按照二级负荷的供电要求进行供电,对其中少量的特别重要负荷按照规定供电。

三、常用电力负荷的分级

由于各行业的一级负荷和二级负荷很多,《供配电系统设计规范》只能对负荷分级作原则性的规定,各行业的具体负荷分级需在行业标准中确定。《民用建筑电气设计规范》(JGJ/T 16—2008)对民用建筑的负荷分级可参见表 1-2。

民用建筑中消防用电的负荷等级,应符合国家现行的《供配电系统设计规范》、《高层民用建筑设计防火规范》、《建筑设计防火规范》等相关规范的规定。一类和二类高层建筑的消防用电应分别按一级和二级负荷要求供电,非高层民用建筑的消防用电除上表所列项目及专项设计规范另有规定外,均可按三级负荷要求供电。一类和二类高层民用建筑的划分参见表1-3。

常用用电负荷分级表　　　　　　　　　表1-2

序号	建筑物名称	用电负荷名称	负荷级别
1	国家级大会堂、国宾馆、国家级国际会议中心	主会场、接见厅、宴会厅照明,电声、录像、计算机系统电源	一级*
		总值班室、会议室、主要办公室、档案室、客梯电源	一级
2	国家级政府办公建筑	主要办公室、会议室、总值班室、档案室及主要通道照明	一级
3	国家计算中心	计算机系统电源	一级*
4	国家气象台	气象业务用计算机系统电源	一级*
5	国家及省级防灾中心、电力调度中心、交通指挥中心	防灾、电力调度及交通指挥计算机系统电源	一级*
6	省部级办公建筑	客梯电力、主要办公室、会议室、总值班室、档案室及主要通道照明	二级
7	地、市级及以上气象台	气象雷达、电报及传真收发设备、卫星云图接收机及语言广播电源、气象绘图及预报照明	一级
8	电信枢纽、卫星地面站	保证通信不中断的主要设备电源和重要场所的应急照明	一级*
9	电视台、广播电台	国家及省、市、自治区电视台、广播电台的计算机系统电源	一级*
		直接播出的电视演播厅、中心机房、录像室、微波设备及发射机房、语音播音室、控制室的电力和照明	一级
		洗印室、电视电影室、审听室、主要客梯电力、楼梯照明	二级
10	剧场	特、甲等剧场的调光用计算机系统电源	一级*
		特、甲等剧场的舞台照明、贵宾室、演员化妆室、舞台机械设备、电声设备、电视转播、消防设备、应急照明	一级
		甲等剧场的观众厅照明,空调机房及锅炉房电力和照明,乙、丙等剧场的消防设备、应急照明	二级
11	甲等电影院	照明与放映用电	二级
12	大型博物馆、展览馆	安防设备电源;珍贵展品展室的照明	一级*
		展览用电	二级
13	图书馆	藏书量超过100万册以上的图书馆的主要用电设备	二级
14	体育建筑	特级体育场(馆)、游泳馆的比赛场(厅)、主席台、贵宾室、接待室、新闻发布厅、广场及主要通道照明、计时记分装置、计算机房、电话机房、广播机房、电台和电视转播、新闻摄影及应急照明等用电设备电源	一级*
		甲级体育场(馆)、游泳馆的比赛场(厅)、主席台、贵宾室、接待室、新闻发布厅、广场及主要通道照明、计时记分装置、计算机房、电话机房、广播机房、电台和电视转播、新闻摄影及应急照明等用电设备电源	一级
		特级及甲级体育场(馆)、游泳馆中非比赛使用的电气设备、乙级及以下体育建筑的用电设备	二级

续上表

序号	建筑物名称	用电负荷名称	负荷级别
15	大型商场、超市	经营管理用计算机系统电源	一级*
		应急照明、门厅及营业厅部分照明	一级
		自动扶梯、自动人行道、客梯、空调电力	二级
16	中型百货商场、超市	营业厅、门厅照明,客梯电力	二级
17	银行、金融中心、证交中心	重要的计算机系统和防盗报警系统电源	一级*
		大型银行营业厅及门厅照明、应急照明	一级
		客梯电力,小型银行营业厅及门厅照明	二级
18	民用机场	航空管制、导航、通信、气象、助航灯光系统设施和台站电源;边防、海关的安全检查设备的电源;航班预报设备的电源;三级以上油库的电源;为飞行及旅客服务的办公用房及旅客活动场所的应急照明	一级*
		候机楼、外航驻机场办事处、机场宾馆及旅客过夜用房、站坪照明、站坪机务用电	一级
		除一级负荷中特别重要负荷及一级负荷以外的其他用电	二级
19	铁路旅客站	大型站和国境站的旅客站房、站台、天桥、地道的用电设备	一级
20	水运客运站	通信、导航设施	一级
		港口重要作业区、一等客运站用电	二级
21	汽车客运站	一、二级站用电	二级
22	汽车库(修车库)、停车场	Ⅰ类汽车库、机械停车设备及采用升降梯作车辆疏散出口的升降梯用电	一级
		Ⅱ、Ⅲ类汽车库和Ⅰ类修车库用电	二级
23	旅馆	一、二级旅馆的经营及设备管理用计算机系统电源	一级*
		一、二级旅馆的宴会厅、餐厅、康乐设施、门厅及高级客房、主要通道等场所的照明,计算机、电话、电声和录像设备电源、新闻摄影电源、主要客梯电力	一级
		除上栏所述之外的一、二级旅馆的其他用电设备,三级旅馆的宴会厅、餐厅、康乐设施、门厅及高级客房、主要通道等场所的照明,计算机、电话、电声和录像设备电源、新闻摄影电源、主要客梯电力	二级
24	科研院所、高等院校	重要实验室电源(如:生物制品、培养剂用电等)	一级
		高层教学楼的客梯电力、主要通道照明	二级

续上表

序号	建筑物名称	用电负荷名称	负荷级别
25	县级以上医院	急诊部、监护病房、手术部、分娩室、婴儿室、血液病房的净化室、血液透析室、病理切片分析、磁共振、介入治疗用CT及X光机扫描室、血库、高压氧仓、加速器机房、治疗室及配血室的电力照明，培养箱、冰箱、恒温箱的电源，走道照明，百级洁净度手术室空调系统电源，重症呼吸道感染区的通风系统电源	一级
		除上栏外的其他手术室空调系统电源，电子显微镜，一般诊断用CT及X光机电源，高级病房、肢体伤残康复病房照明，客梯电力	二级
26	一类高层建筑	消防控制室、消防水泵、消防电梯及其排水泵、防排烟设施、火灾自动报警及联动控制装置、自动灭火系统、火灾应急照明及疏散指示标志、电动防火卷帘、门窗及阀门等消防用电，走道照明、值班照明、警卫照明、障碍照明，主要业务和计算机系统电源，安防系统电源，电子信息设备机房电源，客梯电力，排污泵，变频调速(恒压供水)生活水泵电力	一级
27	二类高层建筑	消防控制室、消防水泵、消防电梯及其排水泵、防排烟设施、火灾自动报警及联动控制装置、自动灭火系统、火灾应急照明及疏散指示标志、电动防火卷帘、门窗及阀门等消防用电，主要通道及楼梯间照明，客梯电力，排污泵，变频调速(恒压供水)生活水泵电力	二级

注："一级*"为一级负荷中特别重要负荷。

高层建筑物的分类 表1-3

名 称	一 类 高 层	二 类 高 层
居住建筑	19层及19层以上的住宅	10层至18层的住宅
公共建筑	1. 医院 2. 高级旅馆 3. 建筑高度超过50m或24m部分的任一楼层的建筑面积超过1 000m²的商业楼、展览楼、综合楼、电信楼、财贸金融楼 4. 建筑高度超过10m或24m部分的任一楼层的建筑面积超过1 500m²的商住楼 5. 中央级和省级(含计划单列市)的广播电视楼 6. 网局级和省级(含计划单列市)的电力调度楼 7. 省级(含计划单列市)的邮政楼、防灾指挥调度楼 8. 藏书超过100万册的图书馆、书库 9. 重要的办公楼、科研楼、档案楼 10. 建筑高度超过50m的教学楼和普通的旅馆、办公楼、科研楼、档案楼等	1. 除一类建筑以外的商业楼、展览楼、综合楼、电信楼、财贸金融楼、商住楼、图书馆、书库 2. 省级以下的邮政楼、防灾指挥调度楼、广播电视楼、电力调度楼 3. 建筑高度不超过50m的教学楼和普通的旅馆、办公楼、科研楼、档案楼等

四、建筑供配电系统用电负荷类型及特征

随着城市建筑用地的日趋减少和土地利用率的大大提高，现代建筑越来越多地向空间发展，不同程度地表现出一定的社会经济、文化、商贸、旅游等多功能性，对建筑供配电系统的设计和施工提出了更高的要求，所设计的内容也就更多。就建筑供配电而言，现代建筑物中主要用电负荷如下。

1. 给排水动力负荷

消防泵、喷淋泵这些均为消防负荷，火灾时是不能中断供电的，供电等级为本建筑物的最高负荷等级。这类设备一般都有备用机组，而且在非火灾情况下是不能使用的。消防泵、喷淋泵机房内的排污泵的供电负荷等级应和他们的主设备相同。

生活水泵一般是为建筑物提供生活用水的，从供电的角度讲它属于非消防负荷，火灾时是不能使用的，但由于它和人们的生活密切相关，故供电等级为本建筑物的最高负荷等级。

2. 冷冻机组动力负荷

随着人们对生活舒适性要求的提高，具有采用冷冻机组技术夏季制冷、冬季制热的现代建筑日益增多。冷冻机组容量占设备总容量的 30%～40%，年运行时间较长，耗电量大，在建筑供配电系统中是不可忽视的负荷，其供电负荷等级一般为三级。在有些地区为了减少建筑物的运行费用，通常采用夏季用冷冻机组制冷，冬季采用锅炉采暖的运行方式。当采用这种方式时，变电所负荷统计中应注意选取上述中较大的计入总容量。采暖锅炉及其配套设备的供电负荷等级，根据锅炉吨位的不同，划分为二级或者三级负荷。

3. 电梯负荷

高层建筑的垂直电梯，分为普通电梯和消防电梯。普通电梯包括客梯和货梯。客梯一般为二、三级负荷，根据建筑物的供电负荷等级的不同而有所不同。货梯一般均为三级负荷。消防电梯是火灾时运送消防队员的专用电梯，供电负荷等级为该建筑物的最高负荷等级。消防电梯和普通客梯均要求双回路供电。有些建筑内消防电梯兼做一般客梯，在负荷统计时要注意。在商业建筑内经常采用的扶梯，供电负荷等级根据商业建筑规模的大小一般为二级或者三级负荷。

4. 照明负荷

建筑内的照明负荷分为两大类。一类是普通照明，一类是应急照明及消防设备用房照明。普通照明根据建筑的使用性质有所不同，可分为一、二、三级负荷，在火灾时应切除其电源。应急照明和消防设备用房照明应为该建筑物最高负荷等级，在火灾时是不能断电的。

5. 风机负荷

在高层建筑中常有地下层，这部分空间可以做停车场、修建蓄水池、生活污水处理池、冷冻机及通风机组设备和变电所设备用房等。供配电设备设在地下层内，有利于对这些冷、热水机组和辅助电动机组、送风排风机组等就近供电，减少电能的损耗。

将室外新鲜空气抽入建筑物内的机组，称为新风机或送风机；将室内空气抽出到室外，称为抽风机或排风机。

在高层建筑中，火灾烟雾会使人窒息死亡，因此必须设置专用的防烟、排烟风机，在火灾发

生后,在防烟楼梯间,用正压力送风机送入室外新鲜空气,加大楼梯间内空气的压力,防止烟气进入楼梯井内,便于人员安全疏散等。属于消防系统使用的风机用电根据建筑的使用性质不同,分为一级或者二级负荷,且必须与防灾中心实行联动控制。

在实际工程设计中,常遇到消防负荷中含有平时兼做它用的负荷,如消防排烟风机除火灾时排烟外,平时还用于通风(有些情况下排烟和通风状态下的用电容量尚有不同),应特别注意除了在计算消防负荷时应计入其消防部分的电量以外,在计算正常情况下的用电负荷时还应计入其平时使用的用电容量。

6. 弱电设备负荷

高层建筑中,弱电设备种类比较多,建筑物的使用功能不同,对弱电设备的选择设置也就各不相同。高层智能建筑物的弱电系统,相当于智能中枢神经系统,对建筑物进行防灾减灾灭灾,进行各种通信及数据信息传递、交换和应答,起到了非常关键的作用。因此,高层建筑弱电系统的供电电源,按建筑物的最高供电负荷等级供电,有的甚至是特别重要的负荷。

弱电系统主要用电负荷有:防灾中心、程控数字通信及传真系统、办公自动化系统、卫星电视及共用天线电视、保安监察电视系统、大型国际比赛场馆的计时计分电子计算机系统以及监控系统、大型百货商场、大型金融中心的经营管理用电子计算机系统、关键电子计算机系统和防盗报警系统等。

五、负荷分级供电举例

图 1-7 为双电源独立供电系统,其中三级负荷仅有单路电源供电,一、二级负荷和消防负荷由双电源同时供电,互为备用,以保障供电可靠性。

图 1-7 双电源独立供电系统

图 1-8 在上图的基础上,增加了应急柴油发电机组作为一二级负荷和消防负荷备用电源,以便在双路电源同时中断供电的情况下保障一、二级负荷和消防负荷连续供电的要求。图中的柴油发电机组也可采用 EPS 应急电源装置来作为应急备用电源。

图 1-8 备有应急柴油发电机供电的系统

第四节 建筑供配电系统设计的内容、程序及要求

建筑供配电系统设计是整个建筑设计的重要组成部分,供配电设计的质量直接影响到建筑的功能及其发展。建筑供配电设计必须根据上级有关部门的文件、建设单位的设计要求和工艺设备要求进行;建筑供配电设计必须贯彻国家有关工程建设的政策和法规,依据现行的国家标准及设计规范,遵守对行业、部门和地区的相关规程及特殊规定,并考虑工程特点、规模和发展规划。所设计的供配电系统既要安全、可靠,又要经济、节约,还要考虑系统今后的发展。

一、建筑供配电系统设计的内容

建筑供配电设计的内容包括:供配电线路设计、变配电所设计、电力设计、照明设计、防雷与接地设计、电气信号及自动控制设计等。

1. 供配电线路设计

供配电线路设计主要分两方面:一是建筑物外部供配电线路电气设计,包括供电电源、电压和供电线路的确定;二是建筑物内部配电线路设计,包括高压和低压配电系统的设计。

2. 变配电所设计

(1)负荷计算和无功补偿;

(2)确定变电所位置;

(3)确定变压器容量、台数、形式;

(4)确定变电所高、低压系统主接线方案;

(5)确定自备电源及其设备选择(需要时);

(6)短路电流计算;

(7)开关、导线、电缆等设备的选择;

(8)确定二次回路方案及继电保护的选择与整定;

(9)防雷保护与接地装置设计;

(10)变电所内电气照明设计;

(11)绘制变电所高低压和照明系统图;绘制变电所平剖图、防雷接地平面图;最后编制设计说明、材料设备清单及概预算。

配电所设计除不含有变压器的设计外,其余部分同变电所设计。

3. 电力设计

(1)电源电压和配电系统;

(2)配电设备选择;

(3)选择导线及线路敷设方式及敷设部位;

(4)防止触电危险所采取的安全措施。

4. 电气照明设计

(1)确定照明方式和照明种类,确定照度标准;

(2)进行光源及灯具的选择,布置照明灯具;

(3)进行照明计算;

(4)进行照明线路的型号、规格选择计算,确定导线的敷设方式及敷设部位;

(5)确定照明电源、电压、容量及配电系统形式及应急照明电源的切换方式等。

5. 建筑物的防雷和接地

(1)确定建筑物的防雷等级;

(2)接闪器的类型和安装方法;

(3)接地装置:接地电阻的确定,接地极处理方法和采用的材料。

6. 电气信号与自动控制

(1)叙述工艺要求所采取的手动、远程控制;

(2)控制原则;

(3)仪表和控制设备的选择。

建筑供配电系统设计必须从全局出发,统筹兼顾,按照负荷性质、用电容量、工程特点和地区供电条件,合理确定设计方案。

二、建筑供配电系统设计的程序及要求

建筑供配电设计通常分为三个阶段进行:①确定方案意见书;②扩大初步设计(简称扩初设计);③施工图设计。

在建造用电量大、投资高的企业或民用建筑时,需要对其进行可行性研究,即确定方案意见书。对于要求简单的民用建筑工程的建筑供配电系统设计,可把方案意见书和扩大初步设计合二为一,即包括方案设计和施工图设计。对设计规模较小且设计任务紧迫的情况下,经技术论证许可后,方案设计和施工图设计也可合并为一个阶段,直接进行施工图设计。

1. 扩大初步设计

扩大初步设计的主要内容是根据任务书的要求,进行负荷计算,确定建筑工程用电量及供配电系统的原则性方案,提出主要设备和材料清单及其订货要求,编制工程概算,控制工程投资,报上级主管部门审批。因此,扩大初步设计资料应包括设计说明书和工程概算两部分。

(1)收集相关图纸及技术要求,并向当地供电部门、气象部门、消防部门等收集相关资料。

为了进行初步设计,在设计前必须收集以下资料:

①建筑总平面图,各建筑的土建平、剖面图。

②工艺、给水、排水、通风、供暖及动力等工种的用电设备平面图及主要剖面图,并附有各用电设备的名称及其有关技术数据。

③用电负荷供电可靠性的要求及其工艺允许停电时间。

④向当地供电部门收集下列资料:可靠的电源容量和备用电源容量;供电电源的电压、供电方式(架空线还是电缆线,专用线还是公共线)、供电电源线路的回路数、导线型号规格、长度以及进入用户的方位及其具体布置;电力系统的短路容量数据或供电电源线路首端的开关断流容量;供电电源线路首端的继电保护方式及动作电流和动作时限的整定值,电力系统对用户进线继电保护方式及动作时限配合的要求;供电部门对用户电能计量方式的要求及电费的收取办法;对用户功率因数的要求;电源线路设计与施工的分工及用户应负担的投资费用等。

⑤向当地气象、地质部门收集下列资料:当地气温数据,如年最高平均气温、最热月平均温度、最热月平均最高温度以及最热月地下约 1m 处的土壤平均温度等;当地年雷暴日数;当地土壤性质、土壤电阻率;当地曾经出现过或者可能出现的最高的地震烈度;当地常年主导风向、地下水位及最高洪水位等。

⑥向当地消防主管部门收集资料。由于建筑防火的需要,设计前必须走访当地消防主管部门,了解现行法律法规。

(2)选择合理的供电电源、电压,采取合理的防雷措施及消防措施,并进行负荷计算确定最佳供配电方案及用电量。

(3)按照"设计深度标准"做出有一定深度的规范化图纸,表达设计意图。

(4)提出主要设备及材料清单、编制工程概算、编制设计说明书。

(5)报上级主管部门审批。

2. 施工图设计

施工图设计是在扩大初步设计方案经上级主管部门批准后进行。

(1)校正扩大初步设计阶段的基础资料和相关数据;

(2)完成施工图的设计;

(3)编制材料明细表;

(4)编制设计说明书;

(5)编制工程概算书。

三、建筑电气工程图的识读

电气工程图是建筑电气工程领域的工程技术语言,是用来描述电气系统的工作原理、描述产品的构成和功能,提供安装和使用信息的重要工具和手段。电气工程设计人员根据电气动作原理或安装配线要求,将所需要的电源、负载及各种电气设备,按照国家规定的画法和符号画在图纸上,并标注一些必要的能够说明这些电气设备和电气元件名称、用途、作用以及安装要求的文字符号,构成完整的电气工程图纸。电气工程施工、设备运行维护技术人员则按照工程图纸进行安装、调试、维修和检查电气设备等工作。

1. 电气工程施工图识图的基本知识

要掌握电气工程图的识图及分析方法,首先应掌握识图的基本知识;了解电气工程图的种类、特点及在工程中的应用;了解国家有关工程施工的政策和法令、现行的国家标准和施工规范;了解各种电气图形符号以及识图的基本方法和步骤等。并在此基础上对图纸中难于读懂、表达不清和表示错误的部分——记录,待设计图纸会审(交底)时向设计人员提出,并协商后得出设计人员认可的结论。

(1)注意标题栏的完整性。一张图纸的完整图面是由边框线、标题栏、会签栏、设计单位设计证号专用章和注册电气工程师出图章等组成。用以确定图纸的名称、专业图号、张次和有关人员签字框等内容的栏目称为标题栏,又可叫做图标。图标一般放在图纸的右下角,紧靠图纸边框线。其内容可能因设计单位不同而有所不同,大致包括:图纸的名称、比例、图号、设计单位、设计人、制图人、专业负责人、审核人及完成日期等;会签栏是设计院内部各专业交图时的签字栏;设计单位设计证号专用章体现设计院的资质等级,设计图纸无此章为无效图纸;电气专业工程设计的主要技术文件,由注册电气工程师签字盖章后生效,对本设计图纸负技术责任。

(2)建筑电气施工图一般由图纸目录、设计说明、材料表和图纸组成。按照工程图纸的性质和功能,又可以分为系统图、平面图、电路原理图、接线图、设备布置图、大样图等多种形式。

电气工程图中常用的线条有以下几种:

①粗实线表示主回路,电气施工图的干线、支线、电缆线、架空线等。

②细实线表示控制回路或一般线路,电气施工图的底图(即建筑平面图)。

③长虚线表示事故照明线路,短虚线表示钢索或屏蔽。

④点画线表示控制和信号线路。

按图形的复杂程度,可以将图线分清主次,区分粗、中、细,主要图线粗些,次要图线细些。此外,建筑电气专业常用的线型还有电话线、接地母线、电视天线、避雷线等多种特殊形式,必要时,可在线条旁边标注相关文字符号,以便区分不同的线路。

(3)比例。电气工程图中需按比例绘制的图一般是用于电气设备安装及线路敷设的施工平面图。一般情况下,照明或动力平面布置图以 1∶100 的比例绘制为宜。但根据视图需要,亦可以 1∶50 或 1∶200 的比例来绘制。大样图可以适当放大比例。电气系统图、原理图及接线控制图可不按比例绘制。

(4)标高。考虑到电气设备安装或线路敷设的方便,在电气平面图中,电气设备和线路安装、敷设位置高度以该层地平面为基准,一般称为敷设标高。

2. 电气工程施工图的组成

电气工程施工图力求用较少的图纸准确、明了地表达设计意图,使施工和维护人员读起来感到条理清楚。电气工程的规模有大有小,电气项目也各不相同,反映不同规模的工程图纸的种类、数量也是不相同的。

一般而言,一项工程的电气施工图总是由系统图、平面图、设备布置图、安装图、电气原理图等内容组成。在一个具体工程中,往往可以根据实际情况适当增加或者减少某些图。

(1)系统图。系统图是用来表示系统网络关系的图纸。系统图应表示出各个组成部分之间的相互关系、连接方式,以及各组成部分的电器元件和设备及其特性参数。通过系统图可以了解工程的全貌和规模。当工程的规模大、网络比较复杂时,为了表达更简洁、方便,也可先画出各干线系统图,然后分别画出各子系统,层层分解,有层次地表达。

(2)平面图。平面图是表示所有电气设备和线路的平面位置、安装高度,设备和线路的型号、规格,线路的走向和敷设方法、敷设部位的图纸。

平面图按工程内容的繁简分层绘制,一般每层绘制一张或数张。同一系统的图画在一张图上。

平面图还应标注轴线、尺寸、比例、楼面高程、房间名称等,以便于图形校审、编制施工预算和指导施工等。

(3)设备布置图。设备布置图通常由平面图、立面图、剖面图及各种构件详图等组成,用来表示各种电气设备的平面与空间位置的相互关系以及安装方式。一般都是按三种视图的原理绘制。

(4)安装图。安装图是表示电气工程中某一部分或某一部件的具体安装要求和做法的图纸,同时还表明安装场所的形态特征。这类图一般都有统一的国家标准图。需要时尽量选用标准图。

(5)电气原理图。电气原理图是表示某一具体设备或系统的电气工作原理的图纸,用以指导具体设备与系统的安装、接线、调试、使用与维护。在原理图中,一般用文字简要地说明控制原理或动作过程,同时,在图纸上还应列出原理图中的电气设备和元件的名称、规格型号及数量。

3. 识图的基本步骤

阅读建筑电气工程图,除了解建筑电气工程图的特点外,还应按照一定的顺序进行阅读,这样才能比较迅速全面地读懂图纸,以完全实现读图的意图和目的。

(1)阅读图纸说明书。图纸说明书一般作为整套图纸的首页,包括图纸目录、技术说明、元件明细表和施工说明书等。识图时,首先看图纸说明,弄清设计内容和施工要求,有助于了解图纸的大体情况和抓住识图重点。

(2)阅读系统图。阅读图纸说明后,就要读系统图,从而了解整个系统或子系统的概况,即它们的基本组成、相互关系及其主要特征,为进一步理解系统或子系统的工作原理打下基础。

(3)阅读电气原理图。为了进一步理解系统或子系统的工作原理,需要仔细阅读电气原理图。电气原理图是电气图的核心,内容丰富,阅读难度大。对于复杂的电路图,应先阅读相关的逻辑图和功能图。

看电路图时,首先要分清主(一次)电路和辅助(二次)电路、交流电路和直流电路。其次按照先看主电路,后看辅助电路的顺序读图。分析主电路时,通常从电气设备开始,经控制元件,顺次向电源看。阅读辅助电路时,先找到电源,再顺次看各条回路,分析各回路元件的工作情况及其对主电路的控制关系。

通过分析主电路,要弄明白用电设备是怎样取得电源的,电源经过哪些元件和电气设备,分配到哪些用电系统等。通过分析辅助电路,要弄清楚它的回路构成、各元件间的联系、控制关系以及在什么条件下回路构成通路或断路,以理解元件的动作情况。

(4)阅读平面布置图和剖面图。看平面布置图时,首先要了解建筑物平面概况,然后看电气主要设备的位置布置情况,结合建筑剖面图进一步搞清设备的空间布置,对于安装接线的整体计划和具体施工都是十分必要的。

总之,阅读图纸的顺序没有统一的规定,可根据需要灵活掌握,并应有所侧重。通常一张图纸需要反复阅读多遍。通过大量的读图实践,形成自己的读图习惯。为了更好地利用图纸指导施工,使之安装质量符合要求,阅读图纸时,还应配合阅读有关设计、施工、验收规范、质量检验评定标准以及全国通用电气装置安装标准图集。

4. 常用电气工程图例

图例即图形及文字符号。电气工程图中的图型、符号、文字都有统一的国家标准,目前建筑电气图纸应用新的国家标准。建筑电气工程图纸中常用的电气符号图例和说明,参见附录Ⅰ。

四、建筑供配电系统设计相关规范标准和工具性资料

(1)《供配电系统设计规范》GB 50052—2009;
(2)《民用建筑电气设计规范》JGJ/T 16—2008;
(3)《低压配电设计规范》GB 50054—1995;
(4)《建筑物防雷设计规范》GB 50057—94(2000);
(5)《标准电压》GB/T 156—2007;
(6)《电能质量》GB/T 15543—2008;
(7)《10kV及以下变电所设计规范》GB 50053—94;
(8)《3～110kV高压配电装置设计规范》GB 50060—92;
(9)《35kV～110kV变电所设计规范》GB 50059—1992;
(10)《66kV及以下架空电力线路设计规范》GB 50061—2010;
(11)《通用用电设备配电设计规范》GB 50055—93;
(12)《并联电容器装置设计规范》GB 50227—2008;
(13)《电力装置的继电保护和自动装置设计规范》GB 50062—92;
(14)《建筑物电气装置》GB 16895.3—2004;
(15)《爆炸和火灾危险环境电力装置设计规范》GB 50058—1992;
(16)《电力工程电缆设计规范》GB 50217—2007;
(17)《系统接地的形式及安全技术要求》GB 14050—2008;
(18)《剩余电流动作保护装置安装与运行》GB 13955—2005;
(19)《高层民用建筑设计防火规范》GB 50045—95(2005);
(20)《建筑设计防火规范》GB 50016—2006;
(21)《住宅设计规范》GB 50096—1999(2003);
(22)《电子信息系统机房设计规范》2008;
(23)《民用建筑工程电气初步设计深度图样》09DX004;
(24)《民用建筑工程电气施工图设计深度图样》09DX003;

(25)《电子信息系统机房工程设计与安装》09DX009；
(26)《建筑电气工程设计常用图形和文字符号》09DX001；
(27)《电气简图用图形符号》GB 4728—2008；
(28)《建筑电气常用数据》04DX101—1。

思考与练习题

1-1 什么叫电力系统？什么叫建筑供配电系统？二者的关系和区别是什么？

1-2 为什么在长距离输配电线路中，发电机发出的电要经过升压变压器升高电压？

1-3 我国三相交流电力网中电气设备额定电压、发电机出口额定电压、变压器一次绕组和二次绕组额定电压与电力线路额定电压之间的关系是如何规定的？为什么？

1-4 试确定图 1-9 所示供电系统中发电机 G 和变压器 1T、2T 和 3T 的额定电压。

图 1-9 题 1-4 图

1-5 试确定图 1-10 所示供电系统中发电机 G，变压器 2T、3T，线路 1WL 和 2WL 的额定电压。

图 1-10 题 1-5 图

1-6 中性点不接地三相系统中，发生单相接地故障时，电网的电压和电流如何变化？

1-7 试述经消弧线圈接地系统的优缺点与适用范围？

1-8 消弧线圈为什么一般应当运行在过补偿状态？

1-9 在什么情况下，配电网应当采用经小电阻接地？

1-10 试述中性点直接接地系统的优缺点及适用场合。

1-11 某 10kV 电网，架空线总长度 70km，电缆线路总长度 36km。试求此中性点不接地系统发生单相接地时的接地电容电流，并判断此系统的中性点需不需要改为消弧线圈接地。

1-12 电力网的电压高低如何划分？

1-13 电能的质量指标包括哪些？

1-14　电压偏差的定义是什么？有什么危害？调整的手段有哪些？
1-15　电压波动和闪变的概念是什么？有什么危害？抑制手段有哪些？
1-16　三相不平衡的概念是什么？有什么危害？改善的措施有哪些？
1-17　我国电力网频率偏差的限值是多少？
1-18　负荷分级的依据是什么？《供配电系统设计规范》2009 版对各级负荷是如何划分的？各级负荷的供电要求如何？
1-19　认真阅读民用建筑中常用负荷分级表，并与负荷分级和供电要求对照，熟悉常见民用建筑的负荷分级。
1-20　建筑供配电系统设计的主要内容是什么？
1-21　建筑供配电系统设计的程序及要求有哪些？
1-22　建筑电气施工图识读的步骤有哪些？
1-23　初步识读建筑供配电系统施工图，熟悉建筑供配电系统施工图电气符号和识读方法。

第二章 常用电气设备

本章首先介绍了建筑供配电系统中电气设备的分类,然后介绍了常用的高低压电气设备,包括高低压断路器、熔断器、电压和电流互感器等。

第一节 建筑供配电系统电气设备的分类

建筑供配电系统中担负输送和分配电能这一主要任务的电路,称为一次电路或一次回路,也称主电路或主接线。而用来控制、指示、测量和保护一次电路及其设备运行的电路,称为二次电路或二次回路,也称二次接线。建筑供配电系统中的电气设备可按所属电路性质分为两大类:一次电路中的所有电器设备,称为一次设备或一次元件,二次电路中的所有电气设备,称为二次设备或二次元件。本章重点介绍建筑供配电系统中的一次设备。

一次设备按其在一次电路中的作用又可分为变换设备、控制设备、保护设备和补偿设备等。

变换设备:是用来变换电能、电压或电流的设备,如发电机和电力变压器等。

控制设备:是用来控制电路通断的设备,如各种高低压开关设备等。

保护设备:是用来防护电路过电流或过电压的设备,如高低压熔断器和避雷器等。

补偿设备:是用来补偿电路的无功功率以提高系统功率因数的设备,如高低压电容器。

成套设备则是按照一定的线路方案将有关一、二次设备组合而成的设备,如高低压开关柜、低压配电屏、动力和照明配电箱、高低压电容器柜及成套变电所等。

第二节 电气设备中的电弧问题

一、电弧的产生和危害

电气设备的触头在分断电流时会产生电弧,原因在于触头本身周围介质中含有大量可被游离的电子。当触头间存在着足够的电场强度时,就可能使电子强烈游离而形成电弧。

电弧是一种极强烈的电游离现象,其特点是光亮很强和温度很高。电弧对电气设备的安全运行是一个极大的威胁。首先,电弧延长了电路开断的时间,如果电弧是短路电流产生的,电弧的存在就意味着短路电流还存在,从而使短路电流危害的时间延长。其次,电弧的高温可能烧损开关触头,烧毁电气设备及导线、电缆,甚至引起火灾和爆炸事故。强烈的弧光还可能损伤人的视力。因此,电气设备在结构设计上要力求避免产生电弧,或在产生电弧后能迅速地熄灭。

二、电气设备中常用的灭弧方法

要使电弧熄灭,必须减少触头间电弧中电子的游离或降低游离速率。在现代电气设备特别是开关电器中,应当根据具体情况综合运用下述几种灭弧方法来达到迅速灭弧的目的。

(1)速拉灭弧法。迅速拉长电弧,可使电弧的电场强度骤降,导致带电质点的复合迅速增强,从而加速电弧的熄灭。这是开关电器中普遍采用的一种最基本的灭弧方法。

(2)冷却灭弧法。降低电弧的温度,可使电弧中的热游离减弱,导致带电质点的复合增强,有助于电弧迅速熄灭。这种灭弧方法在开关电器中应用也较普遍。

(3)吹弧灭弧法。利用外力(如气流、油流或电磁力)来吹动电弧,使电弧加速冷却,同时拉长电弧,降低电弧中的电场强度,使带电质点的复合和扩散增强,从而加速电弧的熄灭。

(4)长弧切短灭弧法。电弧的电压降主要降落在阴极和阳极上(阴极压降又比阳极压降大得多)。如果利用金属片(如钢栅片)将长弧切为若干短弧,则电弧上的压降将近似的增大若干倍。当外施电压小于电弧上的压降时,电弧就不能维持而迅速熄灭。

(5)粗弧分细灭弧法。将粗大的电弧分为若干平行的细小电弧,使电弧与周围介质的接触面增大,从而改善电弧的散热条件,降低电弧的温度,使电弧中带电质点的复合和扩散均得到增强,使电弧迅速熄灭。

(6)狭沟灭弧法。使电弧在固体介质所形成的狭沟中燃烧。由于电弧的冷却条件改善,从而使电弧的去游离增强,同时介质表面带电质点的复合比较强烈,也使电弧加速熄灭。如熔断器在熔管中填充石英砂,就是利用这个原理。

(7)真空灭弧法。真空具有较高的绝缘强度。处于真空中的触头之间只有触头开断初瞬间产生的所谓"真空电弧",这种电弧在电流过零时就能自动熄灭而不致复燃。真空断路器就是利用这个原理制成的。

(8)六氟化硫(SF_6)灭弧法。SF_6气体具有优良的绝缘性能和灭弧性能。其绝缘强度约为空气的3倍,其介质强度恢复速度约为空气的100倍。六氟化硫断路器就是利用SF_6气体做绝缘介质和灭弧介质,获得了极高的开断容量。

第三节 高压电气设备

高压电器一般指在交流1kV(直流为1.5kV)以上的电力系统中,用于接通或断开电路、限制电路中的电压或电流以及进行电压、电流测量变换的设备。包括开关电器、量测电器和限流、限压电器等。

一、高压电器分类

高压电器主要的分类方法如下。

1. 按结构形式分类

(1)单极式:又称单相分体式。用于系统测量、保护的熔断器、电流互感器等。

(2)三极式:用于系统控制和保护的高压断路器、交流接触器、隔离开关、负荷开关等。

2. 按安装地点分类

(1)户内式:不具有防风、雨、雪、冰和浓霜等性能,适于安装在建筑场所内使用的高压开关设备。

(2)户外式:能承受风、雨、雪、污秽、凝露、冰和浓霜等作用,适于安装在露天使用的高压开关设备。

3. 按组合方式分类

(1)元件:包括断路器、隔离开关、接地开关、重合器、分断器、负荷开关、接触器、熔断器等。

(2)组合电器:将两种或两种以上的高压电器,按电力系统主接线要求组成一个有机的整体,而各电器仍保持原规定功能的装置。如,负荷开关-熔断器组合电器、接触器-熔断器组合电器、隔离负荷开关、熔断器式开关、敞开式组合电器等。

4. 按照电流制式分类

(1)交流电器:工作于三相或单相工频交流制的电器,极少数工作在非工频系统。

(2)直流电器:工作于直流制的电器,常用于电气化铁道城市交通系统。

5. 按用途和功能分类

(1)开关电器:主要用来关合与开断正常工作电路和故障电路,或用来隔离电源、实现安全接地的高压电器设备,包括高压断路器、高压隔离开关、高压熔断器、高压负荷开关、重合器、分段器和接地断路器等。

(2)量测电器:主要用于转换和测量二次回路与一次回路高电压、大电流,并实施电气隔离,以保证测量工作人员和仪表设备的安全。包括电流互感器、电压互感器等。

(3)限流、限压电器:主要包括电抗器、阻波器、避雷器、限流熔断器等。

(4)成套设备:将电器或组合电器与其他电器产品(诸如变压器、电流互感器、电压互感器、电容器、电抗器、避雷器、母线、进出线套管、电缆终端和二次元件等)进行合理配置,有机地组合于金属封闭外壳内,构成具有相对完整使用功能的产品。如金属封闭开关设备、气体绝缘金属封闭开关设备和高低压预装式变电站等。

二、高压断路器

高压断路器是高压开关设备中最主要、最复杂的电器,广泛应用于电力系统的发电厂、变电所、开关站及高压供配电线路上,承担着控制和保护的双重任务。高压断路器不仅可以长期承受分断、关合正常情况下高压电路中的空载电流和负荷电流,还可以在系统发生故障或其他异常运行状态、欠压、过流等情况下与保护装置及自动装置相配合,迅速切断故障电流,防止事故扩大,保证系统安全运行。

1. 高压断路器的结构

虽然高压断路器有多种类型,具体结构也不相同,但基本结构类似,主要包括:通断元件、绝缘支撑元件、中间传动机构、操动机构、基座等部分。电路通断元件安装在绝缘支撑元件上,绝缘支撑元件则安装在基座上,如图2-1所示。

通断元件是断路器的关键部件,承担着接通和断开电路的任务,由接线端子、导电杆、触头(动、静触头)及灭弧室等组成;绝缘支撑件起着固定通断元件的作用,当操动机构接到合闸或分闸命令时,操作机构动作,经中间传动机构驱动动触头,实现断路器的合闸或分闸。

图 2-1　高压断路器的结构

2. 高压断路器的主要技术参数

1)额定电压 U_N

额定电压是指高压电器设计时所采用的标称电压,是表征断路器绝缘强度的参数,用 U_N 表示。所谓标称电压是指国家标准中列入的电压等级,对于三相电器是指线电压。我国高压开关设备和控制设备采用的额定电压有 3.6kV、7.2kV、12kV、40.5kV、126kV、252kV、363kV、550kV 等。

考虑到输电线路的首、末端运行电压不同及电力系统的调压要求,对高压电器又规定了与其额定电压相应的最高工作电压 U_{max}。一般,当 $U_N \leq 250$kV 时,$U_{max}=1.5U_N$;当 $U_N=363\sim550$kV 时,$U_{max}=1.15U_N$。为保证高压电器有足够的绝缘距离,通常其额定电压愈高,外形尺寸愈大。

2)额定电流 I_N

额定电流是指高压电器在额定的环境温度下,能长期流过且其载流部分和绝缘部分的温度不超过其长期最高允许温度的最大标称电流,用 I_N 表示。对于高压断路器,我国采用的额定电流有 200A、400A、630A、1 000A、1 250A、1 600A、2 000A、2 500A、3 150A、4 000A、5 000A、6 300A、8 000A、10 000A、12 500A、16 000A、20 000A。

高压断路器的额定电流决定了其导体、触头等载流部分的尺寸和结构,额定电流愈大,载流部分的尺寸愈大,否则不能满足最高允许温度的要求。

3)额定开断电流 I_{oc}

高压断路器进行开断操作时首先起弧的某相电流,称为开断电流。在额定电压 U_N 下,断路器能可靠地开断的最大短路电流,称为额定开断电流,用 I_{oc} 表示。额定开断电流是表征断路器开断能力的参数。我国规定的高压断路器的额定开断电流为 1.6kA、3.15kA、6.3kA、8kA、10kA、12.5kA、16kA、20kA、25kA、31.5kA、40kA、50kA、63kA、80kA、100kA 等。

在电压低于额定电压($U<U_N$)的情况下,开断电流可以提高,但由于灭弧装置机械强度的限制,开断电流有一极限值,称为极限开断电流。如果断路器的开断容量不变,则极限开断电流为 $I_{ocr}=I_{oc}U_N/U$。

4)额定断流容量 S_{oc}

额定开断容量 S_{oc} 是指断路器额定电压和额定开断电流的乘积,即 $S_{oc}=\sqrt{3}U_N I_{oc}$。如果断路器的实际运行电压 U 低于额定电压 U_N,而额定开断电流不变,此时的开断容量应修正为 $S_{ocr}=S_{oc}U/U_N$。

5)额定动稳定极限电流 i_{max}

动稳定极限电流 i_{max} 是断路器在闭合状态下,允许通过的最大短路电流峰值,又称极限通过电流或额定峰值耐受电流。它表明断路器承受短路电流电动力效应的能力。当断路器通过这一电流时,不会因电动力作用而发生任何机械上的损坏。动稳定极限电流取决于导体和机械部分的机械强度,与触头的结构形式有关。i_{max}的数值约为额定开断电流I_{oc}的2.5倍。

6) 额定关合电流I_{Ncl}

如果在断路器合闸之前,线路或设备上已存在短路故障,则在断路器合闸过程中,在触头即将接触时即有巨大的短路电流通过,要求断路器能承受而不会引起触头熔接和遭受电动力的损坏;而且在关合后,由于继电保护动作,不可避免地又要自动跳闸,此时仍要求能切断短路电流。额定关合电流I_{Ncl}用以表征断路器关合短路故障的能力。

额定关合电流I_{Ncl}是在额定电压下,断路器能可靠闭合的最大短路电流峰值。它主要决定于断路器灭弧装置的性能、触头构造及操动机构的形式。在断路器产品的目录中,部分产品未给出的均为$I_{Ncl}=I_{oc}$。

7) 额定热稳定电流I_t

热稳定电流是在保证断路器不损坏的条件下,在规定的时间t秒(产品目录一般给定2s、4s、5s、10s等)内允许通过断路器的最大短路电流有效值。它反映断路器承受短路电流热效应的能力,也称为额定短时耐受电流。当断路器持续通过t秒时间的I_t电流时,不会发生触头熔接或其他妨碍其正常工作的异常现象。国家电网公司《交流高压断路器技术标准》规定:断路器的额定热稳定电流等于额定开断电流。额定热稳定电流的持续时间为2s,需要大于2s时推荐4s。

8) 合闸时间和分闸时间

合闸时间与分闸时间是表明断路器开断过程快慢的参数,表征了断路器的操作性能。合闸时间是指断路器从接收到合闸命令到所有触头都接触瞬间的时间间隔。电力系统对断路器合闸时间一般要求不高,但要求合闸稳定性好。分闸时间包括固有分闸时间和燃弧时间。固有分闸时间是指断路器从接到分闸命令起到触头分离的时间间隔;燃弧时间是指从触头分离到各相电弧熄灭的时间间隔。为提高电力系统的稳定性,要求断路器有较高的分闸速度,即全分闸时间愈短愈好。

3. 常用高压断路器

1) 油断路器

以绝缘油作为灭弧介质的断路器,分为多油断路器与少油断路器两种。这种最早出现、历史悠久的断路器,现已基本淘汰。

2) 压缩空气断路器

以高速流动的压缩空气作为灭弧介质及兼作操作机构源的断路器,称为压缩空气断路器。此类型断路器具有灭弧能力强、动作迅速的优点,但由于其结构复杂,工艺要求高,有色金属消耗量大而应用不多。

3) 六氟化硫断路器

采用具有优良灭弧能力的惰性气体SF_6作为灭弧介质的六氟化硫(SF_6)断路器,灭弧能力相当于同等条件下空气的100倍,具有开断能力强(最高可达63kA)、全开断时间短、断口开距小、体积小、重量较轻,安装布局紧凑,维护工作量小,噪音低、材料不会被氧化和腐蚀,无火灾和爆炸危险,使用安全可靠,寿命长等优点;但结构较复杂,金属消耗量大,制造工艺、材料和密封要求高,价格较贵。目前国内生产的SF_6断路器有12~1 100kV电压级产品。SF_6断路器与以 SF$_6$ 为绝缘的有关电器组成的密封组合电器(GIS),在城市高压配电装置中应用日益广泛,是高压和超高压系统的发展方向。

4)真空断路器

利用真空(气体压力为 133.3×10^{-4}Pa 以下)的高绝缘性能来实现灭弧的断路器,这种断路器具有开断能力强(最高可达 63kA),灭弧迅速,触头密封在高真空的灭弧室内而不易氧化,运行维护简单,灭弧室不需检修,结构简单,体积小,重量轻,噪声低、寿命长,无火灾和爆炸危险等优点,主要用于频繁操作的场所。但其对制造工艺、材料和密封要求高,且开断电流和断口电压不能做得很高。目前国内只生产 40.5kV 及以下电压等级产品,更高电压等级的真空断路器正在加紧研制。

5)磁吹断路器

利用断路器本身流过的大电流所产生的电磁力将电弧迅速拉长而吸入磁性灭弧室内冷却熄灭的断路器,可用作配电断路器。

高压断路器型号表示和含义如图 2-2 所示。

图 2-2 高压断路器型号含义

4. 高压开关设备的常用操动机构

操动机构又称操作机构,是供高压断路器、高压负荷开关和高压隔离开关进行分、合闸及自动跳闸的设备。一般常用的有手动操动机构、电磁操动机构和弹簧储能操动机构。

操动机构的型号表示和含义如图 2-3 所示。

图 2-3 高压断路器操动机构型号含义

1)手动操动机构

利用人力合闸的操动机构,称为手动操动机构。手动操动机构使用手力合闸,弹簧分闸,具有自动脱扣结构。它主要用来操作电压等级较低、开断电流较小的断路器,所操作的断路器开断的短路容量不宜超过 100MVA，如 10kV 及以下配电装置的断路器。手动操作机构的结构简单、不需配备复杂的辅助设备及操作电源；但是不能自动重合闸，只能就地操作，不够安全。一般用于操作容量 630kVA 以下的变电所中的隔离开关和负荷开关。

2）电磁式操动机构

利用电磁力合闸的操动机构，称为电磁操动机构。当电磁铁在驱动断路器合闸的同时，也使分闸弹簧拉伸储能。电磁操动机构的结构简单、工作可靠、维护简便、制造成本低；但是在合闸时电流很大（可达几十安至几百安），因此需要有足够容量的直流电源，且合闸时间较长。电磁操动机构普遍用来操作 3.6~40.5kV 断路器。

3）弹簧操动机构

利用已储能的弹簧为动力使断路器动作的操动机构，称为弹簧操动机构。使弹簧储能的动力可以是电动机，也可使用人力为弹簧储能。在断路器合闸的同时也使弹簧储能，使断路器也能在脱扣器作用下分闸。

三、高压隔离开关

隔离开关的主要用途是用来隔离高压电源，保证其设备和线路的安全检修。隔离开关使检修设备与带电部分可靠的断开、隔离，使电气设备安全进行检修而不会影响到其他部分的工作。

当隔离开关断开后，其触头全部敞露在空气中，有明显的断口。断开间隙的绝缘及相间绝缘都应是足够可靠的，以避免在电路中产生过电压时断开点之间发生闪络，从而保证检修人员的安全。隔离开关没有灭弧装置，不能用来接通和断开负荷电流和短路电流，一般只能在电路已断开的情况下才能分合闸操作或接通或断开一定的小电流。

除了用来隔离电源外，隔离开关还可以在改变设备状态（运行、备用、检修）时，配合断路器协同完成倒闸操作，或用来接通、断开小电流；也可用来分、合电压互感器、避雷器和空载母线，分、合励磁电流不超过 2A 的空载变压器，关合电容电流不超过 5A 的空载线路；另外隔离开关的接地开关还可代替接地线，以保证检修工作的安全。

隔离开关的重要作用决定了隔离开关应有足够的动稳定和热稳定能力，并应保证在规定的接通和断开次数内不会发生任何故障。

隔离开关的类型较多，按照操动机构有手动式和动力式两类；还可按照安装的地点分为户内式和户外式两种；按产品组装极数可分为单极式（每极单独装于一个底座上）和三极式（三极装于同一底座上）；按每极绝缘支柱数目可分为单柱式、双柱式、三柱式；按有无接地刀闸分为带接地刀闸和不带接地刀闸；按触头运动方式可分为水平回转式、垂直回转式、伸缩式和插拨式等。

高压隔离开关的型号含义如图 2-4 所示。

四、高压负荷开关

高压负荷开关是一种结构比较简单，具有一定开断能力和关合能力的高压开关设备。负荷开关具有简单的灭弧装置，主要用来接通和断开正常工作电流，其本身不能开断短路电流，需与高压熔断器串联使用，借助熔断器来切除短路故障。带有热脱扣器的负荷开关还具有过

图 2-4　高压隔离开关的型号含义

载保护性能。负荷开关断开后，与隔离开关一样，具有明显的断开间隙，因此具有隔离高压电源，保证安全检修的功能。

高压负荷开关的类型比较多，按安装地点可分为户内式和户外式两类；按是否带有熔断器分为不带熔断器和带有熔断器两类；按灭弧原理和灭弧介质，分为固体产气式负荷开关、压气式负荷开关、油浸式负荷开关、真空式负荷开关和 SF_6 式负荷开关。高压负荷开关的型号含义如图 2-5 所示。

图 2-5　高压负荷开关的型号含义

五、高压熔断器

高压电网中，高压熔断器的主要功能是对电路及电路设备进行短路保护，可作为配电变压器和配电线路的过负荷与短路保护，也可作为电压互感器的短路保护。

户内高压熔断器主要为 RN 系列，有 RN1 及 RN2 两种。RN1 型熔断器适用于 3~35kV 的电力线路和电力变压器的过载和短路保护，熔体为一根或几根并联，额定电流较大（20~200 A）；RN2 型熔断器专门用于 3~35kV 电压互感器的短路保护，熔体为单根，额定电流较小（0.5A）。RN1、RN2 型的结构基本相同，都是瓷质熔管内充石英砂填料的密闭管式熔断器。RN1、RN2 型熔断器灭弧能力强，灭弧速度又很快，能在短路电流未达到冲击值以前完全熄灭电弧，切断短路电流，从而使断路器本身及其保护的电压互感器不必考虑短路冲击电流的影响，因此属于"限流"式熔断器。

户外高压熔断器主要作为配电变压器或电力线路的短路和过负荷保护。按其结构可分为跌落式和支柱式两种。RW 系列户外高压熔断器型号较多，RW4 和 RW10 型户外高压跌落式熔断器，广泛应用于环境正常的室外场所，既可做 6~10kV 线路设备的短路保护，又可在一定条件下，直接用高压绝缘钩棒来操作熔管的分合。这类熔断器没有限流作用，属于"非限流"式熔断器。支柱式熔断器适用于作为35kV电气设备保护,RW9-35、RW10-35和RXW9-35都是户外支柱式熔断器,具有体积小、质量轻、灭弧性能好、断流能力强、维护简单、熔体可更换等特点,使运行的可靠性大大提高。

高压熔断器的型号含义如图2-6所示。

图2-6　高压熔断器的型号含义

六、互感器

互感器是保证电力系统安全运行的重要设备,包括电压互感器和电流互感器,是一次系统和二次系统间的联络元件。从基本结构和工作原理来说,互感器就是一种特殊变压器。电流互感器将一次系统的交流大电流变成5A或1A小电流,供给测量仪表和保护装置的电流线圈;电压互感器将一次系统的高电压变换成100V或$100/\sqrt{3}$V的低电压,供给测量仪表和保护装置的电压线圈。

互感器在供配电系统中的主要作用如下:

(1)使测量仪表、继电器等二次设备与主电路隔离。可以避免把主电路的高压直接引入仪表、继电器等二次设备,又可防止仪表、继电器等二次设备的故障影响主电路,使二次回路不受一次回路限制,接线灵活,维护、测试方便。使用时,互感器的二次侧均接地,从而保证设备和人身安全。

(2)扩大了测量仪表、继电器等二次设备的使用范围。使用不同变比的互感器,可以测量任意大的电流或电压,从而使测量仪表和保护装置标准化和小型化,有利于大批量生产。

1. 电流互感器

1)电流互感器的工作原理

电流互感器工作原理与变压器相似,其基本原理接线如图2-7所示。其结构主要特点是:一次绕组串联在一次电路中,绕组匝数很少而导线很粗,绕组中流过的电流I_1是被测电路的负荷电流;二次绕组与测量仪表和保护装置的电流线圈串联,匝数很多且导线很细;由于二次侧所接的仪表、继电器等的线圈阻抗非常小,正常情况下电流互感器的二次侧近于短路状态运行。这种情况下二次电流I_2随一次电流按一定变比变化,不受二次负载大小的影响。

图2-7　电流互感器的基本结构和接线图

电流互感器的一次电流 I_1 与二次电流 I_2 之比为电流互感器的变流比,即

$$K_{TA} = \frac{I_1}{I_2} \approx \frac{I_{1N}}{I_{2N}} = \frac{N_2}{N_1} \tag{2-1}$$

式中:N_1、N_2——电流互感器一次与二次绕组的匝数;

I_{1N}、I_{2N}——电流互感器的额定一次电流与额定二次电流(A)。

K_{TA} 近似与一、二次绕组的匝数 N_1、N_2 成比例关系,一般表示成如 100/5A 的形式。

2)电流互感器的接线方式

电流互感器在三相电路中常用的接线方式如图 2-8 所示。

(1)一相式接线。一相式接线方案如图 2-8a)所示,这种接线用于负荷平衡的三相电路中。电流线圈通过的电流,为测量的对称三相负荷中的一相电流。

(2)两相两继电器接线。接线方案如图 2-8b)所示,这种接线又叫两相不完全星形接线或两相 V 形接线。广泛应用在中性点不接地的三相三线制系统中(如 6~10kV 高压电路中),用于三相电流、电能的测量及过电流保护。

(3)两相一继电器接线。接线方案如图 2-8c)所示,又叫两相电流差接线。这种接线适用于中性点不接地的三相三线制电路中(如 6~10kV 高压电路中)的电流继电保护。流过公共导线上的电流为 U、W 两相电流的相量和,所以通过公共导线上的电流表可以测量出 V 相电流。

(4)三相三继电器接线。接线方案如图 2-8d),又叫三相完全星形接线。三个电流线圈反映各相电流,用于负荷一般不平衡的三相四线制(如 TN 系统)或三相三线制系统中,监视每相负荷不对称情况。

图 2-8 电流互感器的接线方式

3) 电流互感器的种类和型号

电流互感器的种类很多。按一次电压高低来分，有高压和低压两大类。按一次线圈匝数分有单匝式和多匝式，单匝式的一次绕组为单根导体，其又可分为贯穿式（一次绕组为单根铜杆或铜管）和母线式（以穿过互感器的母线作为一次绕组）；多匝式的一次绕组由穿过铁芯的一些线匝制成，按绕组的绕线型式又分线圈式、绕环式、串级式等。按安装地点可分为户内式和户外式，户内式多为35kV以下，户外式多为35kV及以上。按用途分有测量用和保护用两大类。按准确度等级分为0.2、0.5、1、3、5P、10P等级。按绝缘介质分为油浸式（又叫瓷绝缘式，多用于户外）、干式（含环氧树脂浇注式）和气体式（用SF_6气体绝缘，多用于110kV及以上的户外）。按安装形式可分为穿墙式、母线式、套管式、支柱式等。在高压系统中还采用电压电流组合式互感器。现在又出现了新型的电子式电流互感器。

电流互感器型号含义如图2-9所示。

图2-9 电流互感器型号含义

4) 电流互感器的准确级

电流互感器准确级是指在规定的二次负荷变化范围内，一次电流为额定值时的最大电流误差百分数。电流互感器的准确级与其二次负荷容量有关。

电流互感器测量线圈的准确级设为0.1、0.2、0.5、1、3、5等6个级别，保护用的互感器或线圈的准确级为5P和10P两种。

5) 电流互感器的使用注意事项

(1) 电流互感器在工作时二次侧绝对不允许开路。当需要将运行中的电流互感器二次回路的仪表断开时，必须先用导线或专用短路连接片将二次绕组的端子短接。

(2) 电流互感器的二次侧必须有一端接地。电流互感器的二次侧一端接地，是为了防止其一、二次绕组间绝缘击穿时，一次侧的高电压窜入二次侧，危及人身和设备的安全。

(3) 电流互感器在连接时，要注意其端子的极性。如果一次电流从同极性端流入时，则二次电流应从同极性端流出，否则就可能使继电保护误动作甚至烧毁电流表。

2. 电压互感器

电压互感器按其工作原理可分为电磁式和电容式两种。主要介绍电磁式电压互感器。

1) 电压互感器工作原理

电磁式电压互感器的工作原理和变压器相同,其基本原理接线如图2-10所示。其结构主要特点是:一次绕组匝数很多,二次绕组匝数很少,相当于降压变压器。工作时,一次绕组与被测量电路并联,二次绕组与测量仪表和保护装置的电压线圈并联;由于二次侧所接测量仪表和保护装置的电压线圈阻抗很大且负荷比较恒定,所以正常情况下电压互感器近于开路(空载)状态运行。

电压互感器一、二次绕组的额定电压U_{N1}和U_{N2}之比称为额定变压比,用K_{TV}表示,近似等于一、二次绕组的匝数比,即

$$K_{TV}=\frac{U_1}{U_2}\approx\frac{U_{N1}}{U_{N2}}=\frac{N_1}{N_2} \quad (2\text{-}2)$$

U_{N1}和U_{N2}已标准化(U_{N1}等于电网额定电压U_{Ns}或$U_{Ns}/\sqrt{3}$,U_{N2}统一为100V或$100/\sqrt{3}$V)。

图2-10 电压互感器原理接线图

2)电压互感器的极性与接线方式

电压互感器在三相电路中常用的四种接线方式如图2-11所示。

(1)单相接线。如图2-11a)所示,该接线方式可测量一个线电压,可供接于一个线电压之间的仪表、继电器的电压测量。

(2)V/V形接线。两个单相V/V形接线方案如图2-11b)所示,该接线方式可测量三个线电压。供仪表、继电器接于三相三线制电路的各个线电压,广泛应用于工厂变电所6~10kV高压配电装置中。

图2-11 电压互感器的接线方式

(3) Y_0/Y_0 形接线。三个单相 Y_0/Y_0 形接线如图 2-11c)所示,该接线方式可测量电网的线电压。供电给要求线电压的仪表、继电器,并供电给接相电压的绝缘监视电压表。绝缘监视电压表的量程不能按相电压选择,而应按线电压选择,否则在发生单相接地时,电压表可能被烧毁。

(4) $Y_0/Y_0/\triangle$(开口三角)形接线。$Y_0/Y_0/\triangle$(开口三角)形接线见图 2-11d)所示。接成 Y_0 的二次绕组,供电给要求线电压的仪表、继电器及绝缘监视用电压表;接成开口三角形的辅助二次绕组,接电压继电器,构成零序电压过滤器。一次电压正常时,开口三角形开口两端的电压接近于零。当一次电路有一相接地时,开口三角形的两端将出现接近 100V 的零序电压,使电压继电器动作,发出故障信号。

3) 电压互感器的种类和型号

电压互感器的类型按相数分,有单相和三相两大类。单相式可制成任意电压级,三相式的一般只有 20kV 以下电压级。按绝缘及冷却方式来分,有油浸式、气体式(用 SF_6 绝缘)和干式(含环氧树脂浇注式)。干式的只适用于 6kV 以下空气干燥的户内,油浸式的又分普通式和串级式,其中 3~35kV 均制成普通式,110kV 及以上则制成串级式。按安装地点分户内式和户外式,户内式多为 35kV 及以下,户外式多为 35kV 以上。按准确度等级分,有 0.2、0.5、1、3、3P、6P 等级。

电压互感器的型号含义如图 2-12 所示。

图 2-12 电压互感器型号含义

4) 电压互感器的准确级

电压互感器准确级是额定频率下,在规定的一次电压(80%~100%额定电压)和二次负荷变化范围(25%~100%额定负荷)内,功率因数为 0.8(滞后)时,最大电压误差的百分数。电压互感器的二次绕组准确级规定为 0.1、0.2、0.5、1、3 等 5 个级别,通常测量仪器用电压互感器应具有 0.5 或 1 级的准确级,瓦时计则要求 0.5 级的准确级。3 级的仪用互感器只能用来供给一些驱动机构的线圈或不重要的测量场合。继电保护用电压互感器的准确级有 3P 和 6P 级,用于小电流接地系统电压互感器的零序绕组准确级为 6P 级。

5) 电压互感器的使用注意事项

(1) 电压互感器在工作时二次侧绝对不允许短路。由于电压互感器一次、二次绕组都是在并联状态下工作的,若二次侧短路,将感生出很大的电流,有可能把互感器烧毁,甚至影响一次电路的运行安全。因此电压互感器一次、二次侧都必须装设熔断器。一般 3~15kV 电压互感器经隔离开关和熔断器接入高压电网;在 110kV 及以上配电装置中,考虑到互感器及配电装置可靠性较高,且高压熔断器制造比较困难,价格昂贵,因此电压互感器只经过隔离开关与电网连接;在 380~500V 低压配电装置中,电压互感器可以直接经熔断器与电网连接,而不用隔离开关。

(2)电压互感器的二次侧必须有一端接地,防止一、二次绕组的绝缘击穿造成一次侧的高压窜入二次回路危及设备及人身安全,通常将公共端接地。

(3)电压互感器在连接时也必须注意极性。

3. 电子式电压电流互感器

随着计算机技术和电力设备二次系统测量、保护装置的数字化发展,电力系统对测量、保护、控制和数据传输智能化、自动化及电网安全、可靠和高质量运行的要求越来越高,具有测量、保护、监控、传输等组合功能的智能化、小型化、模块化、机电一体化电力设备,对电网安全、可靠和高质量运行具有重要意义。传统的电磁式电流电压互感器难以直接完成计算机技术对电流电压完整信息进行数字化处理的要求,难以实现电网对电量参数变化的在线监测,阻碍了电力系统自动化向更高水平发展,因此寻求一种能与数字化网络配套使用的新型电流电压互感器成为电网安全高效运行的迫切需要。

电子式电流电压互感器,二次输出为小电压信号,无需二次转换,可方便地与数字式仪表、微机保护控制设备接口,实现计量、控制、测量、保护和数据传输的功能,且消除了传统电磁式电流互感器因二次开路、电压互感器二次短路给电力系统设备和人身安全带来的故障隐患。作为传统电磁式互感器理想的换代产品,电子式互感器可广泛用于中压领域电力监测、控制、计量、保护系统、工矿企业、高层建筑、变配电等场所,能有效降低变电站(配电所)的建设成本和运行维护成本,提高电网运行质量、安全可靠性和自动化水平,因其几乎不消耗能量、无铁心(或仅含小铁心)且减少了许多有害物质的使用而使其成为节能和环保产品。电子式电流电压互感器在发达国家已被广泛采用,国内也有越来越多的产品投入使用。

电子式电流互感器采用罗哥夫斯基(Rogowski)线圈和轻载线圈的基本原理。Rogowski线圈由于采用非磁性的骨架,不存在磁饱和现象。一次电流通过 Rogowski 线圈得到了与一次电流的时间微分成比例的二次电压,将该二次电压进行积分处理,获得与一次电流成比例的电压信号,通过微处理器将该信号进行变换、处理,即可将一次电流信息变成模拟量和数字量输出。轻载线圈由一次绕组、小铁芯和损耗最小化的二次绕组组成。二次绕组上连接着分流电阻,二次电流在分流电阻两端的电压降与一次电流成比例,使得电子式电流互感器比传统的电磁式电流互感器拥有更大的电流测量范围。

电子式电压互感器采用电阻分压原理。互感器由高压臂电阻、低压臂电阻、屏蔽电极、过电压保护装置组成。通过分压器将一次电压转换成与一次电压和相位成比例的小电压信号。采用屏蔽电极的方法改善电场分布状况和杂散电容的影响,在二次输出端并联一个过电压保护装置,防止在二次输出端开路时将二次侧电压提高。也可采用电容(阻容)分压的原理制作电子式电压互感器。

与传统电磁式互感器相比,电子式电流电压互感器具有以下优点:

(1)集测量和保护于一身,能快速、完整、准确地将一次信息传送给计算机进行数据处理或与数字化仪表等测量、保护装置相连接,实现计量、测量、保护、控制、状态监测。

(2)不含铁芯(或含小铁芯),不会饱和,电流互感器二次开路时不会产生高电压,电压互感器二次短路时不会产生大电流,也不会产生铁磁谐振,保证了人身及设备的安全。

(3)二次输出为小电压信号,可方便地与数字式仪表、微机测控保护设备接口,无需进行二次转换(将 5A,1A 或 100V 转换为小电压),简化了系统结构,减少了误差源,提高了整个系统的稳定性和准确度。

（4）频响范围宽、测量范围大、线性度好，在有效量程内，电流互感器准确级达到 0.2S/5P 级，仅需 2～3 个规格就可以覆盖电流互感器 20A～5 000A 的全部量程，电压互感器测量准确级可达到 0.2/3P 级。

（5）电压互感器可同时作为带电显示装置实现一次电压数字化在线监测，并可作为支持绝缘子使用。

（6）体积小、重量轻，能有效的节省空间，功耗极小，节电效果十分显著，且具有环保产品的特征。

（7）安装使用简单方便，运行无需维护，使用寿命大于 30 年。

七、高压开关柜

高压开关柜是一种高压成套设备，按一定的线路方案将有关一次和二次设备组装在柜内，从而可以节约空间，方便安装，可靠供电，美化环境。

高压开关柜按结构形式分为固定式、移开式两大类。固定式开关柜中，GG-1A 型已基本淘汰，新产品有 LGN、XGN 系列箱型固定式金属封闭开关柜。移开式开关柜主要新产品有 JYN、KYN 系列等。移开式开关柜中没有隔离开关，因为断路器在移开后能形成断点，故不需要隔离开关。

按功能划分，主要有馈线柜、电压互感器柜、高压电容器柜（GR-1 型）、电能计量柜（PJ 系列）、高压环网柜（HXGN 型）等。表 2-1 列出了主要高压开关柜的型号及符号含义。

主要高压开关柜的型号及符号含义 表 2-1

型　　号	型 号 含 义
JYN2-10,35	J-间隔式金属封闭；Y-移开式；N-户内；2-设计序号；10,35—额定电压(kV)
GFC-7B(F)	G-固定式；F-封闭式；C-手车式；7B-设计序号；(F)—防误型
KYN□-10,35	K-金属铠装；Y-移开式；N-户内；□-内填设计序号；其他同上
KGN-10	K-金属铠装；G-固定式；其他同上
XGN2-10	X-箱型开关柜；G-固定式；其他同上
HXGN□-12Z	H-环网柜；其他含义同上；12-表示最高工作电压为 12kV；Z-带真空负荷开关
GR-1	G-高压固定式开关柜；R-电容器；1-设计序号
PJ1	PJ-电能计量柜；1-(整体式)仪表安装方式

开关柜在结构设计上具有"五防"措施，即防止误跳、合断路器、防止带负荷拉、合隔离开关、防止带电挂地线、防止带地线合隔离开关、防止人员误入带电间隔。

下面介绍两种常见的高压开关柜。

（1）KYN 系列高压移开式开关柜。KYN 系列金属铠装移开式开关柜是消化吸收国内外先进技术，根据国内特点自行设计研制的新一代开关设备。KYN-10 型开关柜由前柜、后柜、继电仪表室、泄压装置四部分组成，这四部分均为独立组装后栓接而成，开关柜被分隔成手车室、母线室、电缆室、继电仪表室。

（2）XGN2-10 型高压固定式开关柜。XGN2-10 箱型固定式金属封闭开关柜是一种新型产品,采用ZN28A-10系列真空断路器,也可采用少油断路器,隔离开关采用GN30-10型旋转式隔离开关,技术性能高,设计新颖。柜内仪表室、母线室、断路器室、电缆室分隔封闭,结构更加合理,安全可靠性高,运行操作及检修维护方便。在柜与柜之间加装了母线隔离套管,避免了一柜故障波及邻柜。

第四节 低压电气设备

低压电器通常指工作在交流额定电压1 200V、直流额定电压1 500V及以下电路中的电器设备。低压电器广泛用于发电、输电、配电场所及电气传动和自动控制设备中,在电路中起通断、保护、控制或调节作用。

低压开关是低压电器的一部分,通常用来接通和分断1 000V以下的交、直流电路。低压开关多采用在空气中借拉长电弧或利用灭弧栅将电弧截为短弧的原理灭弧。

一、刀开关

1. 低压刀开关

刀开关是最简单的一种低压开关电器,其额定电流在1 500A以下,主要应用于不频繁手动接通的电路,也用来分断低压电路的正常工作电流或用作隔离开关。

刀开关的分类方法很多,按转换方向可分为单掷和双掷;按极数可分为单极、二极和三极三种;按操作方式可分为直接手柄操作和连杆操作两种;按有无灭弧结构可分为不带灭弧罩和带灭弧罩两种。一般不带灭弧罩的刀开关只能在无负荷下操作,可作低压隔离开关使用;带灭弧罩的刀开关能通断一定的负荷电流。刀开关也可以按外壳防护等级、安装类别和抗污染等级分类。

低压刀开关型号含义如图2-13所示。

图2-13 低压刀开关型号含义

2. 熔断器式刀开关

熔断器式刀开关又称刀熔开关,是一种由低压刀开关与低压熔断器组合的开关电器,同时具有刀开关和熔断器的双重功能,可用来代替刀开关和熔断器的组合。

刀熔开关具有刀开关和熔断器双重功能。因此采用这种组合型开关电器可以简化配电装置,又经济实用,因此刀熔开关越来越广泛地在低压配电屏上安装使用。

低压刀熔开关型号含义如图2-14所示。

图 2-14　低压刀熔开关型号含义

3. 低压负荷开关

低压负荷开关是由低压刀开关与低压熔断器串联组合而成,具有带灭弧罩的刀开关和熔断器的双重功能,既可以带负荷操作,又能进行短路保护,但短路熔断后,需要更换熔体才能恢复使用。

常用的低压负荷开关有 HH 和 HK 两种系列,HH 系列为封闭式负荷开关,将刀开关与熔断器串联,安装在铁壳内构成,俗称铁壳开关;HK 系列为开启式负荷开关,外装瓷质胶盖,俗称胶壳开关。

低压负荷开关型号含义如图 2-15 所示。

图 2-15　低压负荷开关型号含义

二、低压断路器

低压断路器又称自动空气开关(简称自动开关),是低压开关中性能最完善的开关,不仅可以对电路进行正常的分合操作,接通和切断正常负荷电流及过负荷电流,而且可以起保护电路的作用。当电路有短路、过负荷或电压严重降低时,能自动切断电路,因此常用作低压大功率电路的主控电器。低压断路器主要作为短路保护电器,不适于进行频繁操作。

1. 低压断路器的种类

低压断路器的种类繁多,按其结构型式可分为框架式、塑料外壳式两大类。框架式断路器主要用作配电网的保护开关,塑料外壳式断路器除用作配电网的保护开关外还可用作电动机、照明电路及电热电路的控制开关。另外按电源种类可分为交流和直流;按其灭弧介质分为空气断路器和真空断路器;按操作方式分为手动操作、电磁铁操作和电动机储能操作;按保护性能分为非选择型断路器、选择型断路器和智能型断路器等。

2. 低压断路器的结构

低压断路器的结构比较复杂,由触头系统、灭弧装置、脱扣器和操动机构等组成。操动机构中又有脱扣机构、复位机构和锁扣机构。

1)触头系统

低压断路器有主触头和灭弧触头。电流大的断路器还有辅助触头,这三种触头都并联在电路中。正常工作时,主触头用于通过工作电流;灭弧触头用于开断电路时熄灭电弧,以保护触头;辅助触头与主触头同时动作。

2)灭弧装置

框架式断路器的灭弧装置多数为栅片式,为提高耐弧能力,采用由三聚氰胺耐弧塑料压制的灭弧罩,在两壁装有防止相间飞弧绝缘隔板。

塑料外壳式断路器的灭弧装置与框架式基本相同,由于钢板纸耐高温且在电弧作用下能产生气体吹弧,故灭弧室壁大多采用钢板纸做成,还通过在顶端的多孔绝缘封板或钢丝网来吸收电弧能量,以缩小飞弧距离。

3)自由脱扣机构

自由脱扣机构类似于高压断路器,在合闸操作时,如果线路上恰好存在短路故障,则要求自动开关仍能自动断开,否则将会导致事故扩大。因此,自动开关都设有自由脱扣机构。

4)低压断路器的脱扣器

脱扣器是用来接收操作命令或电路非正常情况时的信号,以机械运动或触发电路的方法使脱扣机构动作的部件。低压断路器的脱扣器除电磁式电流脱扣器、失压脱扣器、分励脱扣器、热脱扣器外,还有半导体脱扣器等。不是任何自动开关都装设有以上各种脱扣器,用户应根据电路和控制的需要,在订货时向制造厂提出所选用的脱扣器种类。

3. 低压断路器的主要技术参数

低压断路器的主要技术参数有:额定电流、额定工作电压、使用类别、安装类别、额定频率(或直流)、额定短路分断能力、额定极限短路分断能力、额定短时耐受电流和相应的延时、外壳防护等级、额定短路接通能力、额定绝缘电压、过电流脱扣器的整定值以及合闸装置的额定电压和频率、分励脱扣器和欠电压脱扣器的额定电压和额定频率等。

低压断路器的额定电流有两个值,一个是它的额定持续工作电流,也就是过电流;另一个是断路器壳架等级额定电流,这是该断路器中所能装设的最大过电流脱扣器的额定电流,该电流在型号中表示出来。

由于低压断路器是低压电路中主要的短路保护电器,因此它的短路分断能力和短路接通能力是衡量其性能的重要参数。

4. 低压断路器的典型结构

1)框架式断路器

框架式断路器又称万能式断路器,为敞开式机构。它所有的部件,如触头和脱扣器都敞开的安装在一个绝缘或金属框架上,结构较复杂,尺寸较大,额定电流和断流能力较大,保护方案和操作方式较多,功能齐全,便于维修。

我国生产的框架式断路器的主要产品有 DW12、DW15、DW16 等。DW10 系列自动开关,额定电流为 200～600A 的采用塑料压制框架,额定电流为 1 000～4 000A 的采用金属框架。

2)塑壳式断路器

塑壳式断路器又称装置式断路器,为封闭式机构。它除操作手柄和板前接线端子露出外,其余部分均装在一个封闭的塑料壳体内,外观整洁;在断路器正面不可能出现带电部分,使用很安全,其额定电流较小。

另外,ME、DW914(AH)、AE-S、3WE 等系列框架式自动开关,分别为引进原西德 AEC

公司技术、日本寺崎电气公司技术、日本三菱电机公司零件、德国西门子公司技术的产品；S060、C45N、TH、TO、TS、TG、TL、3VE、H等系列塑壳式自动开关,分别为引进德国技术、法国梅兰日兰公司技术、日本寺崎电气公司技术(TH、TO、TS、TG、TL)、德国西门子公司技术、美国西屋电气技术的产品。

随着电子技术的发展,低压断路器正在向智能化方向发展,例如用电子脱扣器取代原机电式保护器件,使开关本身具有测量、显示、保护、通信的功能。

低压断路器的型号含义如图2-16所示。

图2-16 低压断路器的型号含义

三、低压熔断器

低压熔断器主要用来保护电气设备和配电线路免受过载电流和短路的损害。

1. 低压熔断器的结构

低压熔断器主要由熔管、熔体构成,有些熔断器还填充一些石英砂等填充料用来熄灭电弧。熔断器的保护作用是靠熔体来完成的。熔体是由低熔点的铅锡合金或其他材料制成的,一定的熔体只能承受一定值的电流(额定值)。当通过的电流超过此额定值时,熔体将熔断,从而起到保护作用。熔体熔断所需的时间与电流的大小有关,这种关系通常用熔体融化的电流与熔化时间之间的安秒特性曲线描述。

通常当通过的电流小于熔体额定电流的1.25倍时,熔体是不会熔断的,可以长期运行。若通过的电流大于熔体额定电流的1.25倍,则熔体被熔断。倍数愈大,愈容易熔断,即熔断时间愈短。

当负载发生短路时,有很大的短路电流通过熔断器,熔体很快熔断,迅速断开,从而有效地保护未发生故障的线路与设备。熔断器通常主要做短路保护,而对于过载一般不能准确保护。

2. 低压熔断器的分类

按照熔断器的分断范围,GB/T 13539—2002《低压熔断器》系列国家标准中把熔断器分为g类和a类。g类为全范围分断,在规定条件下,连续承载电流不低于其额定电流,并能够分断最小融化电流至额定分断能力之间的各种电流。a类为部分范围分断,在规定条件下,连续承载电流不低于其额定电流并能够分断4倍额定电流至额定分断能力之间的各种电流。

按照使用类别,熔断器又可以分为G类和M类。G类为一般用途,适合包括电缆在内的各种负荷,M类为电动机电路的熔断器。

上述两类可以有不同的组合,如Gg,aM等。

常见的国产低压熔断器有：NT(RT16)、RT17、RT12 和 RT15 系列熔断器。NT(RT16)型和 RT17 型两种产品均可在电压为 660V 及以下，最大电流为 1 000A 的电力系统或配电电路中使用。NT 系列熔断器的额定分断能力在 500V 及以下时为 120kA，660V 时为 100kA。两种熔断器均属有填料熔断器。

RT12 型和 RT15 型系列熔断器也是有填料封闭管式结构，用于 500V 及以下交流环境中对过载和短路进行保护。RT12 的最大额定电流为 100A，额定分断能力为 100kA；RT15 的最大额定电流 400A，额定分断能力为 100kA。

低压熔断器的型号含义如图 2-17 所示。

图 2-17 低压熔断器的型号含义

3. 低压熔断器的主要技术参数

(1)额定电压。熔断器可以长期正常工作的最高电压值。一般为交流 220V、230V、240V、380V、400V、415V、660V 等，直流 110V、115V、220V、230V、250V、440V、800V、1 000V 等。

(2)额定电流。熔断器的额定电流一般指的是熔体的额定电流，熔体的额定电流从 2～1 250A，共 26 个级次。

(3)熔断特性。描述在一定的电流下熔断器熔断所需要的时间，时间与电流的平方成反比。

(4)额定分断能力。额定分断能力是指熔断器在很短的时间内分断相当大的故障电流的能力。一般而言熔断器的分断能力在 50kA 以上，高至 100kA 左右。对应的情况下，分断时间通常为几个毫秒。

(5)限流作用和截流作用。限流作用是指熔断器的动作非常迅速，在短路电流达到其峰值之前切断电路，使电路上的实际电流小于预期计算电流。熔断器在限流过程中实际流经本身的电流最高值叫做截断电流。由于熔断器的存在，线路中实际可能出现的最大的短路电流只有预期短路电流峰值的 20% 左右。

(6)过电流选择比。过电流选择比是指上下级熔断器之间满足选择性配合要求的额定电流最小比值。一般当弧前时间大于 0.02s 时，两级熔断器额定电流比值为 1.6∶1 的情况下即可认为其过电流选择比满足要求，即在规定范围内出现过电流时，指定的熔断器动作，而其他的熔断器不动作。

四、漏电保护器

漏电保护器是漏电电流动作保护器的简称,主要用来对有致命危险的人身触电进行保护,以及防止因电器设备或线路漏电而引起的火灾事故。

1. 漏电保护器的工作原理

漏电保护器是在规定条件下,当漏电电流达到或超过给定值时能自动断开电路的机械开关电器或组合电器。现在生产的漏电保护器都属于电流动作型,以单相漏电保护器为例说明其工作原理,如图2-18所示。

在电气设备正常运行时,各相线路上的电流矢量和为零。当线路或电气设备绝缘损坏而发生漏电、接地故障或人触及外壳带电的设备时,则有漏电电流通过地线或人体及大地而流向电源,此时线路上的电流相量和 $\dot{I}_1 + \dot{I}_2 = \dot{I}_0$。$\dot{I}_0$ 经高灵敏零序电流互感器检出,并在其二次回路感应出电压信号,经过放大器放大。当漏电流达到或超过给定值时,漏电脱扣器立即动作,切断电源,从而起到了漏电保护作用。

漏电保护器用来对有致命危险的人身触电进行保护,因此是一种对安全性和可靠性要求很高的低压电器产品。

图 2-18 漏电保护器原理
RCD-漏电保护器;TQ-漏电脱扣器;IC-电子放大器;TA-零序电流互感器;S-试验按钮;R-电阻;M-电动机或其他负荷

2. 漏电保护器的分类

漏电保护器按其脱扣器来分类可分为电磁式和电子式两种。电磁式是由互感器检测到的信号直接推动高灵敏度的释放式漏电脱扣器,使漏电保护器动作。电子式漏电保护器则是互感器检测到的信号通过放大器放大后,触发晶闸管或导通晶体管开关电路,接通漏电脱扣器绕组而使漏电保护器动作。电磁式不需要辅助电源,不受电源电压的影响,抗干扰能力强。但是漏电脱扣器结构较复杂,加工制造精度要求高,制成高灵敏度及大容量产品较困难。电子式灵敏度高,制造技术比电磁式简单,可以制成大容量产品,但电子式漏电保护器需要辅助电源,抗干扰能力不如电磁式漏电保护器。

漏电保护器按其所具有的保护功能和结构特征,大体可以分为以下几种:

(1)漏电开关。漏电开关是由零序电流互感器、漏电脱扣器和主开关组装在绝缘外壳中,具有漏电保护以及手动通断电路的功能。

(2)漏电断路器。漏电断路器具有漏电保护及过载保护功能,某些产品就是在断路器的基础上,加上漏电保护部分而构成的。

(3)漏电继电器。漏电继电器由零序电流互感器和继电器组成。只具备检测和判断功能,由继电器节点发出信号,控制断路器分闸或控制信号元件发出声光信号。

(4)漏电保护插座。漏电保护插座是由漏电断路器或漏电开关与插座组合而成。在一般插座回路较易引起触电事故,而这种插座使插座回路具备触电保护功能。

3. 漏电保护器的正确接线方式

漏电保护器在 TN 及 TT 系统中的各种接线方式如图 2-19 所示。安装时必须严格区分中性线 N 和保护线 PE。漏电保护器的中性线，不管其负荷侧中性线是否使用，都应将电源中性线接入保护器的输入端。经过漏电保护器的中性线不得作为保护线，不得重复接地或接设备外露可导电部分，保护线不得接入漏电保护器。

图 2-19 漏电保护器的正确接线方式

五、双电源自动切换开关（ATSE，Automatic Transfer Switching Equipment）

ATSE 即双电源自动转换开关，是由一个（或几个）转换开关电器和其他必需的电器（转换控制器）组成，用于监测电源电路并将一个或几个负载电路从一个电源转换至另一个电源。作为消防负荷和其他重要负荷的末端互投装置，可实现当一路电源发生故障时，可以自动完成常用与备用电源间切换，而无需人工操作，以保证重要用户供电的可靠性。ATSE 在工程中得到了广泛的应用，是重要负荷供电系统中不可缺少和重要的一个环节。

ATSE 目前在我国经历了四个发展阶段，即两接触器型、两断路器型、励磁式专用转换开关和电动式专用转换开关。两接触器型转换开关为第一代，是我国最早生产的双电源转换开关，它是由两台接触器搭接而成的简易电源，这种装置因机械联锁不可靠、耗电大等缺点，因而在工程中越来越少采用。两断路器式转换开关为第二代，也就是我国国家标准和 IEC 标准中所提到的 CB 级 ATSE，它是由两断路器改造而成，另配机械联锁装置，具有短路或过电流保护功能，但是机械联锁不可靠。励磁式专用转换开关为第三代，它是由励磁式接触器外加控制器构成的一个整体装置，机械联锁可靠，转换由电磁线圈产生吸引力来驱动开关，速度快。电动式专用转换开关为第四代,是 PC 级 ATSE,其主体为负荷隔离开关,为机电一体式开关电器,转换由电机驱动,转换平稳且速度快,并且具有过 0 位功能,不带短路和过电流保护功能。

  ATSE 不应带短路和过电流保护功能。而 CB 级 ATSE 不能够满足这一点,一旦出现短路和过电流的情况,脱扣器脱扣,造成电源侧虽然有电而负载没电的情况,不能满足一、二级负荷对供电的要求。因此 PC 级 ATSE 在工程中的应用将成为主流。

思考与练习题

2-1 电弧的危害有哪些?常用电气设备的灭弧方法有哪些?

2-2 高压断路器有哪些功能?根据灭弧介质的不同分为哪几类?

2-3 高压隔离开关有哪些功能?是否能带负荷操作?

2-4 高压负荷开关有哪些功能?在采用负荷开关的电路中采用什么措施进行短路保护?

2-5 高压熔断器有哪些功能?"限流"及"非限流"式熔断器是何含义?

2-6 电流互感器、电压互感器各有哪些功能?电流互感器和电压互感器在使用时各应该注意什么?都有哪些准确度等级?

2-7 高压开关柜的功能是什么?常用的高压开关柜有哪些类型?

2-8 低压断路器有哪些功能?按结构形式分为哪两大类?

2-9 低压熔断器的主要技术参数有哪些?各自的含义是什么?

2-10 漏电保护器的工作原理是什么?在 TN 系统中如何接线?

2-11 双电源自动转换开关的作用是什么?经历了哪几个发展阶段?CB 级 ATSE 和 PC 级 ATSE 的主要区别是什么?

第三章　建筑变配电所的结构、布置及主接线

第一节　供电区域的规划设计

1. 城网结构

城网的供电区域包括城市的全部地区，城网规划应该以市区电网规划为主要组成部分。

城网由 220kV 的输电网，110kV、63kV、35kV 的高压配电网，10kV 及以下的中压和低压配电网 3 层电网组成。

2. 电压等级

城网电压等级和最高一级电压一般情况下应不少于 4 个变压层次，老城市在简化变压层次时可以分期分区进行。

城网的标称电压应符合国家电压标准。输电电压为 220kV（或 110kV），高压配电电压为 110kV、63kV、35kV，中压配电电压为 10kV，低压配电电压为 380/220V。选用电压等级时应尽量避免重复降压。

3. 城网变电所

1) 所址选择

城网变电所的所址应符合下列基本要求：

(1) 便于进出线的布置，交通方便，在条件许可的情况下尽量接近负荷中心。

(2) 占地面积满足最终规模要求。

(3) 避开易燃易爆及严重污染地区。

(4) 注意对公用通信设施的干扰问题。

2) 类型

市区变电所的设计应尽量节约用地面积，采用占地较少的户外型或半户外型布置。

市中心区的变电所应考虑采用占空间较小的全户内型，并考虑与其他建筑物混合建设，必要时也可考虑建设地下变电所。

3) 主变压器

城网中同一级电压的主变压器单台容量不宜超过 3 种，在同一变电所中同一级电压的主

变压器宜采用相同规格,主变压器各级电压绕组的接线组别必须保证与电网相位一致。主变压器的外形结构、冷却方式及安装位置,应充分考虑通风、散热与噪声问题。为节约能源并减少散热困难,主变压器应选用低损耗型。

4)配电设备

市区变电所应优先选用定型生产的成套高压配电装置,并推广采用经过试运行考验及国家鉴定合格的新设备,如SF_6全封闭组合电器、敞开式SF_6断路器、真空断路器、氧化锌避雷器、干式变压器、小型大容量蓄电池、大容量电容器等。

城网应根据运行需要装设必要的自动装置,如重合闸、备用电源自动投入、低频减载自动解列等,以提高供电可靠性,防止发生大面积停电或对重要负荷长时间中断供电的事故等。

5)防火要求

市区变电所变压器室的耐火等级应为一级,配电装置室、电容器室及电缆转换层应为二级。变电所邻近有建筑物且不能满足防火间距时,应采取有效的消防措施并取得消防部门同意。市区变电所变压器室应装设可由外部手动或自动控制的灭火装置。电缆转换层和隧道中应有防火措施。

二、开闭所的设立

为解决高压变电所、中压配电所出线开关柜数量不足、出线走廊受限,减少相同路径的电缆条数,建设开闭所。开闭所应配合城市规划和市政工程同时建设,作为市政建设的配套工程。

开闭所可以结合配电站建设,亦可单独建设。开闭所的接线力求简化,一般采用单母线分段,两路进线,6~10路出线。开闭所应按无人值班及逐步实现综合自动化的要求设计或留有发展余地。

在新建的住宅区内,应建设地区公用配电室。配电室可选用负荷开关—熔断器组合电器。配电室一般装两台变压器,变压器可按630kVA或1 000kVA设计,建设初期按设计负荷选装变压器,低压为单母线分段,可装设低压母联断路器并装设自动无功补偿装置。

住宅小区的建筑规划面积累计1 000~20 000m^2应建一座配电站,大型住宅小区应建设开闭所向若干个配电站供电。

在繁华地区及受场地限制无法建设配电室而又不允许安装柱上变压器的场所,可考虑采用箱式变电站。

开闭所、变电站的选址应考虑到设备运输方便,并留有消防通道,设计时应满足防火、通风、防潮、防尘、防毒、防小动物和防噪声等各项要求。

三、电力线路的走向

1. 中压配电网

包括10kV配电所和开闭所及相应的配电线路。

1)组成

城市中压配电网应根据高压变电所布点、负荷密度和运行管理的需要划分成若干个相对独立的分区配电网。分区配电网应有较为明显的供电范围,一般不应交错重叠。分区的划分要随着情况的变化适时调整。

中压配电网应有一定的容量裕度，当负荷转移时不致使载流元件过载。当任何一个中压馈电柜因故停运时，通过倒闸操作，能继续向用户供电；当发生线路事故时，通过倒闸操作，能继续向非故障线路用户供电，配电线路不过负荷不限电。

2）线路结构

中压配电网主干线的导线截面积，宜按远期规划负荷密度一次选定，争取在20年之内保持不变，当负荷密度增加到一定程度时，可插入新的35/10kV变电所，使网络结构基本不变。

中压配电网中每一线路和每一配电所都应有明确的供电范围，一般不应交错重叠。

架空线路的正常运行负荷电流应根据其在电网中的地位留有适当的裕度。

城市道路网是城市配电网建设的依托，每条道路至少应留有一条架空线路径。城市主、次干道均应留有电缆敷设位置。有些干道还应留有电缆隧道或排管位置。

3）配电设备

向市区供电的中压配电网应能保证任何一条10kV线路的出口短路及计划检修停运时保持向用户继续供电，事故停运时通过操作能保持向用户继续供电，不过负荷不限电。为缩小10kV线路自身检修和事故时的停电范围，市区的10kV线路应用断路器（或隔离开关）分段，分段距离应根据中压配电网的结构和负荷决定。

中压配电网应选用短路容量能满足较长期发展需要、可靠性高、体积小、维护工作量少和操作简单的新型设备。如SF_6开关、真空开关、环网单元、小型封闭式配电装置及各种新型熔断器等。

当35kV或110kV变电所的10kV出线受走廊条件限制，或中压电网运行操作有需要时可以建设10kV开闭所。

4）架空线路

城市中压架空配电网应采用环网布置，开环运行的结构。中压线路的主干线和较大的支线应装设分段开关，线路分段一般为3段。相邻变电所及同一变电所馈出线路的相邻线路之间应装设联络开关。

5）电缆线路

电缆线路是城市配电网的重要组成部分，下列地区宜采用电缆线路：

(1)依据城市规划，繁华地区、大中型住宅小区和市容环境有特殊要求的地区；
(2)街道狭窄，架空线路走廊难以解决的地区；
(3)供电可靠性要求较高或负荷较大的用户；
(4)电网结构需要时。

为提高设备利用率，应发展公用电缆网，严格控制专用电缆线路。公用电缆线路连接供电点的数量及接用容量的确定应考虑运行及管理的要求。电缆敷设方式应根据电压等级、最终条数、施工条件及初期投资等因素确定，采取直埋敷设、沟槽敷设、排管敷设、隧道敷设、架空及桥梁构架敷设、水下敷设等多种方式。

市区中压电缆线路之间应加强联络，逐步形成环网布置开环运行的电缆网络。电缆支路的分支，根据需要和可能应建设环网开闭箱（室）或分支箱（室）。

2. 低压配电网

包括 380/220V 变电所和低压电力线路。

1)应用

低压配电线路有下列情况的地段应采用电缆线路：

(1)负荷密度较高的市中心区；

(2)建筑面积较大的新建居民楼群高层住宅区；

(3)不宜通过架空线的主要街道或重要地区；

(4)其他经技术经济比较采用电缆线路比较合适时。

对不适于低压架空线路通过、地下障碍较多、入地又很困难的地段可采用具有防辐射的架空塑料绝缘电缆。

2)敷设

市区电缆线路路径，应与城市其他地下管线统一安排。通道的宽度深度，应考虑远期发展的要求。路径选择应考虑安全、可行、维护便利及节省投资等条件。沿街道的电缆隧道入孔及通风口等的设置应与环境相协调。

电缆敷设方式应根据电压等级、最终数量、施工条件及初期投资等因素确定。可按不同的情况采取直埋敷设、沟槽敷设、排管敷设、隧道敷设、架空及桥梁构架敷设、水下敷设等多种方式。直埋敷设是最经济简便的敷设方法，应优先采用。

3)结构

低压配电网应结构简单，安全可靠。宜采用柱上变压器或配电室为中心的树干式或放射式结构。相邻变压器低压干线之间可装设联络开关和熔断器，正常情况下各变压器独立运行，事故时经倒闸操作后继续向用户供电。

低压配电网应有较强的适应性，主干线宜一次建成，今后需要时，可插入新装变压器。

低压线路的供电半径不宜过大，零线截面积宜与相线截面积相同。为改善电压质量、降低线路电压损失，纯照明负荷的街区应避免采用单相供电。

低压配电网应实行分区供电的原则，低压线路应有明确的供电范围，低压架空线路不得超越中压架空线路的分段开关。

为满足线路与建筑物之间的安全距离要求，减少外力破坏事故，低压架空线路应推广使用绝缘线。架设方式可采用集束式或分相式。当采用集束式时，同一台变压器供电的多回路低压线路可同杆架设。

四、高压供电系统的接线方式

变配电所的一次侧电压一般都为 10kV 及以上电压等级，相对于 380/220V 的低压配电系统，称为高压供电系统。高压供电系统的接线方式主要有以下几种：

(1)放射式线路，如图 3-1 所示。这种接线方式可靠性高，继电保护整定等易于实现。缺点是开关设备多，投资大。适于供给较重要的和容量较大的负荷，只限于两级以内。

(2)树干式线路，如图 3-2 所示。特点是出线少，开关设备和导线耗用少，投资省。缺点是可靠性低。适于负荷容量较小，不重要的用电负荷。干线连接变压器不超过 5 台，总安装容量不大于 3 000kVA。

(3)环网线路,如图 3-3 所示。优点是可靠性高(相对于树干式),但继电保护比较复杂,整定配合也较困难。一般采用"开口运行",开环点为电压差最小的点。环形线路载流量按所接的全部变压器容量计算,有色金属消耗大。单电源环形只适于允许停电半小时以内的二级负荷。双电源环形可用于一、二级负荷,但可靠性低于放射式。通常采用有高压负荷开关的高压环形柜组成,特适于城市电网。

图 3-1 高压放射式接线

图 3-2 高压树干式接线

图 3-3 高压环网式接线

第二节 建筑变配电所的型式、结构及布置

一、变配电所所址的选择

变配电所所址选择应注意以下几点:
(1)靠近负荷中心,接近电源侧;
(2)进出线方便;
(3)设备运输、安装方便;
(4)不应设在有剧烈振动的场所;
(5)不应设在多尘、水雾或有腐蚀性气体的场所,如无法远离时,不应设在污染源的下侧,也不应设在有爆炸和火灾危险的场所;
(6)不应设在厕所、浴室、地势低洼或其他经常积水场所的正下方或相邻;
(7)考虑发展和扩建的可能;
(8)当变配电所的正上方、正下方为住宅、客房、办公室等场所时,变配电所应作屏蔽处理。即将建筑物钢筋混凝土构件内钢筋、金属框架、金属支撑物以及金属屋面板、外墙板及安装龙骨支架等相互等电位联结,形成笼式格栅形屏蔽体或板式大空间屏蔽体。

变电所所址的选择除应符合《35~110kV 变电所设计规范》(GB 50059—1992)和《10kV

及以下变电所设计规范》(GB 50053—1994)外,还应根据工程具体情况,相应符合《民用建筑设计通则》(GB 50352—2005)、《爆炸和火灾危险环境电力装置设计规范》(GB 50058—1992)、《高层民用建筑设计防火规范》(2005年版)(GB 50045—1995)和《建筑设计防火规范》(GB 50016—2006)的有关规定。

二、变配电所的类型

工业与民用建筑的变配电所大多是10kV变电所,一般为全户内或半户内独立式结构,开关柜放置在屋内,主变压器可放置在屋内或屋外,依据地理环境条件因地制宜。10kV及以下变配电所按其位置分类主要有以下类型:

1)独立式变配电所

它是一个独立的建筑物,一般用于供给分散的用电负荷,有时由于周围环境的限制(如防火、防爆和防尘等),或为了建筑及管理上的需要而设置独立变电所。在大中城市的中心区或负荷区多采用。

2)地下变配电所

设置在建筑物的地下室内,以节省用地。但通风散热条件差,湿度较大,防火等级要求较高,投资高,但相当安全,不碍观瞻。多用于某些高层建筑中,其主变压器一般采用干式变压器。

3)附设变配电所

一面或数面与建筑物的墙共用,且变压器室的门和通风窗向建筑物外开。根据与建筑物的位置关系可分为:

(1)内附式,变配电所位于建筑物内,与建筑物共用外墙,属于建筑物的一部分。可以使建筑物外观整齐,主要应用在受周围环境限制的多层建筑或一般工厂车间。

(2)外附式,变配电所附设于建筑物外,与建筑物共用一面墙壁。在大型民用建筑中经常与冷冻机房、锅炉房等用电量较大的建筑物设置在一起,或设置在一般工厂的车间变电所。

(3)室内式,位于建筑物内部。在负荷较大的大型建筑,为使变电所深入负荷中心时采用,可缩短低压配电的距离,降低电能损耗和电压损失,减少有色金属消耗量,具有较好的经济技术指标。在民用建筑中经常采用建筑内变电所,但要采取相应的防火措施。

4)户外变电所

变压器一般位于室外的电线杆塔上,或在专门的变压器台墩上,一般用于负荷分散的小城市居民区和工厂生活区以及小型工厂和矿山等。变压器容量一般在315kVA及以下。

5)箱式(预装式)变电站

将高压开关设备、配电变压器和低压配电装置,按一定接线方案排成一体的工厂预制户内、户外紧凑式配电设备,将高压受电、变压器降压、低压配电等功能有机地组合在一起,用于从中高压系统向低压系统输送电能。特别适用于城网建设与改造,具有成套性强、体积小、占地少、能深入负荷中心、提高供电质量、减小损耗、送电周期短、选址灵活、对环境适应性强、安装方便、运行安全可靠及投资少、见效快等一系列优点。广泛应用于城市公共配电、高层建筑、住宅小区、公园等,还适用于油田、工矿企业及施工场所等。

三、高层建筑物内变电所的特殊要求

随着经济的不断发展,特别是近几年房地产的开发,供电负荷猛增,使变电站的分布越来越密,并逐渐深入到市中心人口稠密区。在城区建设变电站面临着用地紧张、站址难觅,即使能征得用地,面积也非常小,设计难度大,要求高;征地拆迁费用非常昂贵,已远远超出建设变电站的费用,致使每千伏安造价很高;市中心往往为繁华的商业用地,有着极高的商业价值,土地资源十分有限和宝贵。如仅建1座3~4层的变电站,则土地得不到充分利用,是一种极大的资源浪费;与周围环境协调的要求高,建筑的格调与景观和环境要融为一体;防火、防爆、防噪声的要求也特别高。在这种情况下,建筑物地下变电所与无人值守的10kV箱式结构变电站得到了快速发展。

1. 设计原则

高层建筑的变配电所,宜设置在地下层或首层;当建筑物高度超过100m时,也可在高层区的避难层或上技术层内设置变电所。建地下变电站必须确定以几点作为主要设计原则:

(1)简化接线,尽量采用线路—变压器组单元接线方式,10kV采用单母线分段接线,分段开关设备自投。变压器侧可不设开关,只设负荷开关,且负荷开关装载在变压器上,成为一整套装置。当一台主变或一条线路故障时,可保证不间断供电。

(2)设备选型宜小型化,以减少占地面积,使整体布置趋于紧凑合理。

(3)全站设备无油化,包括主变压器采用干式绝缘变压器。这样全站无易燃、易爆物,既能简化消防系统,又可将火灾的影响局限在地下,而不致影响到地面。

(4)简化总体布置,尽量减少挖方量,减少设备布置层数,以方便运输和安装,简化消防、通风系统,同时为将来的运行维护创造良好的条件。

(5)按无人值班站考虑,设"四遥"系统。

2. 消防、通风及噪声处理

1)消防系统

变电站常用的灭火装置有水喷雾灭火系统、固定式气体灭火系统以及移动式或手提式气体灭火器等。

一般地下变电站的上部为民用高层建筑,地处繁华的商业区,所以对消防的要求特别高。电气设备采用无油化,如变压器为SF_6气体绝缘,10kV高压开关柜采用真空开关,变电站用变压器和接地变压器采用干式变压器,以及采用干式电容器等,使得全站无易燃易爆物,相应的简化了消防系统,也提高了防火安全性。可不再设水喷雾系统和固定式灭火系统,只需在各电气设备间配备移动式或手提式CO_2灭火器,楼层走道分层设置CO_2气瓶,并设安全指示灯或指示牌,便于灭火时人员疏散。

站内各电气设备间、电缆层均应设置火警探测器,可采用感温感烟探头、线型感温电缆等。由于地下站环境潮湿,尚应考虑探测器的防潮功能。

控制系统应具有监视、自动、手动、远动等功能,且可将报警及控制信号通过RTU(Remote Termined Unit)传输到调度中心或消防部门。

2)通风系统

地下变电站的通风系统与地面站不同,其设备的散热通风必须依靠机械通风。主变压器是全站最大的热源,有水冷和风冷两种冷却方式。由于水冷方式的复杂性给运行维护带来的困难,一般尽量采用风冷方式。

风冷方式采用由地面绿化带自然进风,流经各设备用房,然后由排风机通过风管将室内的热空气抽至室外。主控室和10kV高压室可设空调。

3)噪声处理

由于所有设备均放置在地下,而混凝土墙及楼板本身已具有良好的隔声效果,只要在进、排风口采取消声措施,就可有效地降低噪声。降低噪声的主要措施有:

(1)采用低噪声轴流风机;

(2)进出风井处设置厚片式消声器;

(3)进出风口处设绿化带吸声;

(4)降低风管的设计风速;

(5)加装吸音材料。

4)防电磁干扰

在设计中应尽量避免选用对外界电磁干扰大的设备。在地面层设置良好的屏蔽层,采用一些屏蔽电缆,以减少柴油发电机组工作时对外界设备的电磁干扰影响。

四、室内变配电所的结构及布置方案

10kV变配电所主要由变压器室、高压配电室、低压配电室、电容器室以及控制室等组成。一般设计成单层建筑物,但在用地面积受到限制或布置有特殊要求场合,也可以设计成多层建筑物,一般不宜超过两层。变配电所的布置应在高低压供电系统设计方案确定的基础上进行,并应满足以下基本要求:

(1)布置紧凑合理,便于设备的操作、巡视、搬运、检修和试验,同时考虑发展的可能性。

(2)合理安排建筑物内各房间的相对位置,配电室的位置应便于进出线。低压配电室通常与变压器室相邻,以减少低压母线的长度。高压电容器室尽量与高压配电室相邻。控制室要便于运行人员的管理。安排各房间时,要尽量利用自然采光和自然通风。

(3)变压器室和电容器室尽量避免布置在朝西方向。控制室和值班室尽量朝南。

(4)配电室、控制室和值班室的地面,一般比室外高出0.15~0.3m。变压器室、电容器室的地坪标高应根据通风散热的需要而定。

(5)有人值班的变配电所应有单独的控制室或值班室。

图3-4为室内变配电所的典型布置方案。图3-5为建筑物底层的10kV变电所平面布置实例。下面介绍室内变配电所各部位的一般布置方法。

1. 变压器室

(1)变压器外廓(防护外壳)与变压器室墙壁和门的净距。变压器的最小尺寸应根据变压器外廓(防护外壳)与变压器室墙壁和门的最小允许净距来决定,不应小于表3-1所列数值。

图 3-4　10kV 室内变电所典型布置方案（采用无油设备）

图 3-5　建筑物底层 10kV 变电所平面布置实例（尺寸单位：mm）

变压器外廓（防护外壳）与变压器室墙壁和门的最小净距（m）　表 3-1

项　目	变压器容量（kVA）	
	100～1 000	1 250～2 500
油浸变压器外廓与后壁、侧壁净距	0.6	0.8
油浸变压器外廓与门净距	0.8	1.0
干式变压器带有 IP2X 及 以上防护等级金属外壳与后壁、侧壁净距	0.6	0.8
干式变压器带有 IP2X 及 以上防护等级金属外壳与门净距	0.8	1.0
干式变压器有金属网状遮拦与门净距	0.8	1.0

（2）变压器防护外壳间的净距。多台干式变压器部署在同一房间内时，变压器防护外壳间的净距不应小于表 3-2 所列数值。多台干式变压器之间的净距如图 3-6 所示。

a）多台变压器之间的 A 值

b）多台变压器之间的 B 值

图 3-6　多台干式变压器之间的净距

变压器防护外壳间的最小净距(m)　　　　表 3-2

项　目	净　距	变压器容量(kVA)	
		100～1 000	1 250～2 500
变压器侧面具有 IP2X 防护等级及以上的金属外壳	A	0.6	0.8
变压器侧面具有 IP4X 防护等级及以上的金属外壳	A	可贴邻布置	可贴邻布置
考虑变压器外壳之间有一台变压器拉出防护外壳	B	变压器宽度 b 加 0.6	变压器宽度 b 加 0.6
不考虑变压器外壳之间有一台变压器拉出防护外壳	B	1.0	1.2

注：变压器外壳的门应为可拆卸式,当变压器外壳的门为不可拆卸式时,其 B 值应是门扇的宽度 c 加变压器宽度 b 之和再加 0.3m。

(3)变压器室的大小,应考虑到今后增容的可能性,一般可按能安装增大一级容量的变压器来考虑。

(4)变压器室的大门应避免朝西,门应向外开,室内不应有与本室无关的管道和明敷线路通过。

(5)变压器室内可安装与其有关的负荷开关、隔离开关、避雷器和熔断器。

2. 高压配电室

高压配电室装设高压配电装置,是用来接收和分配电能的开关设备。10kV 配电装置室内各种通道的最小宽度(净距)应不小于表 3-3 所列数值。

配电装置室内各种通道的最小净距(m)　　　　表 3-3

布置方式	通道分类			
	维护通道	操作通道		通往防爆间隔的通道
		固定式	手车式	
一面有开关设备时	0.8	1.5	单车长+0.9	1.2
两面有开关设备时	1.0	2.0	双车长+0.6	1.2

配电装置的布置和导体电器的选择应不危及人身安全和周围设备安全,并应满足在正常运行、检修、短路和过电压情况下的要求。

配电装置的布置,应便于设备的操作、搬运、检修和试验,并应考虑电缆或架空线进出线方便。

配电装置的绝缘等级,应和电力系统的额定电压相配合。

配电装置中相邻带电部分的额定电压不同时,应按较高的额定电压确定其安全净距。

屋内配电装置距屋顶(除梁外)的距离一般不小于 0.8m。

3. 低压配电室

低压配电室装设低压配电装置,供三相交流 0.38kV 及以下电力系统的动力、照明配电和用电设备集中控制之用。

选择低压配电装置时,除应满足所在网络的标称电压、频率及所在回路的计算电流外,尚应满足短路条件下的动、热稳定性条件。对于要求断开短路电流的保护电器,其极限通断能力应大于系统最大运行方式下的短路电流。

配电装置的布置,应考虑设备的操作、搬运、检修和试验的方便。

成排布置的配电屏,其长度超过 6m 时,屏后面的通道应有两个出口。当两出口之间的距离超过 15m 时,其间还宜增加出口。

同一配电室内向一级负荷供电的两段母线,在母线分段处应有防火隔断措施。

低压配电装置室内通道的宽度应不小于下列数值:

(1)配电屏单列布置,屏前通道为 1.5m;
(2)配电屏双列布置,屏前通道为 2m;
(3)单列布置屏后通道为 1m,双列布置共用通道为 1.5m;
(4)动力配电箱前通道为 1.2m。

4. 电力电容器室

适用于电压为 10kV 及以下,单组容量为 1 000kvar 及以下,作并联补偿用的电力电容器装置的布置。

电容器组应装设单独的控制和保护装置,为提高单台用电设备功率因数用的电容器组,可与该设备共用控制和保护装置。

当电容器回路的高次谐波含量超过规定允许值时,应在回路中设置抑制谐波的串联电抗器。

成套电容器柜单列布置时,柜与墙面距离应不小于 1.5m,双列布置时,电压为 10kV 电容器柜面之间距离,应不小于 2m。

设置在民用建筑中的低压电容器应采用非可燃性油浸式电容器或干式电容器。

5. 控制室

控制室应位于运行方便、电缆较短、朝向良好和便于观察屋外主要设备的地方。

控制屏(台)的排列布置,宜与配电装置的间隔排列次序相对应。

控制室的建筑,应按变电所的规划容量在第一期工程中一次建成。无人值班变电所的控制室,应适当简化,面积应适当减小。

五、柴油发电机房的布置

随着社会的发展,人民生活水平的提高,在现代民用建筑中,用电设备的种类和数量越来越多,不仅有消防泵、喷淋泵等消防设备,还有需要可靠供电的生活泵、电梯等用电设备。为满足这些设备用电的可靠性,当市政电网无法提供两路独立电源时,在设计中采用柴油发电机组作为备用电源的方法被普遍采用。

考虑到发电机房的进风、排风、排烟等情况,根据《民用建筑电气设计规范》的要求,柴油发电机房宜布置在首层。但是,通常大型公共建筑、商业建筑等民用建筑首层属黄金地带,并且首层会给周围环境带来一定的噪声,因此按规范规定,在确有困难时,也可布置在地下室。由于地下室出入不易,自然通风条件不良,给机房设计带来一系列不利因素,机房选址时应注意以下几点:

(1)不应设在四周无外墙的房间,为热风管道和排烟管道排出室外创造条件;
(2)尽量避开建筑物的主入口、正立面等部位,以免排风、排烟对其造成影响;

(3)注意噪声对环境的影响;

(4)不应设在厕所、浴室或其他经常积水场所的正下方和贴邻;

(5)宜靠近建筑物的变电所,这样便于接线,减少电能的损耗,也便于管理;

(6)机房内设储油间。

发电机房的布置要求:

(1)柴油发电机房应采用耐火极限不低于2h的隔墙和1.5h的楼板与其他部位隔开。

(2)机房应有两个出入口,其中一个出入口的大小应满足搬运机组的要求,门应采取防火、隔音措施,并应向外开启。

(3)机房四周墙体及天花板作吸声体,吸收部分声能,减少由于声波反射产生的混响声;机房内设备的布置应满足《民用建筑电气设计规范》的要求,力求紧凑、保证安全及便于操作和维护。

柴油发电机房的通风问题是机房设计中要特别注意解决的问题,特别是机房位于地下室时更要处理好,否则会直接影响发电机组的运行。机组的排风一般应设热风管道有组织的进行,不宜让柴油机散热器把热量散在机房内,热风管道与柴油机散热器连在一起,其连接处用软接头,热风管道应平直,如果要转弯,转弯半径应尽量大且内部要平滑,出风口尽量靠近且正对散热器,热风管直接伸出室外有困难时可设管导出。机房内要有足够的新风补充,进风一般为自然进风方式,进风口宜正对发电机端或发电机端两侧。进风口与出风口宜分别设在机房两端,以免形成气流短路,影响散热效果。

六、箱式变电站的布置

箱式变电站的布置主要是指作为箱式站的三个主要部分——高压配电装置、变压器及低压配电装置的布置方式。箱式站的总体布置主要有两种形式:一为组合式,一为一体式。组合式是指这三部分各为一室而组成"目"字形或"品"字形布置。一体式是指以变压器为主体,熔断器及负荷开关等装在变压器箱体内,构成一体式布置。我国的箱式变电站为组合式布置。高压配电装置所在的高压室、变压器所在的变压器室和低压配电装置所在的低压室形成"目"字形和"品"字形两种布置方案,如图3-7所示。

图3-7 组合式箱式变电站的布置

配电装置的最低耐火等级为二级,箱式变电站箱体内部一次系统采用单元真空开关柜结构,每个单元均采用特制铝型材装饰的大门结构,每个间隔后部均设有双层防护板和可打开的外门,主变压器与箱体之间最小防火净距建议采用10m,以确保变电所安全运行。

为求美观,变电所内10kV箱式配电站箱体四围一般均设计为水泥路面,10kV电缆出线应穿钢管敷设,以方便用户维护检修。如10kV线路终端杆距离变电所较远,则箱体至变电所围墙段的10kV电缆出线必须穿钢管敷设。在电缆出线末端的线路终端杆上装设新型过电压保护器,以防止过电压。

第三节 变配电所主接线设计

主接线是指由发电厂和变配电所中发电机、变压器、断路器、母线、隔离开关以及线路等之间的连接线,按其功能要求组成接收和分配电能的通道,成为强电流、高电压的联络。

主接线通常用主接线图来表示,是一种用规定的设备文字和图形符号并按电流通过顺序排列,详细地表示电气设备或成套装置的基本组成和连接关系的接线图,通常以单线来表示三相系统。

一、主接线的设计要求和设计原则

1. 基本要求

(1)保证必要的供电可靠性和电能质量。断路器或母线故障以及母线检修时,要尽量减少停运的回路数及停运时间,并要保证对一级负荷及全部或大部分二级负荷的供电,尽量避免变电所全部停运的可能性。

(2)具有一定的灵活性和方便性。主接线应满足在调度、检修及扩建时的灵活性,调度时,应可以灵活地投入和切除变压器和线路、调配负荷,满足系统在事故运行方式、检修运行方式以及特殊运行方式下的调度要求;检修时,可以方便地停运断路器、母线及其继电保护设备,全面检查检修而不致影响电力网的运行和对用户的供电。

(3)经济上合理。主接线应在满足可靠性、灵活性要求的前提下做到经济合理。经济性主要体现在投资省、占地面积小、年运行费用少、简化接线、标准化等方面。

(4)具有发展和扩建的可能性。

对主接线形式的评价应结合具体地区的政治、经济条件和地理环境,从电网和用户两方面来综合考察各项指标。

2. 设计依据

主接线不仅决定着基建投资、年运行费用和计算费用的多少,而且还决定着它们在多年连续运行中的运行性能,甚至将对整个电网的可靠性、稳定性产生影响,因而选择合理的发电厂和变电所主接线是整个电网或地区网络设计中最重要的工作。在选择主接线形式的同时,还要确定设备和装置的参数、类型和数量,然后再决定相关的保护、控制、自动化程度及变电所内部运行管理等问题。

主接线设计的原始依据主要有以下几个方面:

(1)待设计的变电所的地理位置及其在系统中的地位和作用。

(2)待设计的变电所与系统的连接方式和推荐的主接线形式。

(3)待设计的变电所的出线回路数、用途及运行方式、传输容量。

(4)变电所母线的电压等级、自耦变压器各侧的额定电压及调压范围。

(5)装设各种无功补偿装置的必要性、类型、数量和接线。

(6)高压、中压及低压各侧和系统短路电流及容量,以及限制短路电流的措施。

(7)变压器中性点的接地方式。

(8)本地区或变电所负荷增长的过程。

上述资料是主接线设计必不可少的依据,缺少数据或当它们发生变化时,必须深入研究有关问题,以及时、正确地对主接线的设计作出修正。

3. 设计程序

(1)对包括待设计变电所的负荷等在内的基础数据进行搜集、整理和综合分析;

(2)选择和确定发电机、变压器容量、台数、类型,并拟定可能采用的主接线形式;

(3)变电所自用电源的引接;

(4)计算短路电流及设备的选择;

(5)各方案的经济技术比较;

(6)确定最终方案;

(7)确定相应的配电布置方案。

4. 设计原则

(1)变电所的高压侧接线,应尽量采用断路器较少或不用断路器的接线方式,在满足继电保护的要求下,也可以在地区线路上采用分支接线,但在系统主干网上不得采用分支接线。

(2)在 35~60kV 配电装置中,当线路为 3 回及以上时,一般采用单母线或单母线分段接线;若连接电源较多、出线较多、负荷较大或处于污秽地区,可采用双母线接线。

(3)在 6~10kV 配电装置中,线路回数不超过 5 回时,一般采用单母线接线方式,线路在 6 回以上时,采用单母线分段接线;当短路电流较大,出线回路较多,功率较大时,可采用双母线接线。

(4)110~220kV 配电装置中,线路在 4 回以上时,一般采用双母线接线。

(5)当采用 SF_6 断路器等性能可靠、检修周期长的断路器以及更换迅速的手车式断路器时,均可不设旁路设施。

总之,主接线的设计,要以设计原始材料及设计要求为依据,以有关技术规范、规程为标准,结合具体工作的特点,准确的基础资料,全面分析,做到既有先进技术,又要经济实用。

二、变配电所常用主接线的类型和特点

变配电所的主接线有两种表示形式:

(1)系统式主接线。该主接线仅表示电能输送和分配的次序和相互的连接,不反映相互位置,主要用于主接线的原理图中。

(2)配置式主接线。该主接线按高压开关柜或低压配电屏的相互连接和部署位置绘制,常用于变配电所的施工图中。

典型的电气主接线,大致可分为有母线和无母线两类。有母线类主接线包括单母线不分段接线、单母线分段接线、带旁路母线的单母线分段接线、双母线接线及带旁路母线的双母线接线等;无母线类主接线包括线路-变压器组单元接线、桥式接线和多角形接线。

1. 有母线类主接线

1)单母线接线

单母线接线又可分为单母线不分段和单母线分段两种。

(1) 单母线不分段接线。当只有一路电源进线时,常采用这种接线,如图 3-8 所示,每路进线和出线装设一只隔离开关和断路器。靠近线路的隔离开关称为线路隔离开关,靠近母线

的隔离开关称为母线隔离开关。当有双电源时,两路电源一用一备,组成双电源单母线不分段接线,如图 3-9 所示。这种接线方式用在负荷较大的二级负荷或负荷较小的一级负荷,若为一级负荷,备用电源应采用自动投入方式。

图 3-8　单电源单母线不分段接线　　　　　图 3-9　双电源单母线不分段接线

优点:接线简单清晰,使用设备少,投资省,经济性比较好;操作方便,便于扩建和采用成套配电装置。

缺点:可靠性和灵活性差,无法满足重要用户的用电需求。当电源线路、母线或母线隔离开关发生故障或进行检修时,全部用户中断供电。

适用范围:可用于对供电连续性要求不高的三级负荷用户,或者有备用电源的二级负荷用户。一般只适用于一台发电机或一台变压器或出线回路数不多的小容量发电厂、变电所中。6～10kV 配电装置出线回路数不超过 6 回;35～63kV 配电装置出线回路数不超过 3 回;110～220kV 配电装置出线回路数不超过 2 回。

单母线接线的上述缺点可以通过采用单母线分段或者加装旁路母线等措施来克服。

(2)单母线分段接线。单母线分段接线是通过在母线某一合适位置处装设断路器或隔离开关,将母线分段而形成的,如图 3-10 所示。当有双电源供电时,常采用单母线分段接线。单母线分段接线可以分段单独运行,也可以并列同时运行。

优点:采用单母线分段单独运行时,各段相当于单母线不分段接线的运行状态,各段母线的电气系统互不影响。母线分段后对重要用户(一类用户)可由分别接于两段母线上的两条出线同时供电,当任意一组母线故障或者检修时,重要用户仍可通过完好段母线继续供电,而两段母线同时故障检修的几率很小,大大提高了对重要用户的供电连续性。既保留了单母线接线本身的一些优点,如简单、经济、方便等,又在一定程度的上克服了它的缺点。

图 3-10　单母线分段接线

缺点：当电源容量较大和出线数目较多，尤其是单回路供电的用户较多时，当一段母线或母线隔离开关故障或检修时，该段母线所连接回路在检修期间将全部停电；任一出线断路器检修时，该回路必须停止工作。

适用范围：6~10kV 配电装置出线回路数不超过 6 回，出线在 6 回及以上时，每段所接容量不宜超过 25MW；35~66kV 配电装置出线回路数不超过 8 回；110~220kV 配电装置出线回路数不超过 4 回。

单母线分段接线的缺点在实际运行时可采用增设旁路母线的办法来解决。

(3)单母线带旁路母线接线。单母线带旁路母线接线如图 3-11 所示。图中母线 W2 为旁路母线，断路器 QF5 为旁路断路器，QS9、QS10、QS5、QS8、QS13 为旁路隔离开关。正常运行时，旁路母线 W2 不带电，所有旁路隔离开关及断路器均断开，以单母线方式运行。若检修任一出线断路器时，如检修断路器 QF4 时，先闭合 QF5 两侧的隔离开关 QS9 和 QS10，再闭合 QF5 对旁路母线充电，然后在等电位状态下闭合 QS8，使得由 QF4 供电的回路可通过旁路母线进行供电，此时再断开 QF4 及

图 3-11 单母线带旁路母线接线

其两侧隔离开关 QS6 和 QS7 进行安全检修。以上操作既不影响出线回路的正常供电，又能对经过长期运行和切断数次短路电流后的断路器进行检修，大大提高了供电可靠性。

应当注意的是，旁路断路器一般只能代替一只出线断路器工作，亦即旁路母线一般不能同时联结两条或者两条以上回路，否则当其中任一回路故障时，会使旁路断路器跳闸，同时断开多条断路器。

通常 35kV 的系统出线 8 回以上，110kV 系统出线 6 回以上，220kV 系统出线 4 回以上时，才考虑加设旁路母线。但如果采用的断路器性能较好，不需经常检修则可不设旁路母线。6~20kV 屋内配电装置，因为负荷小，供电距离短，且大多采用电缆输电线，事故跳闸次数较少，一般较少设旁路母线。

2) 双母线接线

双母线接线又可分为不带旁路母线的双母线接线和带旁路母线的双母线接线。

(1)双母线不分段接线。双母线不分段接线就是将工作线、电源线和出线通过一台断路器和两组隔离开关连接到两组(一次/二次)母线上，且两组母线都是工作线，而每一回路都可通过母线联络断路器并列运行，如图 3-12 示。

与单母线相比，双母线接线的优点是供电可靠性大，可以轮流检修母线而中断供电，当一组母线故障时，只要将故障母线上的回路倒换到另一组母线，就可迅速恢复供电，另外还具有调度、扩建、检修方便的优点。缺点是每一回路都增加了一组隔离开关，使配电装置的构架及占地面积、投资费用都相应增加，同时由于配电装置的复杂，在改变运行方式倒闸操作时容易发生误操作，且不宜实现自动化，尤其当母线故障时，须短时切除较多的电源和线路，这对特别

重要的大型发电厂和变电站是不允许的。

图 3-12 双母线不分段接线

(2)双母线分段接线。用分段断路器将工作母线Ⅰ分段,每段用母联断路器与备用母线Ⅱ相连,如图 3-13 所示。这种接线方式具有单母线分段和双母线接线的特点,当检修某回路出线断路器时,该回路停电,或短时停电后再用跨条恢复供电,有较高的供电可靠性和运行灵活性。但所使用的电器设备较多,使投资增大。双母线分段接线常用于大中型发电厂的发电机组配电装置中。

(3)带旁路母线的双母线不分段接线。双母线带旁路接线就是在双母线接线的基础上,增设旁路母线,如图 3-14 所示。其特点是具有双母线接线的优点,当线路(主变压器)断路器检修时,仍能继续供电,但旁路的倒换操作比较复杂,增加了误操作的机会,也使保护及自动化系统复杂化,投资费用较大。一般为了节省断路器及设备间隔,当出线回路较少时,可不设专用的旁路断路器,而采用母联断路器兼旁路断路器或旁路断路器兼母联断路器的接线方式。当 35kV 线路出线回路数为 8 回及以上,110kV 线路出线回路数为 6 回及以上,220kV 线路出线回路数在 4 回及以上时,应装设专用旁路断路器。

图 3-13 双母线分段接线

图 3-14 带旁路母线的双母线不分段接线

(4)双母线分段带旁路接线方式。双母线分段带旁路接线方式如图 3-15 所示,就是在双母线带旁路接线的基础上,在母线上增设分段断路器。它具有双母线带旁路的优点,但投资费用较大,占用设备间隔较多,一般采用此种接线的原则为:

图 3-15 双母线分段带旁路接线

①当设备连接的进出线总数为 12～16 回时,在一组母线上设置分段断路器;
②当设备连接的进出线总数为 17 回及以上时,在两组母线上设置分段断路器。

2. 无母线接线

1)线路-变压器组单元接线

当只有一路电源供电线路和一台变压器时,可采用线路-变压器组接线,如图 3-16 所示。

图 3-16a)中,在变压器高压侧设置断路器和隔离开关,当变压器故障时,继电保护装置动作于断路器 QF 跳闸。采用断路器操作简便,故障后恢复供电快,易与上级保护相配合,易实现自动化。

图 3-16b)与图 3-16a)的区别在于,采用负荷开关与熔断器组合电器代替价格较高的断路器,变压器的短路保护则由熔断器实现。为避免因熔断器一相熔断造成变压器缺相运行,熔断器配有熔断撞针可作用于负荷开关跳闸。负荷开关除用于变压器的投入与切除外,还可用来隔离高压电源以保证变压器的安全检修。此接线在 10kV 及以下变电所中应用得越来越多。

图 3-16c)中变压器的高压侧仅设置负荷开关,而未设保护装置。这种接线仅适用于距上级变配电所较近的车间变电所采用,此时,变压器的保护必须依靠安装在线路首端的保护装置来完成。当变压器容量较小时,负荷开关也可采用隔离开关代替,但需注意的是,隔离开关只能用来切除空载运行的变压器。

图 3-16d)是户外杆上变压器的典型接线形式,电源线路架空敷设,小容量变压器安装在电杆上,户外跌落式熔断器作为变压器的短路保护,也可用来切除空载运行的变压器。这种接线简单经济,但可靠性差。随着城市电网改造和城市美化的需要,架空线改为电缆线,户外杆上变压器逐步被预装式变电站或组合式变压器所取代。

线路-变压器组单元接线方式的优点是接线简单,所用电气设备少,配电装置简单,节约投资。缺点是该单元中任一设备发生故障或检修时,变电所全部停电,可靠性不高。适用于小容量三级负荷、小型企业和非生产性用户。

图 3-16 线路-变压器组单元接线

2)桥式接线

对于具有双电源进线、两台变压器终端式的总降压变电所,可采用桥式接线。它实质是连接两个 35～110kV"线路-变压器组"的高压侧,特点是有一条横联跨桥的"桥"。桥式接线比分段单母线接线结构简单,减少了断路器的数量,4 回电路只采用 3 台断路器。根据跨桥横联位置不同,分为内桥接线和外桥接线,如图 3-17 所示。

a)内桥接线   b)外桥接线

图 3-17 桥式接线

(1) 内桥接线。图 3-17a)所示为内桥接线,跨接桥靠近变压器侧,桥开关装在线路开关之内,变压器回路仅装设隔离开关,不装断路器。采用内桥接线可以提高输电线路运行方式的灵活性。

内桥接线适用于以下几种情况:

①对一、二级负荷供电;

②供电线路较长;

③变电所没有送往其他电力用户的穿越功率；

④负荷曲线较平稳，主变压器不经常退出工作；

⑤终端型工业企业总降压变电所。

(2)外桥接线。图 3-17b)所示为外桥接线，跨接桥靠近线路侧，桥开关装在变压器开关之外，进线回路仅装设隔离开关，不装断路器。

外桥接线适用于以下几种情况：

①对一、二级负荷供电；

②供电线路较短；

③允许变电所有较稳定的、送往其他电力用户的穿越功率；

④负荷曲线变化大，主变压器需要经常操作；

⑤中间型工业企业总降压变电所，宜于构成环网。

3)多角形接线

多角形接线是一种将各断路器互相连接构成闭合环形的接线方式，其中没有集中母线，又称为多边形接线或单环形接线。对于变电所和线路的一定组合方式，在所有带断路器的接线方式中，环形接线是一种具有高度可靠性，同时又经济有效的接线方式。按角的多少，多角形接线可以分为三角形接线、四角形接线、环形接线等，如图 3-18 所示。

这种接线最大的优点是所用断路器台数与回路数相等，而每个回路都与两台断路器相连和进行操作。因此，在可靠性方面，该接线相当于双断路器连接的接线，但费用却少一倍；任何一台断路器检修，不需要中断供电，也不需要专门旁路装置，从而进一步节约了投资；不以隔离开关作操作电器，设备的投入、切除操作方便，不影响其他元件的正常工作，即具有运行灵活、操作方便的特点。

a)三角形接线　　b)四角形接线

c)环形接线

图 3-18　多角形接线

与有汇流母排的主接线相比，多角形接线显著的缺点是任一台断路器检修时均需开环运行，此时降低了系统的可靠性；电器选择困难，继电保护复杂，不宜发展和扩建。

3. 电气主接线系统中开关电器的配置原则

当线路或高压配电装置检修时，需要有明显可见的断口，以保证检修人员及设备的安全。故在电气回路中，在断路器可能出现电源的一侧或者两侧均应配置隔离开关。若馈线的用户侧没有电源时，断路器通往用户的那一侧，可以不装设隔离开关。若电源是发电机，则发电机与出口断路器之间可以不装设隔离开关。但有时为了便于对发电机单独进行调整和试验，也可以装设隔离开关或设置可拆卸点。

当电压在 110kV 及以上时，断路器两侧的隔离开关和线路隔离开关的线路侧均应配置接地开关。对 35kV 及以上的母线，在每段母线上亦应设置 1～2 组接地开关，以保证电器和母线检修时的安全。

断路器和隔离开关的操作顺序为：接通电路时，先合上断路器两侧的隔离开关，再合断路器;切断电路时,先断开断路器,再拉开两侧的隔离开关。

严禁在未断开断路器的情况下,拉合隔离开关。

为了防止误操作,还应在隔离开关和相应的断路器之间,加装电磁阀闭锁、机械闭锁或电脑钥匙等闭锁装置。

三、主接线的应用

1. 工业企业总降压变电所常用主接线

1)基本要求

(1)按国家规范规定要求合理选择电气设备,并且具备完善的监视、保护装置,保证人身和用电设备的安全。

(2)能满足用电负荷对供电可靠性和电能质量的要求,如发生故障的线路和电气设备应能自动切除,其余电力装置应能继续正常工作。

(3)接线简单,运行灵活,利用最少的切换来适用不同的运行方式。如根据用电负荷的大小,能方便地使变压器投入或切除,以利于供电系统的经济运行。

(4)在满足上述要求的基础上,投资应最省,并结合用户的发展规划,留有扩建发展的容量储备。

2)常用的主接线方式

(1)线路-变压器组接线;

(2)桥式接线;

(3)单母线分段及不分段接线。

2. 建筑物常采用的接线方式

1)一般民用建筑变电所接线

(1)负荷特点。一般民用建筑多指9层及以下多层住宅、机关、学校等三级负荷。

(2)主接线。多幢一般民用建筑大多共用一个变电所,变电所内多设一台变压器,由电网引入单回电源,其主接线为线路-变压器组单元接线形式,如图3-19所示。

图3-19 一般民用建筑变电所主接线

如图3-19a)所示,对于变压器容量在630kVA及以下的露天变电所,其电源进线一般经过跌落式熔断器接入变压器。

如图 3-19b)所示,对于室内变压器容量在 320kVA 及以下,且变压器不经常进行投切操作时,高压侧可采用隔离开关和户内式高压熔断器。

如图 3-19c)所示,如变压器经常进行投切操作,或变压器容量在 320kVA 以上时,高压侧应采用负荷开关和高压熔断器。

2)高层民用建筑变电所主接线

(1)负荷特点。9 层以上高层民用住宅、10 层及以上高层科研楼和 10 层以上的高层办公楼均属于高层民用建筑。

高层民用住宅用电负荷特点是:照明、空调等各种家用电器为三级负荷;19 层以下的消防用电设备为二级负荷,乘客电梯也为二级负荷;19 层及以上高层住宅的消防泵、排烟风机、消防电梯、事故照明及疏散诱导标志灯等消防用电设备为一级负荷。

高层科研楼的实验设备等动力负荷容量一般较大,可占全部负荷的 80% 以上,但利用率较低,多属于二级负荷。

高层办公大楼则主要是照明、空调器和插座等,为二级负荷,但它们的消防设备均为一级负荷。

(2)主接线。根据用电负荷等级供电的基本要求可知:对一级负荷应双路独立电源供电,这两个电源可均取自市电电网,也可一个取自市电电网,另一个为自备电源(如柴油发电机组),且二者之间能切换,当一个电源发生故障或检修时,另一个电源继续供电。二级负荷也应由两个电源供电,这两个电源宜取自市电电网端 10kV 变电站的两段母线,或引自任意两台变压器的 0.4kV 低压母线。

目前高层住宅楼群内多设置住宅小区变电所,高层科研楼和高层办公楼也设置有本单位变电所。根据高层民用建筑的负荷特点和用电要求,变电所内应设置两台电力变压器,采用一路主供、一路备用的接线方式,集中供电。高层民用建筑变电所常用主接线方式如图 3-20 所示。

图 3-20 高层民用建筑变配电所高压主接线

图 3-20a)为两路高压电源同时供电的单母线分段式接线,无母线联络开关,接线较为简单,但供电可靠性较低,适用于变压器容量较小,允许进行低压侧计量的建筑。

图 3-20b)为两路高压电源互为备用的单母线不分段接线方式。当一路电源故障或停电时,作为备用的另一路电源自动投入,运行灵活性较高,一般只对二级负荷供电。

图 3-20c)为两路高压电源同时供电的单母线分段,同时设置母线联络开关。当任何一路电源故障或停电时,其进线断路器跳闸,母线联络开关自动投入,对故障电源侧的负荷供电。这种接线方式较为复杂,投资费用增大,但供电可靠性和运行灵活性大大提高,是目前高层民用建筑中广泛采用的方案之一。

图 3-21 为某高压系统主接线实例。图 3-22 为某低压系统主接线实例。

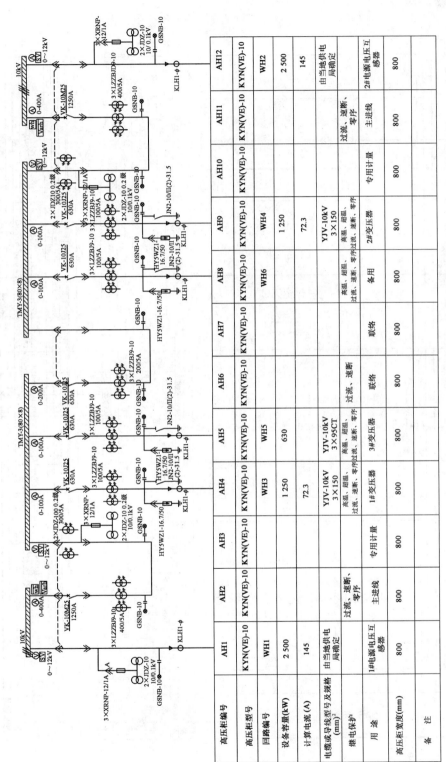

图3-21 某高压系统主接线实例

说明：1. 本工程高压配电系统采用两路高压电源同时供电，即：正常时，各段母线分段运行，该两路电源同时供电；两台10kV高压进线柜和联络柜均应做电气/机械连锁。
2. 当其中一路电源失电时，联络开关手动投入，由非故障电源担负全部负荷。

用途	进线	柴油发电机	无功补偿	无功补偿	出线								出线				
配电柜编号	MNS-21(宽)		MNS-130	MNS-129	MNS-65	MNS-64	MNS-64	MNS-64	MNS-62	MNS-62	MNS-62	MNS-62	MNS-65	MNS-64	MNS-63	MNS-63	
配电柜型号	EWP1				WPE1	WPE2	WPE3	WPE4	WPE5	WPE6	WPE7	WPE8	WPE9	WPE10	WPE11	WPE12	
回路 号					高区消防泵	低区消防泵	喷淋泵	低区给水泵	高区给水泵	排烟送风、风机、A栋消防	B栋消防	高压中心B栋消防					
负 荷	ΣP₃:484.5kW		256kvar	256kvar	90.0	37.0	5.5	22.0		111	63	63	23.0	23.0	10.0	10.0	
电 (A)流	ΣQ₃:644.4kvar				228.1	93.8	13.9	55.8		256	159.7	159.7	43.7	43.7	19.0	25.0	
柜宽(mm)	ΣS₃:806.3kVA		600~400	600~400			600					600					
	800						1 000					1 000					
柜高(mm)	1 000		1 000	1 000	24E	16E	16E	8E	8E	24E	16E	16E	8E/2	8E/2	8E/2	8E/2	
小室高度(mm)	72E		72E	72E													
配电系统图																	
导线规格					VV-1kV 5×120												
敷设方法					CT												
备注	补偿后tgφ₁:502.2kVA																
主 要 器 件	刀开关		刀开关DCHR1-3	刀开关DCHR1-3													
	自动开关		BCM3J(16kvar)(16×16)	BCM3J(16kvar)(16×16)													
			QM3-32	QM3-32													
	自动开关:QTSW2-2 000 1 000A		FYS-0.22	FYS-0.22	QTSM1-400L300A	QTSM1-225L125A	QTSM1-225L125A	QLTSM1-63L25A		QTSM1-400L300A	QTSM1-225L180A	QTSM1-225L180A	QTSM1-63L63A	QTSM1-63L40A	QTSM1-63L40A	QTSM1-100L80A	
			交流接触器 C120-160 380V	交流接触器 C120-160 380V													
			热继电器 JR16D-150/3D	热继电器 JR16D-150/3D													
			DWB-2N	DWB-2N													
电流互感器	电流互感器BH-40		电流互感器BH-40	电流互感器BH-40													BH-100

图3-22 某低压系统主接线实例

思考与练习题

3-1 城网供电区域是如何划分的?供配电的电压等级有哪些?

3-2 高压供电系统的接线方式有哪些?各有何特点?各自的适用场合是什么?

3-3 变配电所的作用是什么?常见的变配电所的型式有哪些?各自的适用场合?

3-4 变配电所所址选择的原则有哪些?

3-5 变电所的基本结构由哪几部分组成?

3-6 变配电所总体布置的一般要求是什么?变配电所各个部分的布置都有哪些要求?

3-7 高层建筑物内变电所的特殊要求有哪些?

3-8 有母线的主接线形式有哪些?各自的特点和优缺点如何?

3-9 什么是变压器-单元组接线?适用在什么场合?

3-10 什么是内桥式和外桥式接线?二者的特点、区别和各自的适用场合是什么?

3-11 工业企业变电所常用的主接线形式有哪些?

3-12 一般民用建筑变电所主接线的形式有哪些?高层民用建筑的主接线又采用哪些形式?为什么?

3-13 箱式变电站有哪几种布置方案?箱式变电站的特点和优势是什么?

第四章 负荷计算及无功功率补偿

本章主要介绍建筑供配电系统的负荷计算方法,包括负荷计算的意义和目的、采用需要系数法和单位指标法求计算负荷的方法,同时介绍了影响功率因数的因素和无功功率补偿的方法,供配电系统中的功率损耗计算,变压器和应急电源容量的选择,最后给出了建筑供配电系统负荷计算实例。

第一节 负荷计算的意义和目的

负荷计算是供配电工程设计的基础,必须正确计算负荷,才能设计出合理的供配电系统。负荷计算主要包括求计算负荷、尖峰电流,确定一、二级负荷和季节性负荷的容量等内容。

计算负荷是指一组用电负载实际运行时,消耗电能最多的半小时的平均功率,用 P_c (有功计算负荷)、Q_c (无功计算负荷)、S_c (视在计算负荷)表示,其计算电流用 I_c 表示。计算负荷也称为半小时最大负荷,故也可分别用 P_{30}、Q_{30} 和 S_{30} 表示有功、无功和视在计算负荷,I_c 也可用 I_{30} 表示。计算负荷将作为按发热条件选择配电变压器、供电线路导体及电气设备的依据,并用来计算电压损失和功率损耗,也可作为电能消耗及无功功率补偿的计算依据。

尖峰电流是指持续 1~2s 的短时最大负荷电流,用 I_{pk} 表示。求尖峰电流的目的是为了计算电压波动、选择熔断器和断路器、整定继电保护装置以及检验电动机自起动条件等。

一、二级负荷是指用电负载中一、二级负荷容量的大小。求一、二级负荷的目的是用以确定备用电源或应急电源的容量。

求季节性负荷的目的是从经济运行出发,用以考虑变压器的台数和容量。

负荷计算中最重要的就是求计算负荷。计算负荷的确定是否合理,将直接影响到电气设备和导线电缆的选择是否经济合理。计算负荷估算过高,将增加供配电设备的容量,造成投资和有色金属的浪费;计算负荷估算过低,设计出的供配电系统的线路和电气设备承受不了实际运行的负荷电流,使电能损耗增大,使用寿命降低,甚至使系统发生事故,影响到供配电系统正常可靠的运行。因此,求计算负荷意义重大。

由于负荷情况复杂,影响计算负荷的因素很多,虽然各类负荷的变化有一定规律可言,但准确确定计算负荷却十分困难。实际上,负荷也不可能是一成不变的,它与设备的性能、生产的组织及能源供应的状况等多种因素有关,因此负荷计算只能力求接近实际。

第二节 计算负荷的确定

求计算负荷常用的方法有需要系数法、二项式法、利用系数法和单位指标法等。《民用建筑电气设计规范》(JGJ/T 16—2008)对负荷计算方法的选取作了如下规定：在方案设计阶段可采用单位指标法；在初步设计及施工图设计阶段，宜采用需要系数法。在各类用电负荷尚不够具体或明确的方案设计阶段也可采用单位指标法。对于住宅，在设计的各个阶段均可以采用单位指标法。

二项式法适用于用电设备台数较少、各台设备容量相差悬殊的情况，加之二项式法已有的系数多数都是工厂的，二项式法目前在民用建筑中实际上已很少使用。利用系数法虽然计算结果比较接近实际，但计算过程繁琐，而且已有的系数也都是工厂的，在民用建筑中实际上也很少使用。

需要系数法计算较为简便实用，经过全国各地的设计单位长期和广泛应用证明，需要系数法能够满足需要，所以《民用建筑电气设计规范》(JGJ/T16—2008)将需要系数法作为民用建筑电气负荷计算的主要方法。

因此目前建筑供配电系统设计中的负荷计算常用的是需要系数法和单位指标法，下面详细介绍这两种方法。

一、需要系数法

需要系数法适用于工程初步设计阶段和施工图设计阶段，对变配电所母线、干线进行负荷计算的情况。

1. 需要系数

一个单位或一个系统的计算负荷不能简单地等同于把各个用电设备的额定功率直接相加，要考虑以下几个因素：

(1)不可能所有用电设备同时运行——引入"同时运行系数"K_Σ，$K_\Sigma \leqslant 1$；

(2)每台设备不可能都满载运行——引入"负荷系数"K_L，$K_L \leqslant 1$；

(3)各设备运行时产生功率损耗——引入"设备组的平均效率"η_s，$\eta_s < 1$；

(4)配电线路也要产生功率损耗——引入"配电线路的效率"η_L，$\eta_L < 1$。

将所有影响负荷计算的因素归成一个系数K_d，称为需要系数或者需用系数，即

$$K_d = \frac{K_\Sigma \cdot K_L}{\eta_s \cdot \eta_L} \tag{4-1}$$

需要系数均小于1，只有在所有用电设备全部同时连续运转且满载时才为1。用电设备组台数少于3台时，需要系数取1。

求出需要系数后，即可以在计算范围内所有设备总容量的基础上乘以需要系数，来求出该设备组的计算负荷。

由于需要系数的确定对于负荷的计算结果影响非常大，准确地确定需要系数是正确确定计算负荷的先决条件。国家标准规范中根据不同的负荷性质、不同的工作环境、不同的建筑类型等条件来确定需要系数。部分工业和民用建筑中常见用电设备的需要系数和功率因数可查

阅附录 II 附表 II-1～附表 II-3,供计算参考。

2. 设备功率的确定

从上面的分析过程中可以看出,用需要系数法求计算负荷,首先要求出设备功率。在供配电系统中用电设备的铭牌都标有额定功率,但设备在实际工作中所消耗的功率并不一定就是其额定功率。设备功率和额定功率之间的关系,取决于设备的工作制、工作条件、设备是否有附加元件(即附加损耗)等因素。

1)用电设备的工作制

用电设备按照工作制可分为三类,即长期(连续)运行工作制、短时运行工作制和断续周期工作制(反复短时工作制)。

(1)长期运行工作制设备。能长期连续运行,每次连续运行时间超过 8h,而且运行时负荷比较稳定,如通风机、水泵、空压机、电热设备、照明设备、电镀设备、运输机等,都是典型的长期运行工作制设备。机床电动机的负荷虽然变动较大,但也属于长期运行工作制设备。

(2)短时运行工作制设备。工作时间较短,而间歇时间相对较长,如有些机床上的辅助电动机。

(3)断续周期工作制设备。工作具有周期性,时而工作,时而停歇,反复运行,如起重机用电动机、电梯、电焊设备等。通常这类设备的工作特点用负荷暂载率 ε 来表示,即一个工作周期内的工作时间与整个工作周期的百分值。

2)用电设备功率 P_e 的确定

(1)对于长期运行工作制的用电设备,其设备功率 P_e 等于额定功率 P_N,即 $P_e=P_N$;

(2)对于短时运行工作制的用电设备,其设备功率 P_e 等于零;

(3)对于断续周期工作制的用电设备,其设备功率 P_e 是将某一暂载率 ε_N 下的铭牌额定功率 P_N 统一换算到一个标准暂载率 ε_0 下的功率。即

$$P_e=\sqrt{\frac{\varepsilon_N}{\varepsilon_0}}P_N \tag{4-2}$$

常用设备的换算方法如下:

① 电焊机及电焊设备:取 $\varepsilon_0=100\%$,即

$$P_e=\sqrt{\frac{\varepsilon_N}{\varepsilon_0}}P_N=\sqrt{\frac{\varepsilon_N}{100\%}}P_N=\sqrt{\varepsilon_N}P_N=\sqrt{\varepsilon_N}S_N\cos\varphi_N \tag{4-3}$$

② 起重用电动机和电梯设备:取 $\varepsilon_0=25\%$,即

$$P_e=\sqrt{\frac{\varepsilon_N}{\varepsilon_0}}P_N=\sqrt{\frac{\varepsilon_N}{25\%}}P_N=2\sqrt{\varepsilon_N}P_N=2\sqrt{\varepsilon_N}S_N\cos\varphi_N \tag{4-4}$$

(4)整流器的设备功率是指额定交流输入电功率。

(5)成组用电设备的设备功率,不应包括备用设备的设备功率。

3. 计算负荷的确定

1)用电设备组的计算负荷

在计算出单台设备功率 P_e 后,可以根据所提供的用电设备组的需要系数,得到设备组的有功、无功和视在计算负荷:

$$P_c=K_d\sum P_e(\text{kW}) \tag{4-5}$$

$$Q_c = P_c \tan\varphi \text{(kvar)} \tag{4-6}$$

$$S_c = \sqrt{P_c^2 + Q_c^2} \text{(kVA)} \tag{4-7}$$

计算电流

$$I_c = \frac{S_c}{\sqrt{3}U_N}(A) \tag{4-8}$$

设备组的功率因数

$$\cos\varphi = \frac{P_c}{Q_c} \tag{4-9}$$

2) 配电干线或变电所的计算负荷

在配电干线或变配电所的低压母线上，常有多个用电设备组同时工作，但这些用电设备组不会同时以最大负荷形式工作，因此引入一个同时系数，从而得配电干线或低压母线上多个用电设备组的有功、无功和视在计算负荷公式如下：

$$P_c = K_{\Sigma p}\sum_{i=1}^{n}P_{ci} \text{(kW)} \tag{4-10}$$

$$Q_c = K_{\Sigma q}\sum_{i=1}^{n}Q_{ci} \text{(kvar)} \tag{4-11}$$

$$S_c = \sqrt{P_c^2 + Q_c^2} \text{(kVA)} \tag{4-12}$$

式中，P_{ci}、Q_{ci} 为用电设备组的有功和无功计算负荷。$K_{\Sigma p}$、$K_{\Sigma q}$ 为配电干线或低压母线上的同时系数，对配电所的 $K_{\Sigma p}$ 和 $K_{\Sigma q}$ 分别取 0.85~1 和 0.95~1，对总降压变电所的 $K_{\Sigma p}$ 和 $K_{\Sigma q}$ 分别取 0.8~0.9 和 0.93~0.97。当母线出线干线数量较多时 $K_{\Sigma p}$ 和 $K_{\Sigma q}$ 取较小值，反之取较大值。

还应该注意的是，若低压母线上装有无功补偿用的静止电容器组时，则低压母线上的总无功计算负荷应为按上述方法求出的值减去补偿电容器组的容量所剩余的无功功率的大小。

3) 高压进线计算负荷的确定

高压进线计算负荷的确定只需要在低压负荷的基础上考虑相应配电变压器或降压变压器的功率损耗、线路的功率损耗以及同时工作系数后确定。

高压侧计算负荷

$$P_{cI} = K_{\Sigma p}\sum P_c + \Delta P_T + \Delta P_L \tag{4-13}$$

$$Q_{cI} = K_{\Sigma q}\sum Q_c + \Delta Q_T + \Delta Q_L \tag{4-14}$$

$$S_{cI} = \sqrt{P_{cI}^2 + Q_{cI}^2} \tag{4-15}$$

式中：P_{cI}、Q_{cI}、S_{cI}——高压侧的计算负荷；

$\sum P_c$、$\sum Q_c$——低压侧的总计算负荷；

ΔP_T、ΔQ_T——变压器的有功和无功功率损耗；

ΔP_L、ΔQ_L——线路的有功和无功功率损耗，其计算参见本章第四节。

在进行用电单位总的设备功率和负荷计算时，一般不将消防负荷、喷淋泵、正压送风机等消防用电负荷计算在内，仅考虑平时与火灾兼用的消防用电设备，如长明的应急照明与疏散指示、疏散标志和地下室的进风机、排风机及消防电梯、排水泵等。

当消防用电设备的计算功率大于火灾时可能同时切除的一般电力及照明的计算功率时，应考虑消防设备的负荷，并进行用电单位的设备功率和负荷计算。

【例 4-1】 某机械制造厂机修车间 0.38kV 低压母线上引出的配电干线向下述设备供电：
(1)冷加工机床：7.5kW 4 台，4kW 6 台；
(2)通风机：4.5kW 3 台；
(3)水泵：2.8kW 2 台；
试采用需要系数法确定各设备组和总的计算负荷，结果用负荷计算书列表。

解：(1)求各设备组的计算负荷
查附录Ⅱ附表Ⅱ-4，得
第一组设备的需要系数 $K_{d1}=0.2$，功率因数 $\cos\varphi_1=0.5$，$\tan\varphi_1=1.73$；
第二组设备的需要系数 $K_{d2}=0.8$，功率因数 $\cos\varphi_2=0.8$，$\tan\varphi_2=0.75$；
第三组设备因台数少于 3 台，需要系数 $K_{d3}=1$，功率因数 $\cos\varphi_3=0.8$，$\tan\varphi_3=0.75$。
从而第一组设备的计算负荷为

$$P_{c1}=K_{d1}\sum P_{e1}=0.2\times(4\times7.5+6\times4)\text{kW}=10.8\text{kW}$$

$$Q_{c1}=P_{c1}\tan\varphi_1=10.8\times1.73\text{k var}=18.68\text{kvar}$$

$$S_{c1}=\sqrt{P_{c1}^2+Q_{c1}^2}=\sqrt{10.8^2+18.68^2}\text{kVA}=21.6\text{kVA}$$

第二组设备的计算负荷为

$$P_{c2}=K_{d2}\sum P_{e2}=0.8\times3\times4.5\text{kW}=10.8\text{kW}$$

$$Q_{c2}=P_{c2}\tan\varphi_2=10.8\times0.75\text{k var}=8.1\text{kvar}$$

$$S_{c2}=\sqrt{P_{c2}^2+Q_{c2}^2}=\sqrt{10.8^2+8.1^2}\text{kVA}=13.5\text{kVA}$$

第三组设备的计算负荷为

$$P_{c3}=K_{d3}\sum P_{e3}=1\times2\times2.8\text{kW}=5.6\text{kW}$$

$$Q_{c3}=P_{c3}\tan\varphi_3=5.6\times0.75\text{k var}=4.2\text{kvar}$$

$$S_{c3}=\sqrt{P_{c3}^2+Q_{c3}^2}=\sqrt{5.6^2+4.2^2}\text{kVA}=7\text{kVA}$$

(2)求低压干线的计算负荷
取同时系数 $K_{\Sigma p}=0.9$，$K_{\Sigma q}=0.95$，则低压干线的计算负荷为
有功计算负荷

$$P_c=K_{\Sigma p}\sum_{i=1}^{3}P_{ci}=0.9\times(10.8+10.8+5.6)\text{kW}=24.48\text{kW}$$

无功计算负荷

$$Q_c=K_{\Sigma q}\sum_{i=1}^{3}Q_{ci}=0.95\times(18.68+8.1+4.2)\text{kvar}=29.43\text{kvar}$$

视在计算负荷

$$S_c=\sqrt{P_c^2+Q_c^2}=\sqrt{24.48^2+29.43^2}\text{kVA}=38.28\text{kVA}$$

$$I_c=\frac{S_c}{\sqrt{3}U_N}=\frac{38.28}{\sqrt{3}\times0.38}=58.16\text{A}$$

负荷计算书如表 4-1 所示。

例 4-1 负荷计算书　　　　　　　　　　　　　　　表 4-1

设备	台数	单台功率(kW)	需要系数(K_d)	$\cos\varphi$	$\tan\varphi$	P_c(kW)	Q_c(kvar)	S_c(kVA)	I_c(A)
冷加工机床	4	7.5	0.2	0.5	1.73	6	10.38	12	18.23
冷加工机床	6	4	0.2	0.5	1.73	4.8	8.3	9.6	14.59
通风机	3	4.5	0.8	0.8	0.75	10.8	8.1	13.5	20.51
水泵	2	2.8	1	0.8	0.75	5.6	4.2	7	10.64
合计				0.66	1.14	27.2	30.98	41.23	62.64
低压干线									
$K_{\Sigma p}=0.9, K_{\Sigma q}=0.95$				0.64	1.2	24.48	29.43	38.28	58.16

4. 单相负荷的计算

实际的用电负荷情况是很复杂的,在工业与民用建筑中,负荷可进行如下划分:

(1) 380V 三相负荷:如电梯、风机、泵机等动力负荷;
(2) 220V 单相负荷:如灯具、家用电器及其他 220V 电器插座等照明负荷;
(3) 线间负荷:380V 单相的(接在线电压上),如单相电焊机等。

负荷的种类不同,其计算负荷的方法也不相同,有的建筑中既存在三相负荷又存在单相负荷,既存在单相相间(220V)负荷,也存在单相线间(380V)负荷。下面就各种情况分别加以介绍。

1) 仅存在三相用电设备时计算负荷的确定

不同性质的用电设备,其功率因数、需要系数可能是不同的,当使用需要系数法确定计算负荷时,应将计算范围内的所有用电设备按类型统一分组,每组的用电设备应该具有相同的功率因数和需要系数,然后再按照需要系数法求计算负荷的公式求出各组配电干线上的计算负荷,进而再求出总的计算负荷。计算步骤如下:

(1) 按用电设备的性质,将设备进行分组;
(2) 求出各组用电设备的设备功率及各设备组的设备功率;
(3) 按公式求出各组用电设备的有功计算负荷和无功计算负荷;
(4) 按公式分别求出计算范围内总的有功计算负荷和无功计算负荷;
(5) 按公式求出计算范围内总的视在计算负荷;
(6) 按公式求出计算范围内总的计算电流。

【例 4-2】 一学生宿舍区共有三栋楼,照明全部为荧光灯。第一栋等效三相照明负荷为 21kW,第二栋等效三相照明负荷为 33kW,第三栋等效三相照明负荷为 27kW,试用需要系数法求宿舍区的三相计算负荷。

解:宿舍区总照明负荷设备容量为 $P_e=21+33+27=81$kW

查附录 Ⅱ 附表 Ⅱ-2~Ⅱ-3 得,$K_d=0.8, \cos\varphi=0.9, \tan\varphi=0.48$,则计算负荷为

$$P_c=K_d P_e=0.8\times 81\text{kW}=64.8\text{kW}$$

$$Q_c = P_c \tan\varphi = 64.8 \times 0.48 = 31.1 \text{kvar}$$

$$S_c = \sqrt{P_c^2 + Q_c^2} = \sqrt{64.8^2 + 31.1^2} \text{kVA} = 72 \text{kVA}$$

$$I_c = \frac{S_c}{\sqrt{3} U_N} = \frac{72}{\sqrt{3} \times 0.38} = 109.4 \text{A}$$

2)仅存在单相用电设备时计算负荷的确定

在工程上,为使三相线路导线截面和供电设备的选择合理,单相负荷应尽可能均衡地分配在三相上。对于均匀分配的该类单相用电设备组,其设备组容量等于全部单相用电设备容量之和。对于非均匀分配的单相用电设备组,其设备功率为最大相的单相用电设备功率的3倍。应该注意,如果是不同性质的单相设备,仍需先分组,再进行负荷计算。

【例4-3】 某七层住宅楼中的一个单元,一梯两户,每户容量按6kW计,每相供电负荷分配如下:L1供1、2、3层,L2供4、5层;L3供6、7层。照明系统图如图4-1所示,求此单元的照明计算负荷。

图4-1 某七层住宅楼照明系统图

解: 每相容量:

$$P_{eL1} = 供电层数 \times 每层户数 \times 每户容量 = 3 \times 2 \times 6 \text{kW} = 36 \text{kW}$$

$$P_{eL2} = 2 \times 2 \times 6 \text{kW} = 24 \text{kW}$$

$$P_{eL3} = 2 \times 2 \times 6 \text{kW} = 24 \text{kW}$$

三相上负荷不均衡分配,设备总容量为最大相设备功率的3倍,即

$$P_e = 3 P_{eL1} = 3 \times 36 \text{kW} = 108 \text{kW}$$

查附录Ⅱ附表Ⅱ-2、Ⅱ-3可得,$K_d = 0.8$,$\cos\varphi = 0.9$,$\tan\varphi = 0.48$

从而有功计算负荷 $P_c = K_d P_e = 0.8 \times 108 \text{kW} = 86.4 \text{kW}$

无功计算负荷 $Q_c = P_c \tan\varphi = 86.4 \times 0.48 \text{kvar} = 41.47 \text{kvar}$

视在计算负荷 $S_c = \sqrt{P_c^2 + Q_c^2} = \sqrt{86.4^2 + 41.47^2} \text{kVA} = 95.84 \text{kVA}$

计算电流 $I_c = \dfrac{S_c}{\sqrt{3}U_N} = \dfrac{95.84}{\sqrt{3}\times 0.38}\text{A} = 145.61\text{A}$

3) 仅存在单相线间负荷时计算负荷的确定

(1) 若仅存在单台设备,等效三相负荷的设备功率取线间负荷的$\sqrt{3}$倍;

(2) 若存在多台设备,等效三相负荷的设备功率为最大相间负荷的$\sqrt{3}$倍再加上次线间最大负荷的$(3-\sqrt{3})$倍。

按上述方法求出线间负荷等效的三相负荷的设备功率后,再用需要系数法的有关公式求总计算负荷。

【例 4-4】 室外一条照明线路采用 380V、600W 高压钠灯,L1、L2 两相间接有 20 盏,L2、L3 两相间接有 21 盏,L3、L1 两相间 接有 19 盏。试计算这条照明线路上的等效三相计算负荷。

解:查附录 Ⅱ 附表 Ⅱ-3 得,$K_d=1$,$\cos\varphi=0.45$,$\tan\varphi=1.98$,则各相间计算负荷为

L1、L2 两相间 $P_{cL12}=K_d P_e = 1\times 20\times 600 = 12\,000\text{W} = 12\text{kW}$

L2、L3 两相间 $P_{cL23}=K_d P_e = 1\times 21\times 600 = 12\,600\text{W} = 12.6\text{kW}$

L1、L3 两相间 $P_{cL13}=K_d P_e = 1\times 19\times 600 = 11\,400\text{W} = 11.4\text{kW}$

等效三相负荷为

$$P_c = \sqrt{3}P_{cL23} + (3-\sqrt{3})P_{cL12} = \sqrt{3}\times 12.6 + (3-\sqrt{3})\times 12 \text{kW} = 37\text{kW}$$

$$Q_c = P_c \tan\varphi = 37\times 1.98 \text{kvar} = 73.26\text{kvar}$$

等效三相视在负荷和三相电流计算略。

4) 既存在单相相间负荷又存在单相线间负荷的情况下,等效三相计算负荷的确定

这种情况,要先将单相线间负荷等效成单相负荷,继而求出各个相中所有单相负荷的总有功计算负荷和总无功计算负荷,取三相中最大的有功计算负荷和无功计算负荷的 3 倍分别作为所有单相负荷的等效三相有功计算负荷和等效三相无功计算负荷,最后再与系统中所接的三相负荷对应相加,从而求出计算范围内的总计算负荷。

单相线间负荷换算为单相相间负荷的换算公式如式(4-16)。

$$\left.\begin{array}{l} P_u = P_{uv}p_{(uv)u} + P_{wu}p_{(wu)u} \\ Q_u = Q_{uv}q_{(uv)u} + Q_{wu}q_{(wu)u} \\ P_v = P_{vw}p_{(vw)v} + P_{uv}p_{(uv)v} \\ Q_v = Q_{vw}q_{(vw)v} + Q_{uv}q_{(uv)v} \\ P_w = P_{wu}p_{(wu)w} + P_{vw}p_{(vw)w} \\ Q_w = Q_{wu}q_{(wu)w} + Q_{vw}q_{(vw)w} \end{array}\right\} \qquad (4\text{-}16)$$

式中,P_{uv}、Q_{uv}、P_{vw}、Q_{vw}、P_{wu}、Q_{wu} 分别为接于 uv、vw、wu 线间电压的单相用电设备有功(kW)和无功功率(kvar);P_u、P_v、P_w 分别为换算为 u、v、w 相的有功负荷(kW);Q_u、Q_v、Q_w 分别为换算为 u、v、w 相的无功负荷(kvar);$p_{(uv)u}$、$p_{(vw)v}$、$p_{(wu)w}$、$p_{(uv)v}$、$p_{(vw)w}$、$p_{(wu)u}$、$q_{(uv)u}$、$q_{(vw)v}$、$q_{(wu)w}$、$q_{(uv)v}$、$q_{(vw)w}$、$q_{(wu)u}$ 分别为有功及无功换算系数,其值可查表 4-2。

有功及无功换算系数　　　　　　　表 4-2

功率换算系数	负荷功率因数								
	0.35	0.4	0.5	0.6	0.65	0.7	0.8	0.9	1.0
$p_{(uv)u}$、$p_{(vw)v}$、$p_{(wu)w}$	1.27	1.17	1.0	0.89	0.84	0.8	0.72	0.64	0.5
$p_{(uv)v}$、$p_{(vw)w}$、$p_{(wu)u}$	−0.27	−0.17	0	0.11	0.16	0.2	0.28	0.36	0.5
$q_{(uv)u}$、$q_{(vw)v}$、$q_{(wu)w}$	1.05	0.86	0.58	0.38	0.3	0.22	0.09	−0.05	−0.29
$q_{(uv)v}$、$q_{(vw)w}$、$q_{(wu)u}$	1.63	1.44	1.16	0.96	0.88	0.8	0.67	0.53	0.29

二、单位指标法

单位指标法又分为单位面积功率法和综合单位指标法两种。

1. 单位面积功率（负荷密度估算）法

单位面积功率也称为负荷密度，是指负荷在单位面积上的需求容量。单位面积功率法即是根据不同类型的负荷在单位面积上的需求量，乘以建筑面积或使用面积得到的负荷量。其估算有功计算负荷 P_c 的公式如(4-17)：

$$P_c = \frac{P_0 A}{1\,000} (\text{kW}) \tag{4-17}$$

式中，P_0 为单位面积功率，即负荷密度（W/m²），A 为建筑面积（m²）。

使用单位面积功率法的计算负荷是否准确，完全取决于单位面积功率 P_0 的准确程度。因此，在选择确定单位面积功率时，应综合考虑多方面的因素。表 4-3 为部分民用建筑的单位面积功率（即负荷密度指标）。

部分民用建筑负荷密度指标　　　　　　　表 4-3

建筑类别	负荷密度（W/m²）	建筑类别	负荷密度（W/m²）
住宅建筑	20～60	体育建筑	40～70
公寓建筑	30～50	剧场建筑	50～80
旅馆建筑	40～70	医疗建筑	40～70
办公建筑	30～70	教学建筑 大专院校 中小学校	20～40 12～20
商业建筑 一般 大型	 40～80 60～120	展览建筑 演播室 汽车库	50～80 250～500 8～15

2. 单位指标法

单位指标法是根据已有的用电单位指标来估算计算负荷的方法，即已知不同类型的负荷在核算单位上的安装量，乘以核算单位的数量得到的负荷量。其有功计算负荷的计算公式为

$$P_c = \frac{P'_e N}{1\,000} (\text{kW}) \tag{4-18}$$

式中，P'_e 为有功负荷的单位用电指标，如 W/户、W/人、W/床等；N 为核算单位的数量，如户

数、人数、床位数等。表 4-4 列出了住宅用电负荷指标,住宅的设备功率采用每户的用电指标之和。

住宅用电负荷标准及电度表规格　　　表 4-4

建筑类别	居住空间数(个)	使用面积	用电指标最低值(kW/户)	单相电度表规格(A)
一类	2	34	2.5	5(20)
二类	3	45	2.5	5(20)
三类	3	56	4	10(40)
四类	4	68	4	10(40)

注:1. 摘自《住宅设计规范》(GB 50096—1999)(2003 年版)。
2. 表中为每套住宅建筑用电负荷标准计电度表规格的最低标准。

应用以上方法计算负荷时,还应结合工程具体情况,乘以不同的需要系数,见表 4-5。

住宅用电负荷需要系数　　　表 4-5

按单相配电时接于同一相上的基本户数	按三相配电计算时所连接的基本户数	K_d 通用值	K_d 推荐值	按单相配电时接于同一相上的户数	按三相配电计算时连接的基本户数	K_d 通用值	K_d 推荐值
3	9	1	1	16	48	0.47	0.55
4	12	0.95	0.95	18	54	0.45	0.50
6	18	0.75	0.80	21	63	0.43	0.50
8	24	0.66	0.70	24	72	0.41	0.45
10	30	0.58	0.65	25～100	75～300	0.40	0.45
12	36	0.50	0.60	125～200	375～600	0.33	0.35
14	42	0.48	0.55	260～300	780～900	0.26	0.30

注:1. 住宅每户设备容量为:基本型 4kW,提高型 6kW,先进型 8kW。
2. 表中通用值系目前采用的住宅需要系数值,推荐值是为了计算方便提出,仅供参考。
3. 住宅的公用照明及公用电力负荷需要系数,一般按 0.8 选取。

单位用电指标的确定与国家经济形势的发展、电力政策以及人民消费水平的高低有很直接的关系,因此不是一成不变的数值。而且由于不同城市的经济发展水平不同,单位用电指标也会有很大的差别。这是在采用单位指标法进行负荷计算时要特别注意的。

三、其他负荷的计算

1. 季节性负荷

季节性负荷如冬季采暖和夏季空调,应分别计算冬季采暖负荷和夏季制冷负荷,取较大值计入正常的计算负荷。

2. 临时性负荷

临时性负荷,如大型实验设备、事故处理设备等,投入运行的时间相对较短(一般在 0.5～2.0h),不应计入正常的计算负荷中。但应校验当这类设备投入运行时变压器、开关及供电线路等不得超过其短时过负荷允许值(包括变压器的短时过负载能力)。

3. 冲击负荷

在配电系统中出现冲击负荷最多的是电动机瞬时起动这一时刻。电动机起动电流一般是其额定电流的 4~7 倍,一旦起动完成,电动机立即恢复到正常的额定电流。由于此负荷存在的时间较短,一般不计入正常的负荷计算中,但应校验此冲击负荷对变压器、线路开关的保护设备是否能准确动作的影响。

4. 尖峰电流的计算

尖峰电流是指单台或一组用电设备持续 1~2s 的短时最大负荷电流,一般出现在电动机起动过程中。计算电压波动、选择保护电器以及校验电动机自起动条件时都需要校验尖峰电流值。

对于不同性质的负荷,其尖峰电流的计算公式也不同。

(1)单台电动机、电弧焊或电焊变压器的支线,其尖峰电流为

$$I_{\mathrm{pk}} = K_{\mathrm{st}} I_{\mathrm{r}} \tag{4-19}$$

式中,I_{pk} 为尖峰电流(A);I_{r} 为电动机、电弧炉或电焊变压器一次侧额定电流(A);K_{st} 为起动电流倍数,即起动电流与额定电流之比,笼型异步电动机可达 6~7,绕线式转子异步电动机为 2~2.5,直流电动机为 1.5~2,单台电弧炉为 3,弧焊变压器和弧焊整流器为小于或等于 2.1,电阻焊机为 1,闪光对焊机为 2。

(2)接有多台电动机的配电线路,只考虑一台电动机起动时的尖峰电流为

$$I_{\mathrm{pk}} = (K_{\mathrm{st}} I_{\mathrm{r}})_{\max} + I'_{\mathrm{c}} \tag{4-20}$$

式中,$(K_{\mathrm{st}} I_{\mathrm{r}})_{\max}$ 为起动电流为最大的一台电动机的起动电流(A);I'_{c} 为除起动电动机以外的配电线路计算电流(A)。

第三节 功率因数和无功功率补偿

电力系统中的送、配电线路及变压器和大部分的电能用户具有电感性质,从电源吸收无功功率,功率因数较低,造成电能损耗和电压损失,使设备使用效率相应降低。尤其是轻载运行时,功率因数将更低。因此供电部门征收电费时,将用户的功率因数高低作为一项重要的经济指标。要提高功率因数,必须投入容性无功,以抵消部分感性无功,使总的无功功率较小,这就是无功功率补偿。

一、功率因数

功率因数是衡量供配电系统电能利用程度及电器设备使用状况的一个重要参数,随负荷和电源电压的变动而变动。功率因数有瞬时功率因数、平均功率因数和最大负荷功率因数。

瞬时功率因数用于观察功率因数的变化,了解和分析用户或设备在用电过程中无功功率的变化状况,以便采取相应补偿措施,以及为日后进行设计提供参考依据。

平均功率因数指某段时间内的平均功率因数值,可由式(4-21)计算:

$$\cos\varphi_{\mathrm{av}} = \frac{P_{\mathrm{av}}}{S_{\mathrm{av}}} = \frac{\alpha P_{\mathrm{c}}}{\sqrt{(\alpha P_{\mathrm{c}})^2 + (\beta Q_{\mathrm{c}})^2}} = \frac{1}{\sqrt{1 + \left(\frac{\beta Q_{\mathrm{c}}}{\alpha P_{\mathrm{c}}}\right)^2}} \tag{4-21}$$

式中，α 为有功负荷系数（一般为 0.7～0.75）；β 为无功负荷系数（一般为 0.76～0.82）。

供电部门根据月平均功率因数调整用户的电费电价，平均功率因数低于规定标准的，增加一定比例的电费；高于规定标准的，减少一定比例的电费。以鼓励用户提高功率因数，达到节能和提高系统经济运行性能的目的。

最大负荷功率因数是在年最大计算负荷时的功率因数，由年最大有功计算负荷与年最大计算容量的比值确定：

$$\cos\varphi = \frac{P_{c\,max}}{S_{c\,max}} \tag{4-22}$$

用户供电系统的最大负荷功率因数应满足当地供电部门的要求，当无明确要求时，高压用户的功率因数应为 0.9 以上，低压用户的功率因数应为 0.85 以上。

功率因数过低，将对供配电系统产生下列影响：

(1) 设备及供电线路的有功功率损耗增大。由于无功损耗的增大而引起的总电流的增加，使得系统中有功功率损耗增加。

(2) 系统中的电压损失增大。总电流增大，正比于系统中流过的电流的电压损失增加，使得调压困难、电压偏低，对生产和生活带来很大影响。

(3) 系统中电气元件容量增大。系统中输送的总电流增加，使得供电系统中的电气元件（如变压器、电气设备、导线）容量增大，从而使工厂内部的起动控制设备、测量仪表等规格尺寸增大，导致初始投资增大。

(4) 发电设备出力降低。无功电流的增大，使发电机转子的去磁效应增加，电压降低，过度增加励磁电流，则使转子绕组的温升超过允许范围，为了保证转子绕组的正常工作，发电机就不能达到预定的出力。

应优先采取措施提高自然功率因数，当采用提高自然功率因数措施后仍达不到要求时，应进行无功功率补偿。

二、提高自然功率因数的方法

不添置任何补偿设备，采取措施减小供电系统自身无功功率的需要量，即为提高自然功率因数。它不需要增加投资，是最经济的提高自然功率因数的方法。

电力系统的无功功率中感应电动机约占 60%，变压器约占 20%，其余主要由整流设备、感应设备、电抗器及架空电力线路产生。合理选择感应电动机和变压器，减小感应电动机和变压器的无功功率消耗，是提高自然功率因数的主要措施。

(1) 合理选择电动机的容量，使其接近满载运转。

(2) 对于实际负荷不足额定容量 40% 的大容量电动机应更换为小容量的电动机。

(3) 合理安排和调整工艺流程，改善用电设备的运转方式，限制感应电动机空载运行。

(4) 正确选择变压器容量，提高变压器的负荷率（一般为 75%～80% 比较合适）。对于负荷率低于 30% 的变压器，应予以更换。

(5) 对于负荷率在 0.6～0.9 的绕线式异步电动机，必要时可使其同步化，使电动机可以向电力系统输送无功功率。

三、无功功率补偿

当采用提高自然功率因数的方法仍不能满足电力部门所要求的功率因数数值时,就要采取人工补偿方法,利用专门的补偿设备来提高功率因数。

1. 人工补偿改善功率因数的方法

(1)采用同步电动机补偿。使用同步电动机在过励磁方式呈现容性时运转,其功率因数超前,向供电系统输出无功功率,用来补偿感性用电设备所需要的无功功率,从而提高功率因数。

(2)利用同步调相机作为无功功率电源(无功发电机),用来补偿用户运行所需要的无功功率。同步调相机是轴上不带任何负载的同步电动机,调节同步调相机的励磁电流大小,可以改变其输出无功功率的大小,从而提高功率因数。

(3)采用并联静电电容器补偿。将电容器与感性负荷(用电设备)并联,改善的是包括电容器在内的整个线路的功率因数。

(4)静止无功补偿器。是由可控硅控制的可调电抗器与电容器并联组成的新型无功补偿装置,具有极好的调节性能,能快速跟踪负荷变动,改变无功功率的大小,能根据需要改变无功功率的方向,响应速度快,不仅可以作为一般的无功补偿装置,而且是唯一能用于冲击性负荷的无功补偿装置。

2. 无功补偿容量的计算

一般供配电工程的无功功率补偿装置均为并联静电电容器装置,因此下面介绍并联静电电容器无功补偿容量的计算。

最大负荷时无功功率补偿所需的并联静电电容器装置总容量 $Q_{N·c}$ 的计算公式为:

$$Q_{N·c} = P_c(\tan\varphi_1 - \tan\varphi_2) \tag{4-23}$$

式中,$\tan\varphi_1$ 为补偿前功率因数角的正切值;$\tan\varphi_2$ 为补偿后功率因数角的正切值。

定义无功功率补偿率 Δq_c 为

$$\Delta q_c = \frac{Q_{N·c}}{P_c} = \tan\varphi_1 - \tan\varphi_2 \tag{4-24}$$

无功补偿率 Δq_c 的数值见表 4-6,单位为 kvar/kW。

无功功率补偿率(Δq_c) 表 4-6

补偿前 $\cos\varphi_1$	补偿后 $\cos\varphi_2$							
	0.85	0.88	0.9	0.92	0.94	0.95	0.96	0.97
0.5	1.112	1.192	1.248	1.306	1.369	1.404	1.442	1.481
0.55	0.899	0.979	1.035	1.093	1.156	1.191	1.228	1.268
0.6	0.714	0.794	0.805	0.908	0.971	1.006	1.043	1.083
0.65	0.549	0.629	0.685	0.743	0.806	0.841	0.878	0.918
0.68	0.458	0.538	0.594	0.652	0.715	0.750	0.788	0.828
0.7	0.401	0.481	0.537	0.595	0.658	0.693	0.729	0.769
0.72	0.344	0.424	0.480	0.538	0.601	0.363	0.672	0.712
0.75	0.262	0.342	0.398	0.456	0.519	0.554	0.591	0.631

续上表

补偿前 $\cos\varphi_1$	补偿后 $\cos\varphi_2$							
	0.85	0.88	0.9	0.92	0.94	0.95	0.96	0.97
0.78	0.182	0.262	0.318	0.376	0.439	0.474	0.512	0.552
0.8	0.130	0.210	0.266	0.324	0.387	0.422	0.459	0.499
0.81	0.104	0.184	0.240	0.298	0.361	0.396	0.433	0.483
0.82	0.078	0.158	0.214	0.272	0.335	0.370	0.407	0.447
0.85	—	0.080	0.136	0.194	0.257	0.292	0.329	0.639

在确定了总补偿容量后,可以根据所选并联电容器的单个容量 q_c 来确定电容器的个数:

$$n = \frac{Q_{N \cdot c}}{q_c} \quad (4-25)$$

部分常用的并联电容器的主要技术数据见表 4-7。

部分并联电容器的主要技术数据　　　表 4-7

型号	额定容量(kvar)	额定电容(μF)	型号	额定容量(kvar)	额定电容(μF)
BCMJ0.4—4—3	4	80	BGMJ0.4—3.3—3	3.3	66
BCMJ0.4—5—3	5	100	BGMJ0.4—5—3	5	99
BCMJ0.4—8—3	8	160	BGMJ0.4—10—3	10	198
BCMJ0.4—10—3	10	200	BGMJ0.4—12—3	12	230
BCMJ0.4—15—3	15	300	BGMJ0.4—15—3	15	298
BCMJ0.4—20—3	20	400	BGMJ0.4—20—3	20	398
BCMJ0.4—25—3	25	500	BGMJ0.4—25—3	25	498
BCMJ0.4—30—3	30	600	BGMJ0.4—30—3	30	598
BCMJ0.4—40—3	40	800	BWF0.4—14—1/3	14	279
BCMJ0.4—50—3	50	1 000	BWF0.4—16—1/3	16	318
BKMJ0.4—6—1/3	6	120	BWF0.4—20—1/3	20	398
BKMJ0.4—7.5—1/3	7.5	150	BWF0.4—25—1/3	25	498
BKMJ0.4—9—1/3	9	180	BWF0.4—75—1/3	75	1 500
BKMJ0.4—12—1/3	12	240	BWF10.5—16—1	16	0.462
BKMJ0.4—15—1/3	15	300	BWF10.5—25—1	25	0.722
BKMJ0.4—20—1/3	20	400	BWF10.5—30—1	30	0.866
BKMJ0.4—25—1/3	25	500	BWF10.5—40—1	40	1.155
BKMJ0.4—30—1/3	30	600	BWF10.5—50—1	50	1.44
BKMJ0.4—40—1/3	40	800	BWF10.5—100—1	100	2.89
BKMJ0.4—2.5—1/3	2.5	55			

注:1. 额定频率 50Hz。
　　2. 型号末标有"1/3"标识有单相和三相两种。

由式(4-25)计算所得的并联电容器个数 n，对于单相电容器来说，应取 3 的倍数，以使三相均衡分配。采用自动调节补偿方式时，补偿电容器的安装容量宜留有适当的余量。

3. 无功补偿后的功率因数

无功补偿后有功计算负荷保持不变，而无功计算负荷和视在计算负荷会发生变化，从而使功率因数发生改变。无功补偿后的功率因数为

$$\cos\varphi' = \frac{P_c}{\sqrt{P_c^2 + (Q_c - Q_{N\cdot c})^2}} \tag{4-26}$$

功率因数是用电单位与供电部门产权分界点的功率因数，因此对于高压供电的用电单位，功率因数是高压侧的功率因数，在计算补偿容量时，应考虑变压器的无功功率损耗，要求功率因数按不低于 0.9 考虑。此处的功率因数是用电单位最大负荷时的功率因数，不需要再考虑有功和无功负荷的负荷系数。

4. 静电电容器无功补偿的形式

静电电容器无功补偿可以采用就地补偿和集中补偿的方式。就地补偿是低压部分的无功负荷由低压电容器补偿，高压部分由高压电容器补偿，又分为个别补偿和分组补偿。个别补偿就是将电容器装设在需要补偿的电气设备附近，与电气设备同时运行和退出。分组补偿，是对于容量较大、负荷平稳且经常使用的用电设备组的无功功率单独就地补偿。集中补偿则通常将电容器设置在变、配电所的高、低压母线上，电容器组宜在变电所内集中补偿，居住区的无功负荷宜在小区变电所低压侧集中补偿。

如图 4-2 所示，个别补偿处于供电末端的负荷处，能最大限度地减少系统的无功输送量，有最好的补偿效果，缺点是补偿电容通常随着设备一起投切，使用效率不高。分组补偿电容器的利用率比个别补偿大，因此电容器总容量比个别补偿小，投资相对小些。集中补偿的电容器通常设置在变配电所的高低压母线上，投资少，便于集中管理。电容器设置在低压母线上的补偿效果要好于高压母线补偿。供配电系统中的电力电容器通常采用高、低压混合补偿的形式，以发挥各补偿方式的特点，相互补充。

图 4-2 电容器无功补偿位置示意图

补偿电容器组的投切方式分为手动和自动两种。对于补偿低压基本无功功率的电容器组以及常年稳定的无功功率和投切次数较少的高压电容器组,宜采用手动投切;为避免过补偿或在轻载时电压过高,造成某些用电设备损坏等,宜采用自动投切。在采用高低压自动补偿装置效果相同时,宜采用低压自动补偿装置。

第四节　建筑供配电系统中的功率损耗

当电流流过供配电线路和变压器时,引起的功率损耗和电能损耗也要由电力系统供给,在确定计算负荷时,应计入这部分损耗。供电系统在传输电能过程中,线路和变压器损耗能量占总供电能量的百分数,称为线损率。为计算线损率,应掌握供电总量,同时要分别计算线路、变压器中损失的电量。线路和变压器均具有电阻和阻抗,其功率损耗分为有功和无功功率损耗两部分。

一、变压器的功率损耗

变压器的功率损耗包括有功功率损耗 ΔP_T 和无功功率损耗 ΔQ_T。

1. 有功功率损耗

有功功率损耗由空载损耗(铁损)和短路损耗(铜损)两部分组成。

$$\Delta P_T = \Delta P_0 + \Delta P_k \left(\frac{S_c}{S_r}\right)^2 \tag{4-27}$$

式中,ΔP_T 为变压器的有功功率损耗(kW),ΔP_0 为变压器的空载有功功率损耗(kW),ΔP_k 为变压器的满载(短路)有功功率损耗(kW),均可在产品手册中查出;S_c 为视在计算负荷(kVA);S_r 为变压器的额定容量(kVA)。

2. 无功功率损耗

无功功率损耗由变压器的空载无功损耗和额定负载下的无功损耗两部分组成。

$$\Delta Q_T = \Delta Q_0 + \Delta Q_k \left(\frac{S_c}{S_r}\right)^2 \tag{4-28}$$

式中,ΔQ_T 为变压器的无功功率损耗(kvar);ΔQ_0 为变压器的空载无功功率损失(kvar),$\Delta Q_0 = \frac{I_0\%}{100}S_r$;$\Delta Q_k$ 为变压器的满载有功功率损失(kvar),$\Delta Q_k = \frac{\Delta U_k\%}{100}S_r$;$I_0\%$ 为变压器空载电流占额定电流百分数,$\Delta U_k\%$ 为变压器阻抗电压占额定电压百分数,两者均可在产品手册中查出。

在负荷计算中,当变压器负荷率不大于 85% 时,其功率损耗可以概略计算如下:

$$\Delta P_T = 0.01 S_c \tag{4-29}$$

$$\Delta Q_T = 0.05 S_c \tag{4-30}$$

【例 4-5】　某 S9-1 000/10 型电力变压器额定容量为 1 000kVA,一次电压为 10kV,二次电压为 0.4kV,低压侧有功计算负荷 662kW,无功计算负荷为 450kvar。求变压器的有功功率损耗和无功功率损耗。

解:查产品手册得 S9 型电力变压器参数:

$$\Delta P_0 = 1.7\text{kW}, \Delta P_k = 10.3\text{kW}, I_0\% = 1.7, \Delta U_k\% = 4.5$$

可计算得：

$$\Delta Q_0 = \frac{I_0\%}{100} S_r = \frac{1.7}{100} \times 1\,000 = 17\text{kvar}$$

$$\Delta Q_k = \frac{\Delta U_k\%}{100} S_r = \frac{4.5}{100} \times 1\,000 = 45\text{kvar}$$

$$S_c = \sqrt{P_c^2 + Q_c^2} = \sqrt{662^2 + 450^2} = 800\text{kVA}$$

故变压器有功功率损耗为

$$\Delta P_T = \Delta P_0 + \Delta P_k \left(\frac{S_c}{S_r}\right)^2 = 1.7 + 10.3 \left(\frac{800}{1\,000}\right)^2 = 8.29\text{kW}$$

变压器的无功功率损耗为

$$\Delta Q_T = \Delta Q_0 + \Delta Q_k \left(\frac{S_c}{S_r}\right)^2 = 17 + 45 \times \left(\frac{800}{1\,000}\right)^2 = 45.8\text{kvar}$$

二、供电线路的功率损耗

三相供电线路的有功功率损耗 ΔP_L 和无功功率损耗 ΔQ_L 分别可通过式(4-31)和式(4-32)计算：

$$\Delta P_L = 3I_c^2 r_0 l \times 10^{-3} \tag{4-31}$$

$$\Delta Q_L = 3I_c^2 x_0 l \times 10^{-3} \tag{4-32}$$

式中，l 为线路每相计算长度(m)；r_0、x_0 为线路的交流电阻和电抗(Ω)，参见附录或相关设计手册。

【例 4-6】有 10kV 送电线路，线路长 30km，采用 LJ-70 型铝绞线，导线几何均距 a_{an} = 1.25m，输送的计算功率为 1 000kVA，试求该线路的有功和无功功率损耗。

解：查附录 II 附表 II-7 可得，LJ-70 型铝绞线电阻 $r_0 = 0.46\Omega/\text{km}$，当 $a_{an} = 1.25\text{m}$ 时，$x_0 = 0.358\Omega/\text{km}$

所以

$$\Delta P_L = 3I_c^2 r_0 l \times 10^{-3} = \frac{S_c^2}{U_r^2} r_0 l \times 10^{-3} = 138\text{kW}$$

$$\Delta Q_L = 3I_c^2 x_0 l \times 10^{-3} = \frac{S_c^2}{U_r^2} x_0 l \times 10^{-3} = 107.4\text{kvar}$$

一般变配电所的高压线路不长，其线路损耗不大，在负荷计算时往往可以忽略不计。

第五节 配电变压器容量的计算

配电变压器指民用建筑中采用的 35/10kV，35/0.4kV，10/0.4kV 三种电压等级的变压器。应根据建筑物的性质和负荷情况、城市电网情况，进行经济、技术比较后确定，应优选节能型变压器。

一、按变压器的效率最高时的负荷率来计算容量

当建筑物的计算负荷确定后,配电变压器的总装机容量为

$$S_r = \frac{P_c}{\beta \cos\varphi} \quad (4\text{-}33)$$

式中,P_c 为建筑物的有功计算负荷(kW);$\cos\varphi$ 为补偿后的平均功率因数,不小于 0.9;β 为变压器的负荷率。

因此,变压器容量的最终确定就在于选定变压器的负荷率 β。当变压器的负荷率 $\beta = \beta_m = \sqrt{\frac{\Delta P_0}{\Delta P_k}}$ 时变压器的效率最高。

高层建筑中设备用房多设于地下层,为满足消防要求,配电变压器一般选用干式或环氧树脂浇注变压器,表 4-8 为国产 SGL 型电力变压器最佳负荷率。

国产 SGL 型电力变压器最佳负荷率   表 4-8

容量(kVA)	500	630	800	1 000	1 250	1 600
空载损耗(W)	1 850	2 100	2 400	2 800	3 350	3 950
负荷损耗(W)	4 850	5 650	7 500	9 200	11 000	13 300
损失比 α_2	2.62	2.69	3.13	3.2	3.28	3.37
最佳负荷率 β_m(%)	61.8	61	56.6	55.2	55.2	54.5

如果以 β_m 来计算变压器容量,必将造成容量过大,使用户初投资大量增加,另外 P_c 是 30min 平均最大负荷的统计值,而民用建筑的用电一般在深夜至次日清晨时处于轻载,且一天运行过程中负荷也时有变化,大部分时间实际负荷均小于计算负荷 P_c,如果按 β_m 计算变压器容量则不可能使变压器运行在最高效率 β_m 上。这样不仅不能节约电能且运行在低 β 值上,消耗更多的电能。因此按变压器的最佳负荷率 β_m 来计算变压器容量是不完全合理的。

二、按计算负荷来确定变压器容量

选择变压器的容量应以计算负荷为基础,即

$$S_r \geqslant S_c \quad (4\text{-}34)$$

根据总降压变电所变压器的数量不同,变压器的运行方式有明备用和暗备用两种。

1. 明备用

明备用即两台变压器正常运行时,一台工作,另一台作为备用,变压器故障或者检修时,备用变压器投入运行,并要求带全部负荷。每台变压器的容量按 100% 的计算负荷确定,即

$$S_r = 100\% S_c \quad (4\text{-}35)$$

2. 暗备用

变压器的暗备用是指正常运行时,两台变压器同时工作,每台变压器各承担接近一半的负荷量,每台变压器的负荷率在 80% 左右;当变压器故障或者检修时,由另一台变压器尽量带全部负荷,此时变压器会出现过负荷现象。国产变压器的短时过载运行数据见表 4-9。

变压器短时过载运行数据   表 4-9

油浸式变压器(自冷)		干式变压器(空气自冷)	
过电流(％)	允许运行时间(min)	过电流(％)	允许运行时间(min)
30	120	20	60
45	80	30	45
60	45	40	32
75	20	50	18
100	10	60	5

暗备用方式的变压器每台容量按 70％的总计算负荷选取,即

$$S_r = 70\% S_c \tag{4-36}$$

同时,当任一台变压器单独运行时,应满足全部一、二级负荷 $S_{cI}+S_{cII}$ 的需要,即

$$S_r \geqslant S_{cI} + S_{cII} \tag{4-37}$$

3. 设计规范的要求《民用建筑电气设计规范》(JGJ/T 16—2008)

(1)配电变压器长期工作负荷率不宜大于 85％。

(2)当符合下列条件之一时,可设专用变压器:

①电力和照明采用公用变压器将严重影响照明质量及光源寿命时,可设照明专用变压器;一般情况下动力和照明宜共用变压器。

②季节性负荷容量较大(如大型民用建筑中的冷冻机组等负荷)或冲击性负荷严重影响电能质量时,可设专用变压器;

③单相容量较大,由于不平衡负荷引起中性导体电流超过变压器低压绕组额定电流的 25％时,或只有单相负荷其容量不是很大时,可设置单相变压器;

④出于功能需要的某些特殊设备(如较大容量的 X 光机等),可设专用变压器。

(3)变压器的容量应满足大型电动机及其他冲击性负荷的起动要求。

(4)设置在民用建筑中的变压器,宜选用干式、气体绝缘或非可燃性液体绝缘的变压器。

(5)变压器低压侧电压为 0.4kV 时,住宅小区变电所单台变压器容量不宜大于 1 250kVA,预装式变电所变压器单台容量不大于 800kVA,其他建筑变电所变压器单台容量不宜大于 2 500kVA。

三、变压器数量和型式的选择

1. 35kV 变电所主变压器选择

(1)在有一、二级负荷的变电所中宜装设两台主变压器,当技术经济合理时,可装设两台以上变压器。如变电所可由中、低压侧电力网取得足够容量的备用电源时,可装一台主变压器。

(2)装有两台及以上主变压器的变电所,当断开一台时,其余主变压器的容量不应小于 60％的全部负荷,并应保证用户的一、二级负荷。

(3)具有 3 种电压的变电所,通过主变压器各侧线圈的功率均达到该变压器容量的 15％以上,主变压器宜采用 3 线圈变压器。

2. 10kV 变电所配电变压器的选择

(1)当符合下列条件之一时,宜装设两台及以上变压器:

①有大量一、二级负荷；
②季节性负荷变化较大；
③集中负荷较大。
(2)装有两台及以上变压器的变电所，当其中任一台变压器断开时，其余变压器的容量应满足全部一、二级负荷的用电。
(3)变电所中单台变压器(低压为0.4kV)的容量不宜大于1250kVA。当用电设备容量较大，负荷集中且运行合理时，可选较大容量的变压器。

3. 变压器绕组联结组别的选择

三相变压器有星形、三角形、曲折形等连接方式，其表示方法见表4-10。

变压器绕组连接方式　　　　表4-10

类别及连接方式	高　压	中、低压
单相	I	i
三相星形	Y	y
三相三角形	D	d
三相曲折形	Z	z
有中性线时	YN,ZN	yn,zn

不同绕组间电压相位差，即相位移为30°的倍数，故有0、1、2、3、…、11共12个组别。通常绕组的绕向相同，端子和相别标志一致，联结组别仅有0和11两种，中、低压绕组联结组别号有Yyn0和Dyn11。

现在国际上大多数国家的配电变压器均采用Dyn11联结，主要是由于采用Dyn11联结较之采用Yyn0联结有许多优点：
(1)D联结对抑制高次谐波的恶劣影响有很大作用。
(2)Dyn11联结变压器的零序阻抗比Yyn0联结变压器小得多，有利于低压单相接地短路故障的切除。
(3)Dyn11联结变压器允许中性线电流达到相电流的75%以上。因此，其承受不平衡负载的能力远比Yyn0联结变压器大。
(4)当高压侧一相熔丝熔断时，Dyn11联结变压器另两相负载仍可运行，而Yyn0却不行。
下列情况宜选用Dyn11联结组别变压器：
(1)当单相不平衡负荷引起的中性线电流超过变压器低压侧绕组额定电流的25%时。
(2)为了控制各类非线性用电设备所产生的谐波引起的电网电压正弦波畸变率，35kV/0.4kV、10kV/0.4kV双绕组变压器宜选用Dyn11联结组别的三相配电变压器，即可限制三次谐波的含量。
(3)当需要提高单相短路电流值，确保单相保护动作灵敏度时。

四、干式变压器的过载能力

干式变压器冷却方式分为自然空气冷却和强迫空气冷却。自然空气冷却时，变压器可在额定容量下长期连续运行。强迫风冷时，变压器输出容量可提高50%，适用于断续过负荷运行,或应急事故过负荷运行,由于过负荷损耗和阻抗电压增幅较大,处于非经济运行状态,故不应使其处于长时间连续过负荷运行。

干式变压器的过载能力与环境温度、过载前的负荷情况(起始负荷)、变压器的绝缘散热情况和发热时间常数等有关,如有需要,可向厂家索取干式变压器的过负荷曲线。

1) 选择计算变压器容量时可适当减小

(1) 充分考虑某些轧钢、焊接等设备短时冲击过负荷的可能性,尽量利用干式变压器较强的过载能力而减小变压器容量;

(2) 对某些不均匀负荷的场所,如供夜间照明等为主的居民区、文化娱乐设施以及空调和白天照明为主的商场等,可充分利用其过载能力,适当减小变压器容量,使其主运行时间处于满载或短时过载。

2) 可减少设备容量或台数

在某些场所,对变压器的备用系数要求较高,使得工程选配的变压器容量大、台数多。而利用干式变压器的过载能力,在考虑其备用容量时可予以压缩,在确定备用台数时亦可减小。

变压器处于过载时,一定要注意监测其运行温度。若温度上升达 155℃(有报警发出)即应采取减载措施(减去某些次要负荷),以确保对主要负荷的安全供电。

【例 4-7】 已知高层建筑内 10kV/0.4kV 变电所 $P_c = 3760\text{kW}, Q_c = 1480\text{kvar}$。一、二级负荷负荷占 60%,$K_{\Sigma p} = 0.9, K_{\Sigma q} = 0.95$,功率因数要求 $\cos\varphi \geq 0.9$,三相负荷不平衡大于每相负荷的 15%,系统为不接地系统。试为该系统选择变压器的型式、容量和台数。

解:

(1) 高层建筑内,宜选干式变压器。三相负荷不平衡,宜选 Dyn11 联结组别的变压器。

(2)
$$P'_c = 0.9 \times 3760\text{kW} = 3384\text{kW}$$

$$Q'_c = 0.95 \times 1480\text{kvar} = 1406\text{kvar}$$

$$\cos\varphi = \frac{P'_c}{\sqrt{P'^2_c + Q'^2_c}} = \frac{3384}{\sqrt{3384^2 + 1406^2}} = 0.92 > 0.9$$

功率因数满足要求,不用进行无功补偿

$$S'_c = \sqrt{P'^2_c + Q'^2_c} = \sqrt{3384^2 + 1406^2} = 3664.5\text{kVA}$$

变压器损耗为

$$\Delta P_T = 0.01 S'_c = 36.65\text{kW}$$

$$\Delta Q_T = 0.05 S'_c = 183.23\text{kvar}$$

从而

$$P_{c1} = P'_c + \Delta P_T = 3384 + 36.65\text{kW} = 3420.65\text{kW}$$

$$Q_{c1} = Q'_c + \Delta Q_T = 1406 + 183.23\text{kvar} = 1589.23\text{kvar}$$

$$S_{c1} = \sqrt{P_{c1}^2 + Q_{c1}^2} = \sqrt{3420.65^2 + 1589.23^2} = 3771.8\text{kVA}$$

超过 2500kVA,且一、二级负荷的量大(60%),需选择两台以上变压器。

由于该高层建筑负荷集中,按 $3771.8/2 = 1885.9\text{kVA}$ 且大于全部一、二级负荷(60%×3771.8 kVA = 2263.1kVA)选择两台 2500kVA 的变压器,则负荷率为 $1885.9/2500 = 75\%$,满足规范要求的变压器负载率不超过 85% 的要求。

故选择两台容量为 2500kVA 的 Dyn11 联结组别的干式变压器。

第六节 应急电源容量的计算

一级负荷中特别重要负荷的供电,除应由双重电源供电外,尚应增设应急电源。独立于正常电源的发电机组、供电网络中独立于正常电源的专用馈电线路、蓄电池和干电池均可作为应急电源。应根据允许中断供电的时间选择应急电源,并应符合下列规定:

(1)允许中断供电时间为15s以上的供电,可选用快速自起动的发电机组;

(2)自投装置的动作时间能满足允许中断供电时间的,可选用带有自动投入装置的独立于正常电源之外的专用馈电线路;

(3)允许中断供电时间为毫秒级的供电,可选用蓄电池静止型不间断供电装置或柴油机不间断供电装置。

在民用建筑供配电中,要取得供电网络中有效独立于正常电源的专用馈电线路是比较困难的,通常选用独立于正常电源的柴油发电机组和蓄电池作为应急电源。

一级负荷应由双重电源供电,二级负荷宜由两回线路供电。一级负荷或二级负荷从电力系统中取得第二电源困难或技术经济不合理时,也可增设柴油发电机组作为备用电源。

随着我国经济的发展,强调以人为本,重视电气安全的理念,在一些高层建筑中,即使城市电网供电相当安全可靠,为了确保建筑物内的消防及其他重要负荷用电,也设置了柴油发电机组,以防止市网中断供电时,能保证消防用电及基本供电的要求。柴油发电机组在火灾时为消防负荷提供应急电源,平时为重要负荷(保证负荷)提供备用电源。

一、柴油发电机组

在配置柴油发电机组时,最重要的就是机组额定功率的确定,即容量的选择。过大的功率会造成运输、安装的困难和不必要的浪费,增加维护工作量;过小的功率又会使发电机组负荷过重,降低机组可靠性和寿命,甚至在关键时刻超载停机,造成事故。因此,要根据柴油发电机组的使用条件、供电负荷大小和种类合理选择机组的容量。

1. 容量的计算

(1)机组的容量与台数应根据应急负荷的大小和投入顺序以及单台电动机最大的起动容量等因素综合考虑确定,机组总台数不宜超过两台。

(2)在方案或初步设计阶段,可按供电变压器容量的10%~20%估算柴油发电机的容量。

(3)在施工图设计阶段可根据一级负荷、消防负荷以及某些重要的二级负荷容量,按下述方法计算选择其最大者:

1)按计算负荷计算发电机组容量

应急柴油发电机组的容量大小根据一级负荷、消防负荷以及某些重要的二级负荷容量,按如下稳定负荷计算柴油发电机组容量:

(1)消防设备用电,包括消防控制室、消防水泵、消防电梯、消防广播、消防排烟设备、火灾自动报警系统、电动防火门窗、卷帘门、电动阀门等有关用电设备设施。

(2)重要照明用电,包括疏散用应急照明、备用应急照明(当正常照明熄灭后,为确保正常工作和得以继续进行的非正常工作照明,如应急发电及消防监控中心等场所的照明)、安全照明。

(3) 保安设备用电，包括保安监视、警报、通信等用电设备。

(4) 给排水设备用电，包括生活水泵、污水泵、潜水泵等。

(5) 重要场所的设备用电，包括重要会议厅、证券交易所等重要部位的设备用电。

应分别计算消防负荷和保证负荷，以二者较大值作为应急负荷的设备容量，作为选择柴油发电机容量的依据。当消防设备的计算负荷大于火灾时切除的非消防设备的计算负荷时，应按消防设备的计算负荷加上火灾时未切除的非消防设备的计算负荷进行计算。当消防设备的计算负荷小于火灾时切除的非消防设备的计算负荷时，可不计入消防负荷。

进行消防负荷计算时，不能盲目地将所有消防用电设备同时计入。推荐的计算原则是，只考虑一个防火分区发生火灾，即不认为两个及以上的防火分区同时发生火灾。通常，主要消防泵类作为固定负荷必须计入，而消防电梯、防排烟风机、应急照明等负荷计入的多少，则要视其在某防火分区火灾时投入服务的负荷大小而定。通常，应以最不利的一个防火分区发生火灾时同时投入运行的消防负荷为准。

设备容量统计出来后，根据实际情况选择需要系数（一般取 0.8～0.9），计算出计算容量，应急柴油发电机组的功率按公式(4-38)计算：

$$P = K\frac{P_c}{\eta} \tag{4-38}$$

式中，P 为应急柴油发电机功率(kW)；P_c 为负荷设备的计算容量(kW)；η 为发电机并联运行不均匀系数，一般取 0.9，单台取 1；K 为可靠系数，一般取 1.1。

2) 按最大的单台电动机或成组电动机起动的需要计算发电机容量

$$P = \frac{P_c - P_m}{\eta_\Sigma} + K'CP_m\cos\varphi_m \tag{4-39}$$

式中，P_m 为起动容量最大的电动机或成组电动机的容量(kW)；η_Σ 为总负荷的计算效率，一般取 0.85；$\cos\varphi_m$ 为起动容量最大的电动机或成组电动机的起动功率因数，一般为 0.4；K' 为电动机的起动倍数，一般为 4～7 倍；C 为按电动机起动方式确定的系数：全压起动 $C=1.0$，$Y-\Delta$ 起动 $C=0.67$，自耦变压器起动 50% 抽头 $C=0.25$，65% 抽头 $C=0.42$，80% 抽头 $C=0.64$。

3) 按起动电动机时母线运行电压降计算发电机容量

$$P = KCP_n X''_d\left(\frac{1}{\Delta E} - 1\right) \tag{4-40}$$

式中，P_n 为造成母线电压降最大的电动机或成组起动电动机组的容量(kW)；X''_d 为发电机的暂态电抗，一般取 0.25；ΔE 为母线允许的瞬时电压降，有电梯时取 0.2，无电梯时取 0.25。

近年来随着变频起动装置在民用建筑中应用越来越广泛，变频起动与其他起动方式相比，起动电流小而起动力矩大，对电网无冲击电流，引起的母线电压降也很小。因此，当电动机采用变频调速起动时，可以只考虑用计算负荷来计算发电机的容量，而无需考虑电动机起动的因素。

4) 采用经验系数法估算

在实际工作中，为了简化计算往往采用经验系数法估算柴油发电机组的起动能力，不同起动方式下所需发电机功率为被起动电动机功率的最小倍数，详见表 4-11。表 4-12 为某柴油发电机组的额定功率系列。

发电机功率为被起动电动机功率的最小倍数　　　　　　　　　表 4-11

起动方式	全压起动	Y—Δ起动	自耦变压器起动	
			$0.65U_N$	$0.8U_N$
母线允许压降 20%	5.5	5.5	2.4	3.6
母线允许压降 10%	7.8	2.6	3.3	5.0

某柴油发电机组的额定功率系列　　　　　　　　　表 4-12

机组型号	输出功率(kW/kVA)	额定电流
XG-30GF	30/37.5	54
XG-50GF	50/62.5	90
XG-75GF	75/94	135
XG-100GF	100/125	180
XG-120GF	120/150	216
XG-150GF	150/187.5	271
XG-180GF	180/225	324
XG-200GF	200/250	360
XG-250GF	250/312.5	450
XG-300GF	300/375	540
XG-320GF	320/400	576
XG-350GF	350/437.5	630
XG-400GF	400/500	720
XG-500GF	500/625	900
XG-550GF	550/687.5	990
XG-630GF	630/787.5	1 134
XG-800GF	800/1 000	1 440
XG-850GF	850/1 062.5	1 530
XG-1 000GF	1 000/1 250	1 800

【例 4-8】 某一类高层商住楼,该工程建筑面积 5 万多 m^2,25 层,拟设一台容量最小的柴油发电机组,消防时做消防负荷电源,平时作保证负荷备用电源。其中消防负荷总容量为 673.8kW,保证负荷计算值为 457kW。而且最不利防火分区被认定为地下室,若地下室火灾,则投入服务的消防设备总安装功率最大,其值为 378.6kW。其中功率最大的为消防水泵,每台 37kW,采用自耦降压 80% 抽头降压起动。

解: (1)按计算负荷计算。由于保证负荷大于最不利的防火分区的消防负荷,所以

$$P_c = 457\text{kW}$$

$$P = K\frac{P_c}{\eta} = 1.1 \times 457/1 = 502.7\text{kW}$$

(2) 按最大的单台电动机起动的需要计算。

$$P=(P_\Sigma-P_\mathrm{m})/\eta_\Sigma+P_\mathrm{m}K\cos\varphi_\mathrm{m}$$
$$=(378.6-37)/0.85+37\times6\times0.64\times0.4=458.7\mathrm{kW}$$

(3) 按起动电动机时发电机母线允许电压降计算。

$$P=KCP_\mathrm{n}X''_\mathrm{d}\left(\frac{1}{\Delta E}-1\right)=6\times0.64\times37\times0.25\times\left(\frac{1}{0.2}-1\right)=142.08\mathrm{kW}$$

(4) 按经验系数法。按照电动机起动时母线允许压降 20% 和自耦变压器 80% 抽头降压起动，表 4-11 柴油发电机功率为被起动电动机的最小倍数为 $K=3.6$，从而

$$P=KP_\mathrm{n}=3.6\times37\mathrm{kW}=133.2\mathrm{kW}$$

根据以上计算，应选择大于等于 502.7kW 的发电机组一台，从表 4-12 中可选一台 550kW 机组，满足工程实际需要。

2. 应急柴油发电机组与市电电源的联锁

应急柴油发电机组接入低压配电系统时对主接线应满足：

(1) 一级负荷要求双电源供电；

(2) 消防负荷应在最末一级的配电箱处设置自动切换装置，即低压配电室对消防负荷必须是独立的双回路供电；

(3) 与外网电源间应设联锁，不得并网运行；

(4) 避免与外网电源的计费相混淆；

(5) 在接线上要具有一定的灵活性，以满足在非事故情况下能给部分重要负荷供电的可能。

3. 机组的选择

当用电动机起动容量来选择发电机组的容量时，发电机台数不能多，因为台数增加，单机容量小，有可能满足不了电动机的起动要求。一般当容量不超过 800kW 时，选用单机为好，当容量在 800kW 以上时，宜选择两台，且两台机组的各种物理参数应相同，便于机组并列运行。

民用建筑应急发电机组宜选用高速柴油发电机组和无刷型自动励磁装置。选用的机组应装设快速自起动及电源自动切换装置，并应具有连续 3 次自动起动功能。不宜采用压缩空气起动，一般采用 24V 蓄电池组作为起动电源。

当应急柴油发电机组有两台时，自动起动装置应使两台机组能互为备用，即市电电源故障停电经过延时确认以后，发出自起动指令，如果第一台机组连续三次自起动失败，应发出报警信号并自动起动第二台柴油发电机组。

二、EPS 和 UPS 选择

蓄电池组有允许短时电源中断（小于 0.1～0.2s）的应急电源装置（EPS，Emergency Power Supply）和不间断电源装置（UPS，Uninterruptible Power Supply）两种。EPS 和 UPS 均是采用了 IGBT（Insulated Gate Bipolar Transistor，绝缘栅双极型晶体管）逆变技术和 PWM（Pulse Width Modulation）脉宽调制技术，但工作原理和特点完全不同。

1. UPS 和 EPS 工作原理比较

UPS 不论市电是否正常，它都一直由逆变器供电，即按照"市电输入——整流（充电）——

逆变——输出"的步骤进行,只有在逆变器故障或过载时,才改由静态旁路供电。

UPS 在当市电异常转换为电池供电或市电恢复正常后将负荷切换至市电的切换时间均为 10ms,能满足计算机、自控系统、数据处理系统等不能中断供电的场所。但 UPS 在市电正常时也工作,故寿命较短,一般为 8 年左右。UPS 价格较高,一般为同容量 EPS 的 1.5 倍。UPS 对环境要求较高,只能放在计算机房或空调房间。

EPS 当市电正常时,市电直接对负荷供电,同时充电器对电池充电。只有当控制系统检测到市电停电或市电电压过低时,由电池组向逆变器提供直流电,逆变器将电池组供给的直流电转换成交流电向负荷供电。

EPS 可以作为一种可靠的绿色应急供电电源,尤其适用于没有第二路电源,又不便于使用柴油发电机组的场合作为消防电源,既可以采用类同于柴油发电机组的配电方案,也适用于局部重要场合作为末端应急备用电源。

2. UPS 的选择

(1)UPS 给计算机供电时,单台 UPS 的输出功率应大于计算机各设备功率总和的 1.5 倍。对其他用电设备供电时,为最大计算负荷的 1.3 倍。

(2)负荷的最大冲击电流不应大于 UPS 额定电流的 1.5 倍。

(3)为保证用电设备按操作顺序进行停机,其蓄电池的额定放电时间可按停机所需最长时间来确定,一般可取 8~15min。

(4)当有备用电源时,为保证用电设备供电连续性,其蓄电池的额定放电时间按等待备用电源投入考虑,一般可取 10~30min。设有应急发电机时,UPS 应急供电时间可以短一些。

(5)如有特殊要求,其蓄电池额定放电时间应根据负荷特性来确定。

3. EPS 的选择

应急电源(EPS)的应急切换时间为 0.1~0.25s,应急供电时间一般为 60、90、120min 三种规格,还可根据用户需要选择更长的时间。选择 EPS 容量必须同时满足以下条件:

(1)作为末端应急备用电源与卷帘门相连时,EPS 的容量选型要求如下:

①EPS 容量不小于同时起动的卷帘门电机总和的 3 倍;

②由于卷帘门的动作用电量很少,所以若仅带卷帘门时,其他电池配置可相应减少,一般可选 EPS 供电时间大于 20min。

(2)作为末端应急备用电源与电梯相连时,EPS 容量等于电梯总容量。

(3)作为末端应急备用电源与水泵(风机)相连时,EPS 容量选型要求如下:

①直接起动风机、水泵时,EPS 的容量应为同时工作的风机、水泵容量的 5 倍以上。

②若风机、水泵为变频起动,则 EPS 的容量为同时工作的风机、水泵容量的总和。

③若风机、水泵为 Y-△减压起动,则 EPS 的容量为同时工作的风机、水泵容量的 3 倍以上。

④当水泵、风机的功率较大时,建议采用可直接变频起动的 EPS。

(4)EPS 输入电源线(充电线)按照 EPS 标称容量的 10% 计算。

(5)选用的 EPS 容量必须同时满足:大于负荷中最大单台直接起动的电动机容量 7 倍以上,且所供负荷中同时工作的负荷容量总和与 EPS 容量总和之比为 1:1。

第七节 建筑供配电工程负荷计算实例

在进行建筑供配电系统施工图设计时,变(配)电所计算负荷的确定,一般采用逐级计算法由用电设备末端处逐步向电源进线侧计算。各级计算点的选取,一般为各级配电箱(屏)的出线和进线、变(配)电所低压出线、变压器低压母线、高压进线等处。确定变(配)电所的计算负荷时,应计入较长配电干线的功率损耗以及变压器的功率损耗,并且取无功功率补偿后的负荷进行计算。

【例4-9】 某高层商业建筑,每层建筑面积6 000m²,共16层。其中一般照明(光源为荧光灯)容量640kW,应急照明(兼作一般照明,光源为白炽灯)容量为56kW;垂直消防电梯(交流,兼作普通客梯)8台,每台15kW;扶梯(交流)30台,每台7.5kW;冷冻机3台,每台248kW;防排烟风机10台,每台15kW;通风机12台,每台11kW;消防泵2台(一用一备),每台37kW;喷淋泵2台(一用一备),每台22kW;生活水泵2台(一用一备),每台22kW。若欲将整个建筑低压系统的功率因数提高到0.92以上,试求该建筑总的计算负荷。

解:本工程为二类高层建筑,除普通照明为三级负荷外,均为二级负荷。根据用电负荷的使用性质和功能进行分组,并列出负荷计算表如表4-13所示。

例4-9 负荷计算表　　　　　　表4-13

负荷类型及分级		设备	台数	单台容量	运行容量	K_d	$\cos\varphi$	$\tan\varphi$	P_c (kW)	Q_c (kvar)	S_c (kVA)
消防负荷	二级	消防电梯	8	15	120	1	0.7	1.02	120	122.4	
	二级	防排烟风机	10	15	150	1	0.8	0.75	150	112.5	
	二级	消防泵	2/一用一备	37	37	1	0.8	0.75	37	27.75	
	二级	喷淋泵	2/一用一备	22	22	1	0.8	0.75	22	16.5	
	二级	应急照明		56	56	1	1	0	56	0	
消防负荷合计									385	279.15	475.55
非消防负荷	三级	一般照明		640	640	0.9	0.9	0.48	576	276.48	
	二级	扶梯	30	7.5	225	0.8	0.7	1.02	180	183.6	
	二级	冷冻机	3	248	744	0.7	0.8	0.75	520.8	390.6	
	二级	通风机	12	11	132	0.6	0.8	0.75	79.2	59.4	
	二级	生活水泵	2/一用一备	22	22	1	0.8	0.75	22	16.5	
非消防负荷合计									1 378	926.58	
平时工作消防负荷	二级	消防电梯							120	122.4	
	三级	应急照明							56	0	
平时运行总负荷	总计					0.82	0.7		1 554	1 048.98	1 874.9 > 475.55
	其中二级负荷					0.77	0.83		922	722.5	1 208.8

取同时系数 $K_{\Sigma p}=K_{\Sigma q}=0.9$

续上表

负荷类型及分级		设备	台数	单台容量	运行容量	K_d	$\cos\varphi$	$\tan\varphi$	P_c (kW)	Q_c (kvar)	S_c (kVA)
低压母线	总负荷						0.83	0.68	1 398.6	944.1	1 687.58
	其中二级负荷						0.79	0.78	829.8	650.3	1 054.3
低压无功补偿	总负荷									349.7	
	其中二级负荷									290.4	
实际对于总负荷选择电容器30kvar12个,补偿容量360kvar,二级负荷选择电容器30kvar10个,补偿容量300kvar												
补偿后	总负荷						0.92	0.43	1 398.6	584.1	1 515.9
	其中二级负荷						0.92	0.43	829.8	350.3	900.7
变压器损耗									15.16	75.8	
高压侧计算负荷							0.91		1 413.76	659.9	1560.1
变压器选择		选择两台 SCB9-1000kVA 干式变压器,单台容量大于全部二级负荷 900.7kVA,负荷率为β=78%。										

思考与练习题

4-1 什么是计算负荷?负荷计算有何意义?

4-2 什么情况下设备的额定功率与其设备功率相等?

4-3 设备容量怎样确定?

4-4 台数少于3的设备需要系数如何选取?

4-5 什么是需要系数?需要系数法求负荷计算的方法步骤有哪些?

4-6 已知小型冷加工机床车间0.38kV系统,拥有设备如下:

(1)机床35台总计98kW

(2)通风机4台总计5kW

(3)电炉4台总计10kW

(4)行车2台总计10kW

(5)电焊机3台总计17.5kVA(暂载率65%)

试采用需要系数法求(1)每组设备的计算负荷;(2)有功功率同时系数和无功功率同时系数分别为0.9和0.95时,求车间总的计算负荷。

4-7 某线路上装有单相220V电热干燥箱40kW2台,20kW2台,电加热器20kW1台,及单相380V自动焊接机(暂载率为65%)46kW3台,51kW2台,32kW 1台,试采用需要系数法进行负荷计算。

4-8 某住宅楼有住户120户,每户4kW,整个建筑用低压0.38kV线路供电,且三相负荷均匀分配,求该建筑的计算负荷。

4-9 某七层住宅楼有两个单元,每单元均为一梯两户,每户容量按6kW计,供电负荷分配如下,第一单元:L1 供 1、2、3 层,L2 供 4、5 层;L3 供 6、7 层。第二单元:L2 供 1、2、3 层,L3 供 4、5 层,L1 供 6、7 层。求此住宅的计算负荷。

4-10 已知室外一条三相照明线路上采用 380V、400W 的高压钠灯,L1、L2 两相间接有 45 盏,L2、L3 间接有 44 盏,L3、L1 间接有 46 盏。试用需要系数法计算这条照明线路上的等效三相计算负荷。

4-11 功率因数降低对供配电系统的影响有哪些?如何改善?

4-12 某厂拟建一降压变电所,装设一台 10kV/0.4kV 的低损耗变压器。已求出变电所低压侧有功计算负荷为 540kW,无功计算负荷为 730kvar。遵照规定,其低压侧功率因数不得低于 0.92,试问此变电所需在低压侧补偿多少无功功率?

4-13 建筑供配电系统中的功率损耗有哪些?各是如何引起的?

4-14 某厂设有 3 个车间,其中 1 号车间:工艺设备容量 250kW、空调及通风设备容量 78kW、车间照明 40kW 共计设备容量 418kW;2 号车间:共计设备容量 736kW;3 号车间:共计设备容量 434kW。采用需要系数法进行全厂负荷计算并为该厂变电所选择供电变压器台数和容量。结果以负荷计算书的形式给出。

短路电流及其计算

为保证电力系统安全、可靠运行,在电力系统设计和运行分析中,不仅要考虑系统在正常状态下的运行情况,还应考虑系统发生故障时的运行情况及故障产生的后果等。电力系统短路是各种系统故障中发生概率最高、对系统危害最为严重的一种。本章主要介绍电力系统短路的基本概念及相关计算方法。

第一节 短路概述

所谓"短路",是指电力系统中正常情况以外的一切相与相之间或相与地(或中性点)之间的非正常连接情况。而在正常运行时,除中性点外,相与相或相与地之间是相互绝缘的。

一、短路的原因及其后果

发生短路的原因主要有下列几种:

(1)电气设备载流部分的绝缘损坏。例如:由于设备长期运行,绝缘自然老化或由于设备本身质量问题,绝缘强度不够而被正常电压击穿,或设备质量合格、绝缘合乎要求而被过电压击穿,或是设备绝缘受到外力损伤而造成短路。

(2)运行人员违反安全规程的误操作。如带负荷拉隔离刀闸、设备检修后遗忘拆除临时接地线而误合刀闸或误将低压设备接入较高电压的电路中等均会造成短路。

(3)电气设备因设计、安装及维护不良所导致的设备缺陷引发的短路。

(4)鸟兽跨接在裸露的载流部分以及风、雪、雹等自然灾害也会造成短路。

发生短路时,由于供电回路的阻抗减小以及突然短路时的暂态过程,使短路点及其附近设备中流过的短路电流值大大增加,可能超过该回路额定电流许多倍,电力系统中的短路电流可达数十千安甚至更高。短路点距发电机的电气距离愈近(即阻抗愈小),短路电流愈大。强大的短路电流将对电气设备和电力系统的正常运行产生很大的危害。主要体现在以下几个方面:

(1)短路电流的热效应会使设备发热急剧增加,可能导致设备过热而损坏甚至烧毁。

(2)短路电流将在电气设备的导体间产生很大的电动力,可引起设备机械变形、扭曲甚至损坏。

(3)由于短路电流基本上是电感性电流,它将在发电机中产生较强的去磁性电枢反应,从而使发电机的端电压下降,同时短路电流流过线路、电抗器等时还使其电压损失增加,造成系统电压大幅度下降,短路点附近电压下降得最多,严重影响电气设备的正常工作。

(4)严重的短路可破坏系统的稳定性,甚至导致并列运行的发电厂失去同步而解列,造成大面积的停电,这是短路所导致的最严重的后果。

(5)不对称短路将产生负序电流和负序电压而危及机组的安全运行,如汽轮发电机长期允许的负序电压一般不超过额定电压的 $8\%\sim10\%$,异步电动机长期允许的负序电压一般不超过额定电压的 $2\%\sim5\%$。

(6)不对称短路产生的不平衡磁场,会对附近的通讯系统及弱电设备产生电磁干扰,影响其正常工作,甚至危及设备和人身安全。

二、短路的类型

在三相系统中,可能发生的短路有:三相短路($k^{(3)}$)、两相短路($k^{(2)}$)、两相接地短路($k^{(1,1)}$)及单相接地短路($k^{(1)}$)。三相短路时,由于被短路的三相阻抗相等,因此三相电流和电压仍是对称的,又称为对称短路。其余几种类型的短路,因系统的三相对称结构遭到破坏,网络中三相电压、电流不再对称,故称为不对称短路。短路的类型如图5-1所示。

图 5-1 三相短路的种类

各种类型短路事故所占的比例,与电压等级、中性点接地方式等有关。具体而言,在中性点接地的高压和超高压电力系统中,以单相接地(短路)所占的比例最高,约占全部短路故障的 90%,其余是各种相间短路故障。表 5-1 为我国某 220kV 电力系统多年间短路故障的统计数据。

某 220kV 中性点直接接地电力系统短路故障数据　　　　表 5-1

短路种类	三相短路	两相短路	两相接地短路	单相接地短路	其他
故障率	2.0%	1.6%	6.1%	87.0%	3.3%
备注					包括断线等

在电压较低的输配电网络中，单相短路约占 65%，两相接地短路约占 20%，两相短路约占 10%，三相短路仅占 5% 左右。

三、短路计算的目的和简化假设

为了减少短路故障对电力系统的危害，一方面必须采取限制短路电流的措施，如在线路上装设电抗器；另一方面是将发生短路的部分与系统其他部分迅速隔离开来，使无故障部分恢复正常运行。这都离不开对短路故障的分析和短路电流的计算。概括来说，短路电流的计算有以下目的：

(1) 计算短路电流和短路冲击电流，为选择和校验各种电气设备的机械（动）稳定性和热稳定性提供依据。

(2) 为设计和选择发电厂和变电站的电气主接线提供必要的数据，如比较各种接线方案，或确定某一接线是否需要采取限制短路电流的措施，设计屋外高压配电装置时校验软导线的相间和相对地的安全距离等。

(3) 为合理配置电力系统中各种继电保护和自动装置并正确整定其参数提供可靠的依据。根据实际情况，应考虑系统的最大运行方式和最小运行方式下的短路计算结果。最大运行方式是指在各种运行方式中，投入运行的电源容量最大，系统的等值阻抗最小，发生故障时短路电流最大。最小运行方式是指系统投入运行的电源容量最小，系统的等值阻抗最大，发生故障时短路电流最小。比如在一个有 4 台发电机的电厂一般规定最大运行方式是 4 台发电机都运行，有两台主变的中性点直接接地，最小运行方式规定为两台发电机运行，另两台停运，有一台主变的中性点接地。如果是变电站，最大运行方式是所有负荷和变压器都正常运行，220kV、110kV 的双母线并列运行，最小运行方式一般规定为每条母线上只有一进、一出两个设备运行。

在实际短路计算中，为了简化计算工作，通常采用一些简化假设，其中主要包括：

(1) 负荷用恒定电抗表示或者忽略不计；

(2) 认为系统中各元件参数恒定，在高压网络中不计元件电阻和导纳，即各元件均用纯电抗表示，并认为系统中各发电机的电势同相位，从而避免了复数运算；

(3) 系统除去不对称故障时出现局部不对称外，其余部分均是三相对称的。

实际上，采用上述简化假设所带来的计算误差，一般仍在工程计算的允许范围之内。

四、无穷大功率电源及其特征

无穷大功率电源是指供电容量相对于用户供电系统容量大得多的电力系统。

从理论上讲，系统容量趋于无穷大，即 $S_s \to \infty$，系统阻抗趋于零，即 $Z_s \to 0$，发生短路时，系统母线前端无电压降落，系统母线电压能在短路时保持不变，即 $U_s = $ 常数。

实际上,系统再庞大,容量也总是有限的,系统阻抗再小也不会为零,但工程上却可以通过某些技术措施实现在短路发生时能保持系统母线电压不变。

无穷大功率电源特征为:当用户供电系统的负荷变动甚至发生短路时,电力系统变电所馈电母线上的电压能基本保持不变。

如果电力系统的电源总阻抗不超过短路电路总阻抗的 5%~10%,或者电力系统容量超过用户供电系统容量的 50 倍时,可将电力系统视为无穷大功率电源。

对一般供电系统而言,其容量远比电力系统总容量小,而阻抗又较电力系统大得多,因此供电系统内发生短路时,电力系统变电所馈电母线上的电压几乎维持不变,也就是说可将电力系统视为无穷大功率的电源。

五、系统的短路容量

所谓系统的短路容量是指系统母线上的短路容量,即发生三相短路时该母线电压与短路电流的乘积,表征了系统供电能力的强弱。此处的母线一般为系统枢纽变电站的高压母线。

由于供电部门通常只向用户或设计单位提供上一级变电站引出母线的短路容量数据,在取得系统短路容量有困难时,用户可采用向上一级变电站引出母线的短路容量值作为系统短路容量,若仍无法获得向上一级变电站引出母线的短路容量,可将电源线路出线断路器的断流容量作为系统的短路容量进行短路电流计算。

值得一提的是,用上述的方法近似后,短路电流的计算误差是正的,即计算误差结果偏大,是偏于安全的。随着系统容量的自然增大,这一误差会逐渐自动消失。

第二节 三相短路的过渡过程及其相关物理量

一、三相短路时的物理过程

图 5-2a)是一个无穷大功率电源供电的三相系统电路图。图中 R_{WL}、X_{WL} 为线路(WL)的每相电阻和电抗,R_L、X_L 为负荷(L)的每相电阻和电抗。因三相系统对称,这一三相电路可用图 5-2b)所示的等效单相电路来表示。

a)三相电路图　　　　　　　　b)等效单相电路图

图 5-2　无穷大功率电源供电的三相供电系统

系统正常运行时,处于稳态。电路中的电流取决于电源电压和电路中所有元件包括负荷在内的所有阻抗。电压和电流分别为

$$\left.\begin{array}{l}u = U_m \sin(\omega t + \alpha) \\ i = I_m \sin(\omega t + \alpha - \varphi)\end{array}\right\} \quad (5\text{-}1)$$

式中,U_m、I_m 分别为短路前系统电压幅值(V)和负荷电流幅值(A);α、φ 分别为电源电压的初

相角和短路前负荷的阻抗角。

图 5-3a)是无穷大功率电源系统发生三相短路的电路图。由于三相对称短路,可以用图 5-3b)所示的等效单相电路来进行分析和研究。

图 5-3 无穷大功率电源系统发生三相短路的电路图

当发生三相短路时,负荷阻抗和部分线路阻抗被短路,电路电流根据欧姆定律要突然增大。但是由于电路中存在着电感,电流不能突变,因而会引起一个过渡过程,即短路暂态过程,最后短路电流才达到一个新的稳定状态。图 5-3b)所示的电路可列出如下方程

$$Ri_k + L\frac{di_k}{dt} = u \tag{5-2}$$

这是一阶常系数线性非齐次微分方程,其解即为短路时的全电流,由两部分组成,第一部分是方程(5-2)的特解,代表短路电流的强制分量;第二部分是方程(5-2)所对应的齐次方程 $Ri_k + L\frac{di_k}{dt} = 0$ 的通解,代表短路电流的自由分量。

解微分方程(5-2)得:

$$i_k = \frac{U_m}{Z}\sin(\omega t + \alpha - \varphi_k) + Ce^{-\frac{t}{\tau}} = I_{pm}\sin(\omega t + \alpha - \varphi_k) + Ce^{-\frac{t}{\tau}} = i_p + i_{np} \tag{5-3}$$

式中,I_{pm} 为短路电流周期分量的幅值;Z 为短路回路每相阻抗 $Z = R + jX$ 的模;α 为电源电势的初始相角,也称为合闸角;φ_k 为短路电流与电源电压相位之间的相位角,也即短路时每相阻抗 $R + j\omega X$ 的阻抗角,$\varphi_k = \arctan\frac{\omega L}{R}$。$C$ 为积分常数,由初始条件决定,即非周期分量的初值 i_{np0};τ 为短路回路的时间常数,它反映自由分量衰减的快慢,$\tau = \frac{L}{R}$。i_p 为短路电流的强制分量,是由于电源电势的作用产生的,与电源电势具有相同的变化规律,其幅值在暂态过程中保持不变,由于此分量是周期变化的,故又称为周期分量。i_{np} 为短路电流的自由分量,与外加电源无关,将随着时间而衰减至零,它是一个依指数规律而衰减的直流电流,通常称为非周期分量。

由于系统阻抗主要为感性,而电感中的电流不能突变,则短路前一瞬间的电流应与短路后一瞬间的电流相等。由式(5-1)和(5-3)可得

$$I_m\sin(\alpha - \varphi) = I_{pm}\sin(\alpha - \varphi_k) + C \tag{5-4}$$

则 $C = I_m\sin(\alpha - \varphi) - I_{pm}\sin(\alpha - \varphi_k) = i_{np0}$,将 C 代入式(5-3),则得

$$i_k = I_{pm}\sin(\omega t + \alpha - \varphi_k) + [I_m\sin(\alpha - \varphi) - I_{pm}\sin(\alpha - \varphi_k)]e^{-\frac{t}{\tau}} \tag{5-5}$$

由于三相电路对称,若式(5-5)为 U 相电流表达式,只要用 $\alpha - 120°$ 和 $\alpha + 120°$ 代替式(5-5)中的 α 就可分别得到 V 相和 W 相电流表达式。即三相短路电流表达式如公式(5-6):

$$\left.\begin{array}{l}i_u = I_{pm}\sin(\omega t+\alpha-\varphi_k)+[I_m\sin(\alpha-\varphi)-I_{pm}\sin(\alpha-\varphi_k)]e^{-\frac{t}{\tau}}\\i_v = I_{pm}\sin(\omega t+\alpha-120°-\varphi_k)+[I_m\sin(\alpha-120°-\varphi)-I_{pm}\sin(\alpha-120°-\varphi_k)]e^{-\frac{t}{\tau}}\\i_w = I_{pm}\sin(\omega t+\alpha+120°-\varphi_k)+[I_m\sin(\alpha+120°-\varphi)-I_{pm}\sin(\alpha+120°-\varphi_k)]e^{-\frac{t}{\tau}}\end{array}\right\}$$
(5-6)

由此可见，短路至稳态时，三相中的稳态短路电流为三个幅值相等、相角相差120°的交流电流，其幅值大小取决于电源电压幅值和短路回路的总阻抗。从短路发生到短路稳态之间的暂态过程中，每相电流还包含有逐渐衰减的直流电流，它们出现的物理原因是电感中电流在突然短路瞬时的前后不能突变。很明显，三相的直流电流是不相等的。

在短路回路中，通常电抗远大于电阻，即$\omega L \gg R$，可认为$\varphi_k \approx 90°$，故

$$i_k = -I_{pm}\cos(\omega t+\alpha)+[I_m\sin(\alpha-\varphi)+I_{pm}\cos\alpha]e^{-\frac{t}{\tau}} \quad (5-7)$$

由式(5-7)可知，当非周期分量电流的初始值最大时，短路全电流的瞬时值为最大，短路情况最严重，短路电流的非周期分量是由磁链守恒定理（即电感中的电流不能突变）决定的。短路前后的电流变化愈大，非周期分量的初值就愈大，所以电路在空载状态下发生三相短路时的非周期分量初始值要比短路前有负载电流时大。因此在短路电流的实用计算中可取$I_m=0$，而且短路瞬间电源电压过零值，即初始相角$\alpha=0$，因此

$$i_k = -I_{pm}\cos\omega t + I_{pm}e^{-\frac{t}{\tau}} \quad (5-8)$$

无穷大功率电源供电系统发生三相短路时产生最大短路电流的变化曲线如图5-4所示。

图5-4 无穷大功率电源供电系统三相短路时短路电流的变化曲线

应当指出，三相短路虽然称为对称短路，但实际上只有短路电流的周期分量才是对称的，而各相短路电流的非周期分量并不相等。

二、短路相关物理量

1. 短路电流的周期分量

设在电压$u=0$时发生三相短路，如图5-4所示。短路电流周期分量为

$$i_p = I_{pm}\sin(\omega t - \varphi_k) \quad (5-9)$$

式中,短路电流周期分量幅值 $I_{pm}=\dfrac{U_m}{\sqrt{3}Z_\Sigma}$;短路总阻抗 $Z_\Sigma=\sqrt{R_\Sigma^2+X_\Sigma^2}$;短路电路的阻抗角 $\varphi_k=\arctan\dfrac{\omega L_\Sigma}{R_\Sigma}$。由于短路电路存在 $X_\Sigma\gg R_\Sigma$,因此 $\varphi_k=90°$,故短路瞬间(t=0 时)的短路电流周期分量为

$$i_{p(0)}=-I_{pm}=-\sqrt{2}I'' \tag{5-10}$$

式中,I'' 为短路次暂态电流有效值,即短路后第一个周期的短路电流周期分量 i_p 的有效值(kA)。

2. 短路电流的非周期分量

因短路电路存在电感,因此在短路瞬间,电感上要感应一个电动势,以维持短路初瞬间($t=0$ 时)电路内的电流和磁链不致突变。电感的感应电动势所产生的与初瞬间短路电流周期分量反向的这一电流,即为短路电流非周期分量。

短路电流非周期分量的初始绝对值为

$$i_{np}=(I_{pm}\sin\varphi_k-I_m\sin\varphi)e^{-\frac{t}{\tau}} \tag{5-11}$$

因 $\varphi_k\approx 90°$,$\sin\varphi_k\approx 1$,$I_{pm}\gg I_m\sin\varphi$,因此有

$$i_{np}=I_{pm}e^{-\frac{t}{\tau}}=\sqrt{2}I''e^{-\frac{t}{\tau}} \tag{5-12}$$

可见,短路电路电阻的存在,使短路电流非周期分量要逐渐衰减,电路内的电阻越大,电感越小,则衰减越快。

3. 短路全电流

短路电流周期分量 i_p 与非周期分量 i_{np} 之和称为短路全电流 i_k,即

$$i_k=i_p+i_{np} \tag{5-13}$$

如果某一瞬时 t 的短路全电流有效值用 $I_{k(t)}$ 表示,它是以时间 t 为中点的一个周期内的 i_p 有效值 $I_{p(t)}$ 与 i_{np} 在 t 的瞬时值 $i_{np(t)}$ 的均方根,即

$$I_{k(t)}=\sqrt{I_{p(t)}^2+i_{np(t)}^2} \tag{5-14}$$

4. 短路冲击电流

短路冲击电流是指短路全电流中的最大瞬时值。从图 5-4 所示短路全电流 i_k 的曲线可以看出,短路后经过半个周期(即为 0.01s),i_k 达到最大值,此时的短路全电流即短路冲击电流 i_{sh},可由式(5-15)计算:

$$i_{sh}=i_{p(0.01)}+i_{np(0.01)}\approx\sqrt{2}I''(1+e^{-\frac{0.01}{\tau}})=\sqrt{2}K_{sh}I'' \tag{5-15}$$

式中,K_{sh} 为短路电流冲击系数,其值为

$$K_{sh}=1+e^{-\frac{0.01}{\tau}}=1+e^{-\frac{0.01R_\Sigma}{L_\Sigma}} \tag{5-16}$$

由式(5-16)可知,当 $R_\Sigma\to 0$,$K_{sh}\to 2$;当 $L_\Sigma\to 0$ 时,$K_{sh}\to 1$,所以 $1\leqslant K_{sh}\leqslant 2$。

5. 短路全电流的有效值

定义短路全电流 i_k 的最大有效值是短路后第一个周期的短路电流有效值,用 I_{sh} 表示,也可称为短路冲击电流有效值,其表达式为

$$I_{sh}=\sqrt{i_{p(0.01)}^2+i_{np(0.01)}^2}\approx\sqrt{I''^2+(\sqrt{2}I''e^{-\frac{0.01}{\tau}})^2}=\sqrt{1+2(K_{sh}-1)^2}I'' \tag{5-17}$$

在高压电路发生短路时,一般取 $K_{sh}=1.8$,则有

$$i_{sh} = 2.55I'' \tag{5-18}$$
$$I_{sh} = 1.51I'' \tag{5-19}$$

在 1 000kVA 及以下的电力变压器二次侧及低压电路中发生三相短路时,一般取 $K_{sh}=1.3$,则有

$$i_{sh} = 1.84I'' \tag{5-20}$$
$$I_{sh} = 1.09I'' \tag{5-21}$$

6. 短路稳态电流

短路稳态电流指短路电流非周期分量衰减完毕之后的短路全电流,其有效值用 I_∞ 表示。

在无穷大功率电源供电系统中,系统母线电压是不变的,所以其短路电流周期分量有效值(一般用 I_k 表示)在短路全过程中维持不变,即

$$I'' = I_\infty = I_k \tag{5-22}$$

7. 短路容量

短路点的短路容量是短路点所在网络的平均额定电压与短路电流稳态值的乘积,例如三相短路容量为

$$S_k^{(3)} = \sqrt{3}U_{av}I_k^{(3)} \tag{5-23}$$

第三节 短路电流的计算

按短路的对称特性来分,三相短路属于对称性短路,而其他形式的短路均为不对称短路。电力系统中,发生单相短路的可能性最大,而发生三相短路的可能性最小。但一般情况下特别是远离电源(发电机)的供电系统中,三相短路的短路电流最大,因此造成的危害也最为严重。为了使电力系统中的电气设备在最严格的短路状态下也能可靠地工作,在作为选择和校验电气设备用的短路计算中,应以三相短路计算为主。实际上,不对称短路也可以按对称分量法将不对称的短路电流分解为三相对称的正序、负序、零序分量,其中正序分量彼此大小相等,相位按顺时针方向依次相差 120°;负序分量彼此也大小相等,相位按逆时针方向依次相差 120°;零序分量的大小相等,相位相同,然后按对称分量来分析和计算。所以对称三相短路分析计算也是不对称短路分析和计算的基础。

一、元件的正序阻抗

正序阻抗是指元件通过一个正序电流 $\dot{I}_1$,在其上产生正序压降 $\dot{U}_1$,则元件的正序阻抗是正序压降与正序电流的比值,即 $Z_1 = \dfrac{\dot{U}_1}{\dot{I}_1}$。

在计算三相短路电流时所用的阻抗称为正序阻抗,正序阻抗就是各元件在对称工作时的阻抗值。

在无穷大功率电源供电系统中发生三相短路时,其三相短路电流周期分量有效值按式(5-24)计算

$$I_k^{(3)} = \frac{U_{av}}{\sqrt{3}|Z_\Sigma|} = \frac{U_{av}}{\sqrt{3}\sqrt{R_\Sigma^2 + X_\Sigma^2}} \tag{5-24}$$

式中，$|Z_\Sigma|$、R_Σ、X_Σ 为短路电路的总阻抗的模、总电阻和总电抗值(Ω)；U_{av} 为短路点的短路计算电压(即平均额定电压,kV)。按我国电压标准，U_{av} 主要有 0.4、0.69、3.15、6.3、10.5、37、69、115kV 等，即为相应电力线路额定电压的 1.05 倍。

在高压电路的短路计算中，通常 $X_\Sigma \gg R_\Sigma$，所以一般忽略电阻。在计算低压侧短路时，也只有当 $R_\Sigma > X_\Sigma/3$ 时才需计入电阻。

如果不计电阻，则三相短路电流周期分量的有效值为

$$I_k^{(3)} = \frac{U_{av}}{\sqrt{3}X_\Sigma} \quad (kA) \tag{5-25}$$

由式(5-25)可见，求三相短路电流周期分量有效值的关键是要求出短路回路总电抗值。在电力系统中，母线、线圈型电流互感器一次绕组、低压断路器过电流脱扣器线圈等阻抗及开关触头的接触电阻，相对来说较小，在一般短路计算中都可以忽略不计，而只考虑电力系统(电源)、电力变压器和电力线路的阻抗计算。在略去上述阻抗后，计算所得的短路电流会略比实际值偏大，但用略有偏大的短路电流来选择和校验电气设备，却可以使其运行的安全性更有保证。下面介绍供电系统中主要元件的阻抗计算。

1. 电力系统的阻抗

电力系统中的电阻相对于电抗来说很小，一般不予考虑。电力系统的电抗，可用电力系统变电所馈电线出口断路器的短路容量 S_{oc}(MVA)来估算。将 S_{oc} 看做是电力系统的极限短路容量 S_k，则电力系统的电抗为

$$X_s = \frac{U_{av}^2}{S_{oc}} \tag{5-26}$$

为了便于短路回路总阻抗的计算，免去阻抗换算的麻烦，上式中的 U_{av} 可直接采用短路点的短路计算电压；S_{oc} 为系统出口断路器的断流容量，可查有关手册或产品样本。如果只有断路器的开断电流 I_{oc} 数据，则其断流容量 $S_{oc} = \sqrt{3}I_{oc}U_N$，$U_N$ 为断路器的额定电压(kV)。

2. 电力变压器的阻抗计算

1) 电力变压器的电阻

电力变压器的电阻 R_T 可由变压器的短路损耗近似地计算，因为

$$\Delta P_k \approx 3I_N^2 R_T = 3\left(\frac{S_N}{\sqrt{3}U_{av}}\right)^2 R_T = \left(\frac{S_N}{U_{av}}\right)^2 R_T \tag{5-27}$$

则有

$$R_T = \Delta P_k \left(\frac{U_{av}}{S_N}\right)^2 \tag{5-28}$$

式中，S_N 为变压器的额定容量(kVA)；ΔP_k 为变压器的短路损耗(亦称负荷损耗)(kW)，可查阅有关产品手册。

2) 电力变压器的电抗

电力变压器的电抗 X_T 可由变压器的短路电压 $U_k\%$ 近似算得。因为

$$U_k\% \approx \frac{\sqrt{3}I_N X_T}{U_{av}} \times 100\% \approx \frac{S_N X_T}{U_{av}^2} \times 100\% \tag{5-29}$$

则有

$$X_T \approx \frac{U_k\%}{100} \times \frac{U_{av}^2}{S_N} \tag{5-30}$$

式中,$U_k\%$为变压器的短路电压(或称阻抗电压)百分值,可查阅有关产品手册。

3. 电力线路的阻抗计算

1)电力线路的电阻

电力线路的电阻 R_{WL} 可用导线或电缆的单位长度电阻 r_0 值求得,即

$$R_{WL} = r_0 l \tag{5-31}$$

式中,r_0 为导线或电缆单位长度电阻(Ω/km),可查阅有关产品手册;l 为线路长度(km)。

2)电力线路的电抗

电力线路的电抗 X_{WL} 可用导线或电缆的单位长度电抗 x_0 值求得,即

$$X_{WL} = x_0 l \tag{5-32}$$

式中,x_0 为导线或电缆单位长度电抗(Ω/km),可查阅有关产品手册;l 为线路长度(km)。

如果线路的结构数据不详时,x_0 可按表 5-2 取其电抗平均值。

电力线路每相的单位长度电抗平均值(Ω/km)　　　　　　表 5-2

线路结构	线 路 电 压		
	35kV 及以上	6~10kV	220/380V
架空线路	0.40	0.35	0.32
电缆线路	0.12	0.08	0.066

4. 电抗器的电抗

电抗器在电路系统中的作用是限制短路电流以及提高短路后母线上的残压。在产品样本中可查得电抗器的额定电压 U_{NK}(kV)、额定电流 I_{NK}(kA)和电抗额定相对值的百分数($X_K\%$),电抗器的电抗 X_K 可由式(5-33)计算

$$X_K = \frac{X_K\%}{100} \times \frac{U_{NK}}{\sqrt{3}I_{NK}} \tag{5-33}$$

需要注意的是,当安装电抗器的电路电压和电抗器的额定电压不相等时,如 10kV 的电抗器用在 6kV 的电路中,电抗器的电抗值还须进行折算。

二、三相短路电流计算

三相短路电流的计算方法,常用的有欧姆法(有名单位制法)和标幺制法(又称相对单位制法)。

短路计算中的物理量一般采用以下单位:电压——千伏(kV);电流——千安(kA);短路容量(短路功率)和断流容量(断流功率)——兆伏安(MVA);设备容量——千瓦(kW)或千伏安(kVA);电阻、电抗和阻抗——欧姆(Ω)。

1. 欧姆法

欧姆法因其短路计算中的阻抗都采用有名单位"欧姆"而得名,亦称"有名单位制法"。

在无穷大功率电源供电系统中发生三相短路时,其三相短路电流周期分量的有效值可按

式(5-24)计算。在高压电路中,或者低压电路中短路电路的 $R_\Sigma \leqslant X_\Sigma/3$ 时,可以只计电抗,此时三相短路电流周期分量的有效值按式(5-25)计算。三相短路容量按式(5-23)计算。

欧姆法进行短路电流计算的步骤为:

(1)绘出计算电路图,将短路计算中各元件的额定参数都表示出来,并将各元件依次编号;确定短路计算点,短路计算点应选择在可能产生最大短路电流的地方。一般来说,高压侧选在高压母线位置,低压侧选在低压母线位置;系统中装有限流电抗器时,应选在电抗器之后。

(2)按所选择的短路计算点绘出等效电路图,在图上将短路电流所流经的主要元件标示出来,并标明其序号。

(3)计算电路中各主要元件的阻抗,并将计算结果标于等效电路元件序号下面分母的位置。

(4)将等效电路化简,求系统总阻抗。对于供电系统来说,由于将电力系统当做无限大容量电源,而且短路电路也比较简单,因此一般只需采用阻抗串、并联的方法即可将电路化简,求出其等效总阻抗。

(5)计算短路电流 $I_k^{(3)}$,然后分别求出其他短路电流参数,最后求出短路容量 $S_k^{(3)}$。

必须注意,在计算短路电路的阻抗时,假如电路内含有电力变压器,则电路内各元件的阻抗都应统一换算到短路点的短路计算电压中去。阻抗等效换算的条件是元件的功率损耗不变。

由 $\Delta P = \dfrac{U^2}{R}$ 和 $\Delta Q = \dfrac{U^2}{X}$ 可知,元件的阻抗值与电压平方成正比。因此阻抗换算的公式为:

$$R' = R\left(\dfrac{U'_{av}}{U_{av}}\right)^2 \tag{5-34}$$

$$X' = X\left(\dfrac{U'_{av}}{U_{av}}\right)^2 \tag{5-35}$$

式中,R、X、U_{av} 分别为换算前元件的电阻(Ω)、电抗(Ω)和元件所在短路点的短路计算电压(kV);R'、X'、U'_{av} 分别为换算后元件的电阻(Ω)、电抗(Ω)和短路点的短路计算电压(kV)。

就短路计算中所需的几个主要元件来说,实际上只有电力线路的阻抗有时需要按上述公式计算,例如计算低压侧短路电流时,高压侧的线路阻抗就需折算到低压侧。而电力系统和电力变压器的阻抗,计算公式中均含有 U_{av},因此计算其阻抗时,公式中的 U_{av} 均直接以短路点的短路计算电压代入,就相当于阻抗已经折算到短路点的那一侧了。

【例5-1】 某供电系统如图 5-5 所示。已知电力系统出口断路器的断流容量为 500MVA,试用欧姆法计算变电所 10kV 母线上 k-1 点短路和变压器低压 380V 母线上 k-2 点短路的三相短路电流和短路容量。

图 5-5 例 5-1、5-2 的短路计算电路图

解:(1) 求 k-1 点的三相短路电流和短路容量($U_{av1}=1.05U_N=1.05\times10=10.5\text{kV}$);
①计算短路电路中各元件的电抗及总电抗
电力系统电抗为:

$$X_1 = \frac{U_{av1}^2}{S_{oc}} = \frac{(10.5\text{kV})^2}{500\text{MVA}} = 0.22\Omega$$

架空线路电抗

$$X_2 = x_0 l = 0.38 \times 5 = 1.9\Omega$$

绘 k-1 点的短路等效电路图如图 5-6a)所示。其总电抗为:

$$X_{\Sigma'} = x_1 + x_2 = 0.22 + 1.9 = 2.12\Omega$$

a) k-1 点短路等效电路   b) k-2 点短路等效电路

图 5-6 例 5-1 的短路等效电路图

②计算 k-1 点的三相短路电流和短路容量
三相短路电流周期分量的有效值为:

$$I_{k-1}^{(3)} = \frac{U_{av1}}{\sqrt{3}X_{\Sigma'}} = \frac{10.5\text{kV}}{\sqrt{3}\times 2.12\Omega} = 2.86\text{kA}$$

三相次暂态短路电流及短路稳态电流为:

$$I''^{(3)}_{k-1} = I^{(3)}_{\infty k-1} = I^{(3)}_{k-1} = 2.86\text{kA}$$

三相短路冲击电流为:

$$i^{(3)}_{sh\,k-1} = 2.55 \times 2.86\text{kA} = 7.29\text{kA},$$
$$I^{(3)}_{sh\,k-1} = 1.51 \times 2.86\text{kA} = 4.32\text{kA}$$

三相短路容量为:

$$S^{(3)}_{k-1} = \sqrt{3} I^{(3)}_{k-1} U_{av1} = 1.732 \times 2.86\text{kA} \times 10.5\text{kV} = 52.0\text{MVA}$$

(2)求 k-2 点的短路电流和短路容量($U_{av2}=0.4\text{kV}$);
①计算短路电路中各元件的电抗及总电抗
电力系统电抗为

$$X'_1 = \frac{U_{av2}^2}{S_{oc}} = \frac{(0.4\text{kV})^2}{500\text{MVA}} = 3.2\times 10^{-4}\Omega$$

架空线路电抗为:

$$X'_2 = x_0 l_1 \left(\frac{U_{av2}}{U_{av1}}\right)^2 = 0.38 \times 5 \times \left(\frac{0.4}{10.5}\right)^2 = 2.76\times 10^{-3}\Omega$$

电缆线路电抗为:

$$X'_3 = x_{01} l_2 \left(\frac{U_{av2}}{U_{av1}}\right)^2 = 0.08 \times 0.5 \times \left(\frac{0.4}{10.5}\right)^2 = 5.8\times 10^{-5}\Omega$$

电力变压器电抗（$S_N = 1\,000\text{kVA} = 1\text{MVA}$）为：

$$X'_4 = U_k\% \times \frac{U_{av2}^2}{100 S_N} = 4.5 \times \frac{0.4^2}{100 \times 1} = 7.2 \times 10^{-3}\Omega$$

绘 k-2 点的短路等效电路图如图 5-6b)所示。其总电抗为：

$$\begin{aligned}X_{\Sigma^2} &= X'_1 + X'_2 + X'_3 + X'_4 \\ &= 3.2 \times 10^{-4} + 2.76 \times 10^{-3} + 5.8 \times 10^{-5} + 7.2 \times 10^{-3} \\ &= 0.010\,34\Omega\end{aligned}$$

②计算 k-2 点的三相短路电流和短路容量

三相短路电流周期分量的有效值为：

$$I_{k-2}^{(3)} = \frac{U_{av2}}{\sqrt{3}X_{\Sigma^2}} = \frac{0.4\text{kV}}{\sqrt{3} \times 0.010\,34\Omega} = 22.34\text{kA}$$

三相次暂态短路电流及短路稳态电流为：

$$I''^{(3)}_{k-2} = I^{(3)}_{\infty k-2} = I^{(3)}_{k-2} = 22.34\text{kA}$$

三相短路冲击电流为：

$$i^{(3)}_{shk-2} = 1.84 I^{(3)}_{k-2} = 1.84 \times 22.34\text{kA} = 41.11\text{kA},$$
$$I^{(3)}_{shk-2} = 1.09 I^{(3)}_{k-2} = 1.09 \times 22.34\text{kA} = 24.35\text{kA}$$

三相短路容量为：

$$S^{(3)}_{k-2} = \sqrt{3} I^{(3)}_{k-2} U_{av2} = 1.732 \times 22.34\text{kA} \times 0.4\text{kV} = 15.48\text{MVA}$$

2. 标幺值法

标幺值法，又称相对单位制法，因其短路计算中的有关物理量采用标幺值即相对单位而得名。

1) 标幺值的定义

标幺值 A_d^* 可定义为物理量的实际值(有名值)A 与所选定的基准值 A_d 之间的比值，即

$$A_d^* = \frac{A}{A_d} \tag{5-36}$$

由于相比的两个值具有相同的单位，因而标幺值没有单位。

在进行标幺值计算时，首先需选定基准值。例如，某电气设备的实际工作电压是 35kV，若选定 35kV 为电压的基准值，则依式(5-36)，此电气设备工作电压的标幺值为 1。基准值可以任意选定，基准值选得不同，其标幺值也各异。当说一个量的标幺值时，必须同时说明它的基准值才有意义。

按标幺值法进行计算时，一般先选定基准容量 S_d 和基准电压 U_d。基准容量的选择，工程设计中通常取 $S_d = 100\text{MVA}$；而基准电压的选择，通常取元件所在线路的平均电压，即取 $U_d = U_{av}$。

选定了基准容量 S_d 和基准电压 U_d 以后，基准电流可按式(5-37)计算

$$I_d = \frac{S_d}{\sqrt{3}U_d} = \frac{S_d}{\sqrt{3}U_{av}} \tag{5-37}$$

基准电抗 X_d 则可按式(5-38)计算

$$X_d = \frac{U_d}{\sqrt{3}I_d} = \frac{U_{av}^2}{S_d} \tag{5-38}$$

2)电力系统中各主要元件的电抗标幺值
(1)电力系统的电抗标幺值

$$X_s^* = \frac{X_s}{X_d} = \frac{U_{av}^2/S_{oc}}{U_d^2/S_d} = \frac{S_d}{S_{oc}} \quad (5-39)$$

(2)电力线路的电抗标幺值

$$X_{WL}^* = \frac{X_{WL}}{X_d} = \frac{x_0 l}{\dfrac{U_{av}^2}{S_d}} = x_0 l \frac{S_d}{U_{av}^2} \quad (5-40)$$

(3)电力变压器的电抗标幺值

$$X_T^* = \frac{X_T}{X_d} = \frac{U_k\%}{100} \frac{U_{av}^2}{S_N} \frac{S_d}{U_d^2} = \frac{U_k\%}{100} \frac{S_d}{S_N} \quad (5-41)$$

(4)电抗器的电抗标幺值

$$X_K^* = \frac{X_T}{X_d} = \frac{X_K\%}{100} \frac{I_d}{I_{NK}} \frac{U_{NK}}{U_{av}} \quad (5-42)$$

短路电路中各元件的电抗标幺值求出来以后,即可利用其等效电路图进行电路简化,求出其总电抗标幺值 X_Σ^*。由于各元件均采用相对值,与短路计算点的电压无关,因此电抗标幺值无需进行电压折算,这也是标幺值法较之欧姆法的优越之处。

3)用标幺值法计算三相短路电流

无穷大功率电源供电系统的三相短路电流周期分量有效值的标幺值为:

$$I_k^{(3)*} = \frac{I_k^{(3)}}{I_d} = \frac{\dfrac{U_{av}}{\sqrt{3}X_\Sigma}}{\dfrac{S_d}{\sqrt{3}U_{av}}} = \frac{U_{av}}{S_d X_\Sigma} = \frac{1}{X_\Sigma^*} \quad (5-43)$$

标幺值法一般用于高压电路短路计算,通常只计算电抗,如果要计及电阻,则式中 X_Σ^* 应替换为 $Z_\Sigma^* = \sqrt{R_\Sigma^{*2} + X_\Sigma^{*2}}$。

三相短路电流周期分量有效值为

$$I_k^{(3)} = I_k^{(3)*} I_d = \frac{I_d}{X_\Sigma^*} \quad (5-44)$$

根据 $I_k^{(3)}$,再利用式(5-18)~(5-22),便可求出 $I''^{(3)}$、$I_\infty^{(3)}$、$i_{sh}^{(3)}$、$I_{sh}^{(3)}$ 等。

三相短路容量为

$$S_k^{(3)} = \sqrt{3} I_k^{(3)} U_{av2} = \frac{\sqrt{3} I_d U_{av}}{X_\Sigma^*} = \frac{S_d}{X_\Sigma^*} \quad (5-45)$$

标幺值法进行短路电流计算的步骤为:

①绘制短路电路计算电路图,确定短路计算点。

②确定标幺值基准,取 $S_d=100\text{MVA}$ 和 $U_d=U_{av}$(不同的短路点有几个电压等级就取几个 U_d),并求出所有短路计算点电压下的 I_d。

③绘出短路电路等效电路图,并计算各元件的电抗标幺值,标示在图上。
④根据不同的短路计算点分别求出各自的总电抗标幺值,再计算各短路电流和短路容量。

【例 5-2】 试用标幺值法求图 5-5 所示的供电系统中 k-1 点及 k-2 点的短路电流及短路容量。

解:(1)选定基准值:$S_d=100\text{MVA}$,$U_{av1}=10.5\text{kV}$,$U_{av2}=0.4\text{kV}$,已知 $S_{oc}=500\text{MVA}$

$$I_{d1} = \frac{S_d}{\sqrt{3}U_{av1}} = \frac{100\text{MVA}}{1.732 \times 10.5\text{kV}} = 5.5\text{kA}$$

$$I_{d2} = \frac{S_d}{\sqrt{3}U_{av2}} = \frac{100\text{MVA}}{1.732 \times 0.4\text{kV}} = 144.34\text{kA}$$

(2)绘出标幺值法短路计算的等效电路图如图 5-7 所示,并求各元件电抗标幺值。

图 5-7 例 5-2 的短路等效电路图

电力系统电抗标幺值为:

$$X_s^* = \frac{S_d}{S_{oc}} = \frac{100\text{MVA}}{500\text{MVA}} = 0.2$$

架空线路电抗标幺值为:

$$X_{WL1}^* = \frac{X_{WL1}}{X_d} = x_{01}l_1\frac{S_d}{U_{av1}^2} = 0.38 \times 5 \times \frac{100\text{MVA}}{10.5^2} = 1.72$$

电缆线路电抗标幺值为:

$$X_{WL2}^* = \frac{X_{WL2}}{X_d} = x_{02}l_2\frac{S_d}{U_{av1}^2} = 0.08 \times 0.5 \times \frac{100\text{MVA}}{10.5^2} = 0.036$$

变压器电抗标幺值为:

$$X_T^* = \frac{U_k\%}{100}\frac{S_d}{S_N} = \frac{4.5}{100} \times \frac{100\text{MVA}}{1\,000\text{kVA}} = 4.5$$

(3)计算短路电流和短路容量

k-1 点短路时的总电抗标幺值为:

$$X_{\Sigma1}^* = X_s^* + X_{WL1}^* = 0.2 + 1.72 = 1.92$$

k-1 点短路时的三相短路电流和三相短路容量为:

$$I_{k-1}^{(3)} = \frac{I_{d1}}{X_{\Sigma1}^*} = \frac{5.5\text{kA}}{1.92} = 2.86\text{kA}$$

$$I''^{(3)}_{k-1} = I_{\infty k-1}^{(3)} = I_{k-1}^{(3)} = 2.86\text{kA}$$

$$i_{\text{sh k-1}}^{(3)} = 2.55 \times 2.86\text{kA} = 7.29\text{kA}$$

$$I_{\text{sh k-1}}^{(3)} = 1.51 \times 2.86\text{kA} = 4.32\text{kA}$$

$$S_{\text{k}}^{(3)} = \frac{S_d}{X_{\Sigma 1}^*} = \frac{100\text{MVA}}{1.92} = 52.0\text{MVA}$$

k-2 点短路时的总电抗标幺值为：

$$X_{\Sigma 2}^* = X_s^* + X_{\text{wL1}}^* + X_{\text{wL2}}^* + X_T^* = 0.2 + 1.72 + 0.036 + 4.5 = 6.456$$

k-2 点短路时的三相短路电流和三相短路容量为：

$$I_{\text{k-2}}^{(3)} = \frac{I_{d2}}{X_{\Sigma 2}^*} = \frac{144.34\text{kA}}{6.456} = 22.36\text{kA}$$

$$I''^{(3)}_{\text{k-2}} = I_{\infty \text{k-2}}^{(3)} = I_{\text{k-2}}^{(3)} = 22.36\text{kA}$$

$$i_{\text{sh k-2}}^{(3)} = 1.84 \times 22.36\text{kA} = 41.14\text{kA}$$

$$I_{\text{sh k-2}}^{(3)} = 1.09 \times 22.36\text{kA} = 24.37\text{kA}$$

$$S_{\text{k-2}}^{(3)} = \frac{S_d}{X_{\Sigma 2}^*} = \frac{100\text{MVA}}{6.456} = 15.49\text{MVA}$$

由例 5-1 和 5-2 可知，采用标幺值法计算的结果和欧姆值法计算的结果基本相同。

三、两相不对称短路电流的计算

图 5-8 两相短路电流估算时的计算电路

无穷大功率电源供电系统中发生两相短路时如图 5-8 所示。

其短路电流可由下式估算

$$I_k^{(2)} = \frac{U_{\text{av}}}{2|Z_{\Sigma}|} \tag{5-46}$$

如果只计电抗，则两相短路电流为

$$I_k^{(2)} = \frac{U_{\text{av}}}{2X_{\Sigma}} \tag{5-47}$$

其他两相短路电流 $I''^{(2)}$、$I_{\infty}^{(2)}$、$i_{\text{sh}}^{(2)}$、$I_{\text{sh}}^{(2)}$ 等，都可按照前面三相短路对应的短路电流计算公式计算。

两相短路电流与三相短路电流之间存在如下关系

$$I_k^{(2)} = \frac{\sqrt{3}}{2} I_k^{(3)} = 0.866 I_k^{(3)} \tag{5-48}$$

式(5-48)表明，在无穷大功率电源供电的系统中，同一地点的两相短路电流为三相短路电流的 $\sqrt{3}/2$ 倍，即 0.866 倍。因此可在求出三相短路电流后利用式(5-48)直接求得。

【例 5-3】 短路电路图及各元件参数与例 5-1 相同，求 k-1 和 k-2 点的两相短路电流。

解：(1)求 k-1 点两相短路电流；

由例 5-1 解得的 k-1 点的短路电流分别为

$$I''^{(3)}_{\text{k-1}} = I_{\infty \text{k-1}}^{(3)} = I_{\text{k-1}}^{(3)} = 2.86\text{kA}, i_{\text{sh k-1}}^{(3)} = 7.29\text{kA}, I_{\text{sh k-1}}^{(3)} = 4.32\text{kA}$$

所以有

$$I''^{(2)}_{k\text{-}1} = I^{(2)}_{\infty k\text{-}1} = I^{(2)}_{k\text{-}1} = 0.866 I^{(3)}_{k\text{-}1} = 0.866 \times 2.86\text{kA} = 2.48\text{kA}$$

$$i^{(2)}_{sh k\text{-}1} = 0.866 i^{(3)}_{sh k\text{-}1} = 0.866 \times 7.29\text{kA} = 6.31\text{kA}$$

$$I^{(2)}_{sh k\text{-}1} = 0.866 I^{(3)}_{sh k\text{-}1} = 0.866 \times 4.32\text{kA} = 3.74\text{kA}$$

(2)求 k-2 点两相短路电流

由例 5-1 解得的 k-2 点的短路电流分别为

$$I''^{(3)}_{k\text{-}2} = I^{(3)}_{\infty k\text{-}2} = I^{(3)}_{k\text{-}2} = 22.34\text{kA}, i^{(3)}_{sh k\text{-}2} = 41.11\text{kA}, I^{(3)}_{sh k\text{-}2} = 24.35\text{kA}$$

所以有

$$I''^{(2)}_{k\text{-}2} = I^{(2)}_{\infty k\text{-}1} = I^{(2)}_{k\text{-}2} = 0.866 I^{(3)}_{k\text{-}2} = 0.866 \times 22.34\text{kA} = 19.35\text{kA}$$

$$i^{(2)}_{sh k\text{-}2} = 0.866 i^{(3)}_{sh k\text{-}1} = 0.866 \times 41.11\text{kA} = 35.60\text{kA}$$

$$I^{(2)}_{sh k\text{-}2} = 0.866 I^{(3)}_{sh k\text{-}2} = 0.866 \times 24.35\text{kA} = 21.09\text{kA}$$

四、低压系统的单相短路电流计算

低压系统是指电压为 1kV 以下的系统。在低压系统中常会发生相线与零线之间的单相短路。单相短路电流可以直接按照单相短路时相线、零线构成的回路引入"相—零"回路阻抗进行计算,公式为

$$I^{(1)}_k = \frac{U_{ph}}{|Z_{L\text{-}PE\Sigma}|} = \frac{U_{ph}}{\sqrt{R^2_{L\text{-}PE\Sigma} + X^2_{L\text{-}PE\Sigma}}} \quad (\text{kA}) \tag{5-49}$$

式中,U_{ph} 为电源的相电压(V);$|Z_{L\text{-}PE\Sigma}|$、$R_{L\text{-}PE\Sigma}$、$X_{L\text{-}PE\Sigma}$ 分别为相零回路总电抗的模、总电阻和总电抗(mΩ)。

相零回路中的阻抗应包括变压器的单相阻抗、供配电回路载流导体的阻抗、开关电气设备的接触电阻、零线回路中的阻抗等。

第四节 电动机对短路冲击电流的影响

系统发生短路时,对于短路点附近接有容量大于 10kW 或总容量大于 100kW 的电动机而言,由于短路时电动机端电压骤降,使电动机定子绕组电势高于外加电压,此时电动机将向短路点馈送电流,如图 5-9 示。

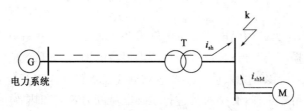

图 5-9 电动机对短路冲击电流的影响

《低压配电设计规范》(GB 50052—1995)规定:当短路点附近所接电动机额定电流之和超过短路电流的 1% 时,应计入电动机反馈电流的影响。由于反馈电流使电动机迅速制动,因此反馈电流衰减很快,只在考虑短路冲击电流的影响时才需计入电动机的反馈电流。电动机反

馈冲击电流可按下式进行计算

$$i_{shM} = \sqrt{2}\frac{E''^*_M}{X''^*_M}K_{shM}I_{NM} = CK_{shM}I_{NM} \tag{5-50}$$

式中,I_{NM} 为电动机额定电流(A);K_{shM} 为电动机短路电流冲击系数,对 3~10kV 的电动机取 1.4~1.7,对 380V 的电动机取 1;E''^*_M、X''^*_M、C 分别为电动机次暂态电动势标幺值、电动机次暂态电抗标幺值和电动机反馈冲击系数,见表 5-3。

电动机的参数　　　　　　　　　表 5-3

电动机类型	E''^*_M	X''^*_M	C
异步电动机	0.9	0.2	6.5
同步电动机	1.1	0.2	7.8
同步调相机	1.2	0.16	10.6
综合性负荷	0.8	0.35	3.2

当计及电动机反馈冲击电流时,短路点的总冲击电流为

$$i_{sh\Sigma} = i_{sh} + i_{shM} \tag{5-51}$$

【例 5-4】 设例 5-1 所示低压侧 380V 母线上接有 380V 感应电动机 250kW,平均功率因数 $\cos\varphi=0.7$,效率 $\eta=0.75$。试问电动机对短路冲击电流是否有影响?

解:由例 5-1 知,380V 母线的短路冲击电流 $i^{(3)}_{sh}=7.29\text{kA}$,$I^{(3)}_{sh}=4.32\text{kA}$,而接于 380V 母线的感应电动机额定电流为

$$i_{NM} = \frac{250\text{kW}}{\sqrt{3}\times 380\text{V}\times 0.7\times 0.75} = 0.724\text{kA}$$

$$I_{NM}/I^{(3)}_{sh} = 0.724/4.32 = 0.17 > 0.01$$

故应计入电动机反馈电流的影响。电动机向短路点反馈的冲击电流为

$$i_{shM} = CK_{shM}I_{NM} = 6.5\times 1\times 0.724\text{kA} = 4.7\text{kA}$$

当计及电动机反馈冲击电流时,短路点的总冲击电流为

$$i_{sh\Sigma} = i^{(3)}_{sh} + i_{shM} = 4.32\text{kA} + 4.7\text{kA} = 9.02\text{kA}$$

第五节　短路电流的效应

系统发生短路时,巨大的短路电流通过电气设备或者载流导体,一方面要产生很大的电动力,即力效应,使设备损坏或变形;另一方面要产生很高的温度,即热效应,使设备温度骤升,加速设备绝缘老化或损坏绝缘。力效应和热效应对电气设备和导体的安全运行威胁较大。为了保证电气设备和导体可靠工作,必须对其进行短路电流的力效应和热效应的稳定性校验。

一、短路时的最大电动力和动稳定校验

1. 短路时的最大电动力

供电系统短路时,短路电流特别是短路冲击电流将使相邻导体之间产生很大的电动力,有

可能使电器和载流部分遭受严重破坏。为此，要找出短路的最大电动力的作用。

设处在空气中的两平行导体分别通以电流 i_1 和 i_2 时，两导体间的电磁相互作用产生力，即电动力 F 为

$$F = \int_0^l K_f \frac{i_1 i_2}{a} \times 2 \times 10^{-7} dx = K_f \frac{i_1 i_2}{a} l \times 2 \times 10^{-7} \qquad (5-52)$$

式中，l 为导体的两支持点间的距离，即档距（又称跨距）(m)；a 为两载流导体轴线间的距离(m)；K_f 为与载流导体形状和相对位置有关的截面形状系数，对于圆形和管形导体，$K_f=1$；对于宽为 b、高为 h、两导体轴线间距为 a 的矩形导体，则形状系数 K_f 值可查图 5-10 所示的曲线求得。

图 5-10 矩形母线的截面形状系数曲线

若三相电路中发生三相短路，则三相短路电流 i_{ku}、i_{kv} 和 i_{kw} 通过三相母线时，因为短路电流周期分量的瞬时值不会在同一时刻同方向，至少有一相电流方向与其余两相方向相反，可分为图 5-11 所示的两种情况：a) 边相电流与其余两相方向相反；b) 中间相电流与其余两相电流方向相反。图 5-11 中画出了三相母线中每条母线的受力情况。

经分析可知，当边相电流与其余两相电流方向相反时，中间相（V 相）受力最大，此时，V 相所受电动力为

$$F_V = F_{VU} + F_{VW} = 2K_f i_{kV}^{(3)} (i_{kU}^{(3)} + i_{kW}^{(3)}) \frac{l}{a} \times 10^{-7} \qquad (5-53)$$

a) 边相电流与其余两相方向相反　　　　b) 中间相电流与其余两相电流方向相反

图 5-11　三相母线的受力情况

显然，母线间产生电动力最严重的时刻是通过冲击电流的瞬间，因此，最大电动力发生在中间相（V相）通过最大冲击电流的时候，即

$$F_{\text{Vmax}} = 2K_{\text{f}} i_{\text{sh.V}}^{(3)} (i_{\text{sh.U}}^{(3)} + i_{\text{sh.W}}^{(3)}) \frac{l}{a} \times 10^{-7} \tag{5-54}$$

式中，$i_{\text{sh.U}}$、$i_{\text{sh.V}}$、$i_{\text{sh.W}}$ 分别为通过各相导体中的冲击短路电流（A）。

由于最大的冲击短路电流值只可能发生在一相，如 $i_{\text{sh.V}}^{(3)}$，则 $i_{\text{sh.U}}^{(3)} + i_{\text{sh.W}}^{(3)}$ 的合成值将比 $i_{\text{sh.V}}^{(3)}$ 略小，大约为 $i_{\text{sh.V}}^{(3)}$ 的 $\sqrt{3}/2$ 倍。从而，三相母线的最大电动力可按式（5-55）计算

$$F_{\max}^{(3)} = \sqrt{3} K_{\text{f}} i_{\text{sh}}^{2(3)} \frac{l}{a} \times 10^{-7} \tag{5-55}$$

式中，$F_{\max}^{(3)}$ 为三相母线所受的最大电动力（N）；$i_{\text{sh}}^{(3)}$ 为三相最大冲击短路电流峰值（A）。

如果三相电路中发生两相短路，则两相短路冲击电流通过导体时产生的电动力最大，其值为

$$F_{\max}^{(2)} = 2K_{\text{f}} i_{\text{sh}}^{2(2)} \frac{l}{a} \times 10^{-7} \tag{5-56}$$

由于三相短路冲击电流 $i_{\text{sh}}^{(3)}$ 与两相短路冲击电流 $i_{\text{sh}}^{(2)}$ 有式（5-57）关系

$$i_{\text{sh}}^{(3)} / i_{\text{sh}}^{(2)} = 2/\sqrt{3} \tag{5-57}$$

因此，三相短路与两相短路产生的最大电动力之比为

$$F^{(3)} / F^{(2)} = 2/\sqrt{3} = 1.15 \tag{5-58}$$

由此可见，在无穷大功率电源供电系统中发生三相短路时中间相导体所受的电动力比两相短路时导体所受的电动力大。因此校验电器和载流部分的短路动稳定性，一般应采用三相短路冲击电流 $i_{\text{sh}}^{(3)}$ 或短路后第一个周期的三相短路全电流有效值 $I_{\text{sh}}^{(3)}$。

2. 短路动稳定校验

电器和导体在短路情况下的动稳定的校验，依校验对象的不同而采用不同的方法。

1) 一般电气设备的动稳定校验条件

$$I_{\max} \geqslant I_{\text{sh}}^{(3)} \text{ 或 } i_{\max} \geqslant i_{\text{sh}}^{(3)} \tag{5-59}$$

式中，$I_{\max}$ 和 $i_{\max}$ 为电气设备允许通过的动稳定电流的有效值和峰值，可通过相关手册或产品样本查得。

2) 绝缘子的动稳定校验条件

绝缘子满足动稳定校验条件为

$$F_{\text{al}} \geqslant F_{\text{c}}^{(3)} \tag{5-60}$$

式中，F_{al} 为绝缘子的最大允许载荷，可由相关手册或产品样本查得，若手册或样本中给出的是绝缘子的抗弯破坏载荷值，则可将抗弯破坏载荷值乘以 0.6 作为 F_{al} 值。$F_{\text{c}}^{(3)}$ 为三相短路时作用于绝缘子上的计算力，若母线在绝缘子上平放如图 5-12a)所示，$F_{\text{c}}^{(3)}$ 按式(5-55)计算，即 $F_{\text{c}}^{(3)} = F^{(3)}$；若母线在绝缘子上竖放如图 5-12b)所示，则 $F_{\text{c}}^{(3)} = 1.4 F^{(3)}$。

图 5-12 三相母线的放置方式

3) 硬母线上的动稳定校验条件

硬母线上的动稳定校验条件为

$$\sigma_{\text{al}} \geqslant \sigma_{\text{c}} \tag{5-61}$$

式中，σ_{al} 为母线材料的最大允许应力(Pa)，硬铜母线(TMY 型)，$\sigma_{\text{al}} = 140 \text{MPa}$；硬铝母线(LMY 型)，$\sigma_{\text{al}} = 70 \text{MPa}$；$\sigma_{\text{c}}$ 为母线通过三相短路冲击电流时所受到的最大计算应力(Pa)，其计算公式为

$$\sigma_{\text{c}} = \frac{M}{\omega} \tag{5-62}$$

式中，M 为母线通过三相短路冲击电流时所受到的弯曲力矩(N·m)，当母线档数为 1~2 时，$M = F^{(3)} l/8$；当母线档数大于 2 时，$M = F^{(3)} l/10$，这里的 $F^{(3)}$ 均按式(5-55)计算。ω 为母线的截面系数，$\omega = b^2 h/6$，这里的 b 为母线截面的水平宽度，h 为母线截面的垂直高度。

【例 5-5】 已知某车间变电所 380V 侧采用 80mm×10mm 铝母线，水平放置，相邻两母线间的轴线距离为 $a = 0.2$m，档距为 $l = 0.9$m，档数大于 2，它上面接有一台 500kW 的同步电动机，$\cos\varphi = 1$ 时，$\eta = 94\%$，母线的三相短路冲击电流为 67.2kA。试校验此母线的动稳定性。

解：电动机额定电流为

$$I_{\text{NM}} = \frac{500\text{kW}}{\sqrt{3} \times 380\text{V} \times 1 \times 0.94} = 0.808 \text{kA}$$

因 $C = 7.8$，而 $K_{\text{shM}} = 1$，则电动机反馈冲击电流为：

$$i_{\text{shM}} = C K_{\text{shM}} I_{\text{NM}} = 7.8 \times 1 \times 0.808 \text{kA} = 6.3 \text{kA}$$

计及电动机反馈冲击电流的短路冲击电流为

$$i_{\text{sh}\Sigma} = i_{\text{sh}}^{(3)} + i_{\text{shM}} = 67.2 \text{kA} + 6.3 \text{kA} = 73.5 \text{kA}$$

母线在三相短路时承受的最大电动力为：

$$F^{(3)} = \sqrt{3} K_{\text{f}} i_{\text{sh}\Sigma}^{2(3)} \frac{l}{a} \times 10^{-7} = 1.732 \times 1 \times (73.5 \times 10^3)^2 \times \frac{0.9}{0.2} \times 10^{-7} = 4\,210.5 \text{(N)}$$

母线在 $F^{(3)}$ 作用下的弯曲力矩为：

$$M = F^{(3)}l/10 = 4\,210.5 \times \frac{0.9}{10} = 378.9 \text{(N)}$$

截面系数为：

$$\omega = b^2 h/6 = \frac{0.08^2 \times 0.01}{6} = 1.07 \times 10^{-5} \ (\text{m}^3)$$

应力为：$\sigma_c = \dfrac{M}{\omega} = \dfrac{378.9\text{N}}{1.07 \times 10^{-5} \text{m}^3} = 35.4 \text{MPa}$

而铝母线的允许应力为：$\sigma_{al} = 70\text{MPa} > \sigma_c$，此母线的动稳定性满足要求。

二、短路电流的热效应和热稳定校验

1. 短路电流的热效应

电气设备在运行中，电流通过导体时产生电阻损耗，铁磁物质在交变磁场中产生涡流和磁滞损耗，绝缘材料在强电场作用下产生介质损耗。这三种损耗几乎全部转变为热能，一部分散失到周围介质中，一部分加热导体和电器使其温度升高。电气设备运行实践证明，当导体和电器的温度超过一定范围以后，将会加速绝缘材料的老化，降低绝缘强度，缩短使用寿命，显著地降低金属导体机械强度，将会恶化导电接触部分的连接状态，以致破坏电器的正常工作。

由正常工作电流引起的发热，称为长期发热。导体通过的电流较小，时间长，产生的热量有充分时间散失到周围介质中，热量是平衡的，达到稳定温升之后，导体的温度保持不变。

由短路电流引起的发热，称为短路时发热。此时导体通过的短路电流大，产生的热量很多，而时间又短，所以产生的热量向周围介质散发的很少，几乎都用于导体温度升高，热量是不平衡的。因此，电气设备的短路时发热是影响其正常使用寿命和工作状态的主要因素。

如果导体在短路时的最高温度不超过设计规程规定的允许温度（表 5-4），则认为导体是满足热稳定要求的。所以短路时发热计算的目的是确定导体在短路时的最高温度，再与该类导体在短路时的最高允许温度相比较。

导体在正常和短路时的最高允许温度及热稳定系数　　　　表 5-4

导体材料和种类		最高允许温度(℃)		热稳定系数 $C(\text{As}^{1/2}/\text{mm}^2)$
		正常	短路	
母线	铜芯	70	300	171
	铝芯	70	200	87
油浸纸绝缘电缆	铜芯 1～3kV	80	250	148
	铜芯 6kV	65	250	150
	铜芯 10kV	60	250	153
	铜芯 35kV	50	175	
	铝芯 1～3kV	80	200	84
	铝芯 6kV	65	200	87
	铝芯 10kV	60	200	88
	铝芯 35kV	50	175	

续上表

导体材料和种类		最高允许温度(℃)		热稳定系数 $C(\text{As}^{1/2}/\text{mm}^2)$
		正常	短路	
橡皮绝缘导线和电缆	铜芯	65	150	131
	铝芯	65	150	87
聚氯乙烯绝缘导线和电缆	铜芯	65	130	100
	铝芯	65	130	65
交联聚氯乙烯绝缘电缆	铜芯	90	250	135
	铝芯	90	200	80

2. 短路时导体发热计算的特点

(1)由于短路时间很短,温度上升速度很快,可以认为短路过程是一个绝热过程,即短路电流产生的热量不向周围介质散发,全部用来使导体的温度升高。

(2)由于导体的温度上升得很高,不能把导体的电阻和比热看作常数,它们是随温度而变化的。

(3)由于短路电流的变化规律复杂,要想把短路电流在导体中产生的热量直接计算出来是很困难的,通常用等效发热的方法进行分析计算。

3. 短路时导体的发热计算

图 5-13 表示短路前后导体的温度变化情况。导体在短路前正常负荷时的温度为 θ_L,设在 t_1 时刻发生短路,导体温度按指数规律迅速升高,在 t_2 时刻保护装置动作将故障切除,这时导体的温度为 θ_k。短路切除后,导体内无电流,不再产生热量,只向周围介质散热,最后冷却到周围介质温度 θ_0。

要确定短路后导体的最高温度 θ_k,就必须先求出实际的短路电流 i_k 或 I_{kt} 在短路时间内产生的热量,即

$$Q_k = \int_{t_1}^{t_2} I_{kt}^2 R dt = \int_0^{t_k} I_{kt}^2 R dt \tag{5-63}$$

式中,I_{kt} 为短路全电流的有效值(A);R 为导体的电阻(Ω);t_k 为短路电流的作用时间(s)。

由于短路电流的变化规律比较复杂,按式(5-63)计算 Q_k 相当困难,因此一般用稳态短路电流 I_∞ 来代替实际短路电流 I_{kt},并设定一个假想时间 t_{ima},认为短路电流 I_{kt} 在短路时间 t_k 内产生的热量 Q_k,恰好等于稳态短路电流 I_∞ 在假想时间 t_{ima} 内产生的热量,如图 5-14 所示,即

$$\int_0^{t_k} I_{kt}^2 R dt = I_\infty^2 R t_{ima} \tag{5-64}$$

1)假想时间的计算。假想时间与短路电流的变化特性有关。短路电流分为周期分量和非周期分量,根据式(5-14),短路电流的有效值可表示为

图 5-13 短路前后导体的温度变化情况

图 5-14 短路发热的等效

$$I_{kt}^2 = I_{pt}^2 + i_{npt}^2 \tag{5-65}$$

代入式(5-64),则有

$$\int_0^{t_k} I_{kt}^2 R \mathrm{d}t = \int_0^{t_k} I_{pt}^2 R \mathrm{d}t + \int_0^{t_k} i_{npt}^2 R \mathrm{d}t = I_\infty^2 R t_{ima} \tag{5-66}$$

设假想时间 t_{ima} 也分为相应的周期分量假想时间 $t_{ima.p}$ 和非周期分量假想时间 $t_{ima.np}$,即

$$t_{ima} = t_{ima.p} + t_{ima.np} \tag{5-67}$$

则有

$$\int_0^{t_k} I_{pt}^2 R \mathrm{d}t + \int_0^{t_k} i_{npt}^2 R \mathrm{d}t = I_\infty^2 R t_{ima.p} + I_\infty^2 R t_{ima.np} \tag{5-68}$$

根据式(5-68),周期分量假想时间可表示为

$$t_{ima.p} = \frac{1}{I_\infty^2} \int_0^{t_k} I_{pt}^2 \mathrm{d}t \tag{5-69}$$

令系数 $\beta'' = I''/I_\infty$,可根据短路电流周期分量的变化曲线作出 β'' 与 $t_{ima.p}$ 的关系曲线,如图 5-15 所示,则周期分量假想时间可按 t 查曲线求出。

当短路点距离电源较远时(无限容量系统),可认为 $I'' = I_p = I_\infty$,因此周期分量假想时间就等于短路的延续时间,即 $t_{ima.p} = t_k$。t_k 等于距离短路点最近的保护装置的实际动作时间 t_{pr} 和断路器的固有分闸时间 t_{ab} 之和。对于快速和中速断路器,可取 $t_{ab} = 0.1 \sim 0.15\mathrm{s}$;低速断路器,可取 $t_{ab} = 0.2\mathrm{s}$。

短路电流非周期分量假想时间 $t_{ima.np}$ 只有在短路时间较短($t_k < 1\mathrm{s}$)时才考虑,可用式(5-70)表示

$$t_{ima.np} = \frac{1}{I_\infty^2} \int_0^{t_k} i_{npt}^2 \mathrm{d}t \tag{5-70}$$

由于 $i_{npt} = \sqrt{2} I'' e^{-\frac{t}{\tau}}$,将平均值 $\tau = 0.05\mathrm{s}$ 及 $t = 0.01\mathrm{s}$ 代入式(5-70)得

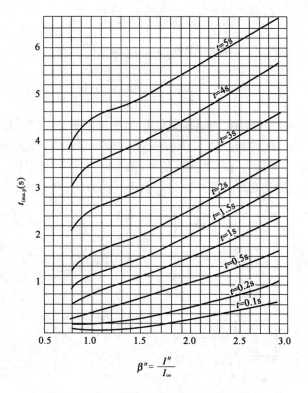

图 5-15 短路电流假想时间周期分量的变化曲线

$$t_{\text{ima.np}} = 0.05(\beta'')^2 \tag{5-71}$$

在无限容量系统中，$\beta''=1$，故 $t_{\text{ima.np}}=0.05\text{s}$。从而总的假想时间为

$$t_{\text{ima}} = t_{\text{ima.p}} + 0.05 \tag{5-72}$$

2）短路时导体的最高温度。由于短路时间很短，可认为短路电流产生的热量全部用来使导体的温度升高，而不向周围介质散热，则热平衡方程式可表示为

$$Q_k = \int_0^{t_k} I_{kt}^2 R \text{d}t = Gc(\theta_k - \theta) = Al\rho_m c\tau_k \tag{5-73}$$

式中，G 为导体的质量（kg），A 为导体的截面积（m^2），l 为导体的长度（m）；ρ_m 为导体材料的密度（kg/m^3）；c 为导体材料的比热 $\text{J}/(\text{kg}\cdot\text{℃})$；$\tau_k$ 为导体在短路时间内的温升（℃）。

式（5-73）可表示为

$$I_\infty^2 R t_{\text{ima}} = Al\rho_m c\tau_k \tag{5-74}$$

故

$$\tau_k = \frac{I_\infty^2 R t_{\text{ima}}}{Al\rho_m c} \tag{5-75}$$

令 $\rho_m c = c'$，$R = \rho\dfrac{l}{A}$，则式（5-75）变为

$$\tau_k = \rho\, t_{ima} \frac{(I_\infty/A)^2}{c'} \tag{5-76}$$

式中，ρ 为导体材料的电阻率（$\Omega \cdot m$）。因此，短路时导体的最高温度为

$$\theta_k = \theta + \tau_k = \theta + \rho\, t_{ima} \frac{(I_\infty/A)^2}{c'} \tag{5-77}$$

由于导体的电阻率 ρ 和比热 c 是随温度变化的，导体的最高温度很难直接计算出来，工程上多采用查曲线的方法近似计算。图 5-16 是按铜、铝、钢的比热、密度、电阻率等的平均值所作出的 $\theta = f(K)$ 曲线，横坐标为导体加热系数 K，纵坐标为导体温度 θ。

3）根据 $\theta = f(K)$ 曲线确定导体短路时最高温度 θ_k 的方法（参见图 5-17）。

图 5-16　不同材料导体的 $\theta = f(K)$ 曲线　　　图 5-17　确定导体短路时最高温度 θ_k 的步骤

①根据正常负荷电流确定短路前导体的温度 θ_L。如果难以确定，可选用导体材料的正常最高允许温度。

②在纵坐标上查出 θ_L，并向右在对应的材料曲线上查出 a 点，再由 a 点在横坐标上查出加热系数 K_L。

③利用下式计算短路时的加热系数 K_k

$$K_k = K_L + \left(\frac{I_\infty}{A}\right)^2 t_{ima} \tag{5-78}$$

式中，A 为导体的截面积（mm^2），I_∞ 为三相短路稳态电流（A），t_{ima} 为假想时间（s），K_L 和 K_k 分别为正常和短路时的加热系数（$10^6 \cdot A^2 \cdot s \cdot mm^{-4}$）。

④从横坐标上找出 K_k 的值，并向上在对应的曲线上查出 b 点，再由 b 点向左在纵坐标上查出 θ_k 值，即为导体短路时的最高发热温度。

4. 短路热稳定校验

与短路动稳定校验一样，电器和导体的热稳定校验，也依校验对象的不同而采用不同的校验条件。

（1）一般电器的热稳定校验

$$I_t^2 t \geqslant I_\infty^2 t_{ima} \tag{5-79}$$

式中，I_t 为电气设备在 t 秒时间内的热稳定试验电流（A）；t 为电气设备的热稳定试验时间（s）。I_t 和 t 均可由相关手册或产品样本获得。

(2)母线及绝缘导线和电缆等导体的热稳定校验

$$\theta_k \leqslant \theta_{kal} \tag{5-80}$$

式中，θ_{kal} 为导体在短路电流通过时的最高允许温度，可查表 5-4。

因确定导体短路后达到的温度 θ_k 比较麻烦，故也可根据短路热稳定的要求来确定其最小允许截面。最小允许截面积计算公式为

$$A_{min} = \frac{I_\infty^{(3)}}{C}\sqrt{t_{ima}} \tag{5-81}$$

式中，$I_\infty^{(3)}$ 为三相短路电流稳态值(A)；C 为导体的热稳定系数($As^{1/2}/mm^2$)，可查表 5-4。

【例 5-6】 已知某车间变电所 380V 侧采用 80mm×10mm 铝母线，其三相短路稳态电流为 36.5kA，短路保护动作时间为 0.5s，低压断路器的断路时间为 0.05s，试校验此母线的热稳定度。

解：查表 5-4，$C = 87 As^{1/2}/mm^2$

短路假想时间

$$t_{ima} = t_k + 0.05 = t_b + t_p + 0.05 = 0.5 + 0.05 + 0.05 = 0.6(s)$$

最小允许截面

$$A_{min} = \frac{I_\infty^{(3)}}{C}\sqrt{t_{ima}} = \frac{36.5kA}{87 As^{1/2}/mm^2}\sqrt{0.6s} = 325 mm^2$$

所以 $S_{min} = 325(mm^2)$

由于母线的实际截面为 $S = 800mm^2$，大于 $S_{min} = 325mm^2$，因此该母线满足短路热稳定的要求。

思考与练习题

5-1 什么叫短路？短路的类型有哪几种？短路对电力系统有哪些危害？

5-2 什么叫标幺值？在短路计算中，各物理量的标幺值是如何选取的？

5-3 什么叫无限大容量系统，它有什么特征？

5-4 什么叫短路冲击电流、短路次暂态电流和短路稳态电流？在无限大容量系统中，这三者有什么关系？

5-5 如何计算电力系统各元件的正序、负序和零序阻抗？变压器的零序阻抗跟哪些因素有关？

5-6 某工厂变电所装有两台并列运行的 S9-800(Yy0 接线)型变压器，其电源由地区变电站通过一条 8km 的 10kV 架空线路供给。已知地区变电站出口断路器的断流容量为 500MVA，试用标幺值法求该厂变电所 10kV 高压侧(k-1 点)和 380kV 低压侧(k-2 点)的三相短路电流 I_k、I''、I_∞、I_{sh} 及三相短路容量 S_k。

5-7 如图 5-18 所示网络，各元件的参数已标于图中，试用标幺值法计算 k 点发生三相短路时短路点的三相短路电流 I_k、I''、I_∞、I_{sh} 及三相短路容量 S_k。

图 5-18 题 5-7、5-8 用图

5-8 试用欧姆法计算图 5-18 中 k 点发生三相短路时短路点的 I_k、I''、I_∞、I_{sh} 及三相短路容量 S_k。

5-9 试用标幺值法计算图 5-19 中 k1 点发生三相短路时 I_k、I''、I_∞、I_{sh} 及三相短路容量 S_k。取基准容量 $S_d=100\mathrm{MVA}$。

图 5-19 题 5-9、5-10 用图

5-10 试用欧姆法计算图 5-19 中 k2 点发生三相短路时 I_k、I''、I_∞、I_{sh} 及三相短路容量 S_k。

5-11 某 10kV 电力装置矩形母线,最大负荷电流 $I_{max}=334\mathrm{A}$,母线发生三相短路时的最大稳态电流 $I_\infty=15.5\mathrm{kA}$,继电保护动作时间为 1.25s,断路器全分闸时间为 0.25s,三相母线按水平平放布置,相间距离 0.25m,跨距为 1m,空气温度为 25℃。试选择铝母线截面并进行动、热稳定性校验。

第六章 电气设备的选择与校验

本章首先介绍了电气设备选择的一般原则,然后介绍了各种电气设备的具体选择条件和校验方法,并给出了选择实例。

第一节 电气设备选择与校验的一般原则

正确选择电气设备是使电力系统达到安全、经济运行的重要条件。在进行电气设备选择时,应根据工程实际情况,在保证安全、可靠的前提下采用新技术,并注意节约投资,选择合适的电气设备。

尽管电力系统中各种电气设备的作用和工作条件并不一样,具体选择方法也不完全相同,但基本要求却是一致的。电气设备要可靠地工作,必须按正常工作条件及环境条件进行选择,并按短路状态来校验。常用高低压设备选择校验项目如表6-1所示。

常用高低压电气设备选择校验项目表 表6-1

设备名称	额定电压	额定电流	开断能力	短路电流校验		环境条件	其他
				动稳定	热稳定		
断路器	√	√	○	○	○	√	操作性能
负荷开关	√	√	○	○	○	√	操作性能
隔离开关	√	√		○	○	√	操作性能
熔断器	√	√	○			√	上、下级间配合
电流互感器	√	√		○	○	√	二次负荷、准确等级
电压互感器	√					√	二次负荷、准确等级

注:表中"√"为选择项目,"○"为校验项目。

一、按正常工作条件选择电气设备

1. 额定电压

电气设备的额定电压U_N就是其铭牌上标出的线电压,另外电气设备还有所允许的最高工作电压U_{alm}。

一般要求所选电气设备的允许最高工作电压U_{alm}不得低于所在电网的最高运行电压

U_{sm}，即

$$U_{alm} \geqslant U_{sm} \tag{6-1}$$

只要 U_N 不低于电网的额定电压 U_{Ns}，就能满足式(6-1)。因此按式(6-2)选择电气设备的额定电压：

$$U_N \geqslant U_{Ns} \tag{6-2}$$

2. 额定电流

电气设备的额定工作电流 I_N 不应小于正常工作时的最大负荷电流 I_{max}，即

$$I_N \geqslant I_{max} \tag{6-3}$$

电气设备的最大长期工作电流 I_{max}，在设计阶段即为线路的计算电流 I_c，可根据负荷计算数据确定。

3. 环境条件

电气设备选择还需要考虑电气装置所处的位置(屋内或屋外)、环境温度、海拔高度以及有无防尘、防腐、防火、防爆等要求。

当地区海拔超过制造部门的规定值时，由于大气压力、空气密度和湿度相应减少，使空气间隙和瓷绝缘的放电性能下降，影响到电气设备的外绝缘强度。一般当海拔在 1 000～4 000m 范围内，若海拔比厂家规定值每升高 100m，则电气设备允许最高工作电压要下降 1%。当最高工作电压不能满足要求时，应采用高原型电气设备，或采用外绝缘提高一级的产品。当污秽等级超过使用规定时，可选用有利于防污的电瓷产品，当经济上合理时可采用屋内配电装置。

当实际环境条件不同于额定环境条件时，电气设备的长期允许工作电流 I_{al} 应作校正。经综合校正后的长期允许工作电流 I_{al} 不得低于所在回路的各种可能运行方式下的最大持续工作电流 I_{max}，即

$$I_{al} = KI_N \geqslant I_{max} \tag{6-4}$$

式中，K 为电气设备的综合校正系数，与环境温度、日照、海拔、安装条件等有关，可查阅手册。

一般情况下电气设备的 I_{al} 均按实际环境温度校正，综合校正系数 K 等于温度校正系数 K_θ。设计时多取环境温度为 40℃，若实际装设地点的环境温度高于或低于 40℃，额定电流 I_N 应乘以温度校正系数 K_θ。温度校正系数可通过下式计算：

$$K_\theta = \sqrt{(\theta_{al} - \theta)/(\theta_{al} - 40)} \tag{6-5}$$

式中，θ 为电气设备的实际环境温度(℃)；θ_{al} 为电气设备正常工作的最高允许温度(℃)。

当电气设备使用的环境温度高于 40℃ 但不超过 60℃ 时，环境温度每增高 1℃，工作电流可减少额定电流 I_N 的 1.8%；当使用的环境温度低于 40℃ 时，环境温度每降低 1℃，工作电流可增加 I_N 的 0.5%，但其最大过负荷电流不得超过 $20\% I_N$。

二、按短路情况校验电气设备的动稳定和热稳定性

为保证电气设备在短路故障时不至于损坏，应按通过电气设备的最大短路电流校验电气设备的动、热稳定性。其中包括：

(1) 短路电流的计算条件应考虑工程的最终规模及最大运行方式;
(2) 短路点的选择,应考虑通过设备的短路电流最大值;
(3) 短路电流通过电气设备的时间,等于继电保护动作时间(取后备保护动作时间)和开关开断电路的时间(包括电弧持续时间)之和。对于地方变电所和工业企业变电所,断路器全分闸时间可取 0.2s。

1. 电气设备动稳定校验

一般电气设备动稳定校验条件应满足式(5-59)的要求,即电气设备允许通过的动稳定电流 I_{max} 和 i_{max} 应大于三相短路冲击电流 I_{sh} 和 i_{sh},I_{max} 和 i_{max} 可查阅相关的产品手册。

2. 电气设备热稳定校验

1) 校验载流导体热稳定的方法

(1) 允许温度法

允许温度法是利用式(5-77)和图 5-16 的 $\theta = f(K)$ 曲线来求短路时导体的最高发热温度 θ_K,若满足 $\theta_k \leqslant \theta_{kal}$ 就认为导体在短路时发热满足热稳定。θ_{kal} 为导体在短路电流通过时的最高允许温度,可查表 5-4。

(2) 最小截面法

由于计算短路时导体的最高温度 θ_k 比较麻烦,对于载流导体可根据式(5-81)计算热稳定最小允许截面积 A_{min},只要所选择的导体截面 A 大于或等于 A_{min} 时,热稳定就能满足要求。

2) 校验电气设备热稳定的方法

电气设备热稳定应满足式(5-79)的要求。电气设备的种类多,结构复杂,其热稳定性通常由制造厂给出的热稳定时间 t 秒内的热稳定电流 I_t 来表示。一般 t 的时间有 1s、4s、5s 和 10s。t 和 I_t 可从产品技术数据手册中查得。

3. 开关设备开断能力校验

断路器和熔断器等电气设备,均担负着切断短路电流的任务,因此必须具备在通过最大短路电流时能够将其可靠切断的能力,所以选用此类设备时必须使其开断能力大于通过它的最大短路电流或短路容量,即

$$I_{oc} > I_k \text{ 或 } S_{oc} > S_k \tag{6-6}$$

式中,I_{oc} 和 S_{oc} 分别为制造厂提供的最大开断电流(kA)和开断容量(MVA);I_k 和 S_k 分别为安装地点的最大三相短路电流(kA)和三相短路容量(MVA)。

第二节 高压电气设备的选择

高压断路器、负荷开关和隔离开关的选择条件基本相同。除了按电压、电流、装置类型选择和校验动、热稳定性外,对高压断路器和负荷开关还应校验其开断能力。

一、高压断路器的选择

1. 型式选择

根据目前我国高压电器制造情况,电压等级 6~35kV 的电网中,一般选用真空断路器;电

压等级在 35kV 以上的电网中,一般选择用 SF_6 断路器。对于大容量发电机组采用封闭母线时,如果需要装设断路器,宜选用发电机专用断路器。少油断路器和多油断路器已逐渐被新型的六氟化硫和真空断路器所取代。

根据断路器安装地点选择,有户内型和户外型两种。装在屋内配电装置中的断路器选用户内型,装在屋外配电装置中的断路器选用户外型。当屋外配电装置处于严重污秽地区或积雪覆冰严重地区,应采用高一级电压的断路器。

2. 额定电压选择

高压断路器的额定电压 U_N 应不低于所在电网处的额定电压 U_{Ns},即应按式(6-2)选择。

3. 额定电流选择

高压断路器的额定电流 I_N 应等于或大于所在回路的最大长期工作电流 I_{max}(一般即为计算电流 I_c),即应按式(6-3)选择。

4. 额定开断电流校验

高压断路器在给定的额定电压下,额定开断电流 I_{oc} 不应小于断路器灭弧触头分开瞬间电路的三相短路电流有效值 I_k,额定开断容量 S_{oc} 不应小于所控制回路的最大短路容量 S_k,即应满足式(6-6)。

一般断路器开断单相短路的能力比开断三相短路能力要大 15%,所以在中性点直接接地的系统中,如果单相短路电流比三相短路电流大 15% 以上时,应以单相短路电流为校验条件。

5. 短路动稳定校验

高压断路器允许通过的动稳定极限电流 i_{max} 应大于或等于三相短路时通过断路器的短路冲击电流 i_{sh},即应满足式(5-59)。

6. 额定关合电流校验

如果在断路器关合前已存在短路故障,则断路器合闸时也会产生电弧,为了保证断路器关合时不发生触头熔焊及合闸后能在继电保护控制下自动分闸切除故障,断路器额定关合电流 i_{Ncl} 不应小于短路电流最大冲击值 i_{sh},即

$$i_{Ncl} \geqslant i_{sh} \tag{6-7}$$

在断路器产品目录中,部分产品未给出 i_{Ncl},而凡给出的均有 $i_{Ncl}=i_{max}$,故动稳定校验包含了对 i_{Ncl} 的选择,即 i_{Ncl} 的校验可省略。

7. 短路热稳定校验

高压断路器出厂时,制造厂提供 t 秒 (1s,5s,10s,新产品 4s) 允许通过的热稳定电流 I_t,热稳定条件应满足式(5-79)。

【**例 6-1**】 降压变电所中一台变压器,容量为 8 000kVA,其短路电压百分值为 10.5%,二次母线电压为 10kV,变电所由无限大容量系统供电,二次母线上短路电流为 $I''=I_\infty=5.5$kA。作用于高压断路器的定时限保护装置的动作时限为 $t_{pr}=1$s,瞬时动作的保护装置的动作时限为 0.05s,拟采用高压断路器,其固有开断时间为 0.05s,灭弧时间为 0.05s,断路器全开断时间则为 $t_{ab}=0.05+0.05=0.1$s,试选择高压断路器。

解:(1) 断路器的选择。断路器额定电压 U_N 应不小于所在电网处的额定电压,故选择 $U_N=12$kV。

所选断路器工作电流为

$$I_{max} = \frac{8\,000}{\sqrt{3}U_N} = \frac{8\,000}{\sqrt{3} \times 12} = 384.9(A)$$

根据上述计算,查附录 II 附表 II-20 选择 ZN28-12-630 型的户内真空高压断路器。其主要参数为:

额定电压 $U_N=12kV$,额定电流 $I_N=630A$,额定开断电流 $I_{oc}=20kA$,额定关合电流 $I_{Ncl}=$ 动稳定极限电流 $i_{max}=50kA$,$t=4s$ 的热稳定电流 $I_t=20kA$。

(2) 开断电流校验。由于为无限大容量系统,故

$$I_{kt} = I'' = I_\infty = 5.5kA < I_{oc} = 20kA$$

满足条件,所选择断路器的开断能力满足要求。

(3) 短路热稳定性校验。由于短路时间

$$t_k = t_{pr} + t_{ab} = 1 + 0.1 = 1.1s > 1s$$

故可忽略短路电流的非周期分量,则短路电流热效应的等值计算时间为

$$t_{ima} = t_k = 1.1s$$

热稳定校验条件为 $I_t^2 t \geqslant I_\infty^2 t_{ima}$,而

$$I_t^2 t = 20^2 \times 4 = 1\,600(kA^2 \cdot s) > I_\infty^2 t_{ima} = 5.5^2 \times 1.1 = 33.28(kA^2 \cdot s)$$

所选择断路器满足热稳定条件。

(4) 短路动稳定性校验。动稳定校验条件为 $i_{max} > i_{sh}$,而

$$i_{sh} = 2.55 I_\infty = 2.55 \times 5.5kA = 14.03kA < i_{max} = 50kA$$

所选择断路器动稳定也满足要求。

因而,选择 ZN28-12-630 型的户内真空高压断路器满足要求见(表 6-2)。

例 6-1 高压断路器选择额定参数与计算数据比较   表 6-2

设备参数	ZN28-12-630	计算数据	
$U_N(kV)$	12	$U_N(kV)$	10
$I_N(A)$	630	$I_{max}(A)$	433
$I_{oc}(kA)$	20	$I_{kt}(kA)$	5.5
$I_t^2 t(kA^2 \cdot s)$	1 600	$I_\infty^2 t_{ima}(kA^2 \cdot s)$	33.28
$i_{max}(kA)$	50	$i_{sh}(kA)$	14.03

二、高压隔离开关的选择

高压隔离开关的额定电压、额定电流和动、热稳定校验与高压断路器基本相同,但不需校验开断电流。除此之外,还应看其种类和型式的选择,其型式应根据电力装置特点和使用要求及技术经济条件来确定。表 6-3 为隔离开关选型参考表。

隔离开关选型参考表　　　　　　　　表 6-3

使用场合		特点	参考型号
户内	屋内配电装置成套高压开关柜	三极,10kV 以下	GN2,GN6,GN8,GN19
	发电机回路大电流回路	单极,大电流 3 000～13 000A	GN10
		三极,15kV,200～600A	GN11
		三极,10kV,大电流 2 000～3 000A	GN18,GN22,GN2
		单极,插入式结构,带封闭罩 20kV,大电流 10 000～13 000A	GN14
户外	220kV 及以下各型配电装置	双柱式,220kV 及以下	GW4
	高型、硬母线布置	V 型,35～110kV	GW5
	硬母线布置	单柱式,220～500kV	GW6
	220kV 及以上中型配电装置	三柱式,220～500kV	GW7

三、熔断器的选择

熔断器应根据负荷的大小、重要程度、短路电流大小、使用环境及安装条件等综合考虑选择。

1. 额定电压选择

熔断器的额定电压 U_N 应不低于保护线路的额定电压 U_{Ns},即应按式(6-2)选择。

2. 额定电流选择

熔断器的额定电流选择,包括熔管的额定电流和熔体的额定电流的选择。一般所说熔断器的额定电流是指熔管的额定电流。

1) 熔管额定电流的选择

为了保证熔断器载流及接触部分不致过热和损坏,高压熔断器的熔管额定电流应满足下式的要求,即

$$I_{Nt} \geqslant I_{Ns} \tag{6-8}$$

式中,I_{Nt} 为熔管的额定电流(A);I_{Ns} 为熔体的额定电流(A)。

2) 熔体额定电流选择

(1) 对于保护电力线路的熔断器,其熔体额定电流应按以下条件选择:

① 为了保证在线路正常运行时熔体不致熔断,应使熔体的额定电流 I_{Ns} 不小于线路的最大工作电流 I_{max},即

$$I_{Ns} \geqslant I_{max} \tag{6-9}$$

② 为了保证在出现尖峰电流时熔体不致熔断,熔体的额定电流 I_{Ns} 要躲过线路的尖峰电流 I_{pk},即

$$I_{Ns} \geqslant KI_{pk} \tag{6-10}$$

式中,K 为计算系数,根据熔体的特性和电动机的启动情况来决定:当电动机启动时间小于 3s 时,取 $K=0.25～0.35$;当电动机启动时间为 3～8s 时,取 $K=0.35～0.5$;当电动机启动时间

大于8s或者电动机为频繁启动、反接制动时,取 $K=0.5\sim0.6$。

③为了使熔断器能可靠地保护导线和电缆,以便在线路发生短路或过负荷时及时切断线路电流,熔断器熔体的额定电流 I_{Ns} 必须与被保护线路的允许电流 I_{al} 相配合,即

$$I_{Ns} \leqslant K_{OL} I_{al} \tag{6-11}$$

式中,I_{al} 为绝缘导线或电缆的允许载流量;K_{OL} 为绝缘导线或电缆的允许短时过负荷系数。对电缆和穿管绝缘导线,取 $K_{OL}=2.5$;对明敷绝缘导线,取 $K_{OL}=1.5$;对已装设有过负荷保护的绝缘导线或电缆而又要求用熔断器进行短路保护时,取 $K_{OL}=1$。

(2)对于保护电力变压器的熔断器,其熔体额定电流应按下式选择:

$$I_{Ns} = (1.5 \sim 2) I_{NT} \tag{6-12}$$

式中,I_{NT} 为变压器的额定电流,熔断器装在哪侧,就用该侧的额定电流。

(3)对于保护电压互感器的 RN2 型熔断器,其熔体额定电流一般选用 0.5A。

3. 熔断器断流能力校验

对于没有限流作用的熔断器,由于不能在短路电流达到冲击值前将电弧完全熄灭,应选择使用短路冲击电流的有效值 I_{sh} 进行校验,即

$$I_{oc} \geqslant I_{sh} \tag{6-13}$$

式中,I_{oc} 为熔断器的额定开断电流。

对于有限流作用的熔断器,在电流达最大值之前已截断,故可不计非周期分量影响,而采用三相短路电流的次暂态值 I'' 进行校验,即

$$I_{oc} \geqslant I'' \tag{6-14}$$

4. 熔断器保护灵敏度校验

熔断器保护灵敏度应按下式计算

$$K_s = \frac{I_{k\min}}{I_{Ns}} \geqslant 4 \sim 7 \tag{6-15}$$

式中,I_{Ns} 为熔体的额定电流(A);$I_{k\min}$ 为熔断器保护线路末端的最小短路电流(A),对中性点不接地系统,取两相短路电流 $I_k^{(2)}$;对中性点直接接地系统,取单相短路电流 $I_k^{(1)}$。

四、互感器的选择

1. 电流互感器的选择

1)电流互感器一次侧额定电压和额定电流选择

电流互感器一次回路额定电压 U_N 应不低于安装处电网的额定电压 U_{Ns},一次侧额定电流 I_{1N} 应取线路最大工作电流 I_{max} 或者变压器额定电流的 1.2~1.5 倍。

2)二次侧额定电流的选择

电流互感器的二次侧额定电流有 5A 和 1A 两种。一般强电系统用 5A,弱电系统用 1A。当配电装置距离控制室较远时,为使电流互感器能多带二次负荷或减少电缆截面,提高准确度,应尽量采用 1A。

3)电流互感器种类和型式的选择

电流互感器按安装方式可分为穿墙式、支持式和装入式;按绝缘可分为干式、浇注式和油浸式。应根据安装条件和工作环境选择相适应的类别和型式。6~10kV 户内用电流互感器,

采用穿墙式和浇注式;35kV 及以上户外用电流互感器,采用支持式和套管式。

4) 准确级的选择

为保证测量仪表的准确度,电流互感器的准确级不得低于所供测量仪表的准确级。如装于重要回路(如发电机、调相机、变压器、厂用馈线、出线等)中的电能表和计费的电能表一般采用 0.5~1 级表,相应的电流互感器的准确级不应低于 0.5 级;对测量精度要求较高的大容量发电机、变压器、系统干线和 500kV 电压等级线路宜用 0.2 级。供运行监视、估算电能的电能表和控制盘上仪表一般皆用 1~1.5 级的,相应的电流互感器应为 0.5~1 级。供只需估计电参数仪表的互感器可用 3 级的。当一个电流互感器二次回路中装有几个不同类型仪表时,应按对准确度要求最高的仪表来选择电流互感器的准确级。如果同一个电流互感器,既供测量仪表又供保护装置用,应选具有两个不同准确级二次绕组的电流互感器。

至此,可初选出电流互感器的型号,由产品目录或手册查得其在相应准确级下的二次负荷额定阻抗 Z_{N2}、热稳定倍数 K_t 和动稳定倍数 K_{es}。

5) 电流互感器二次容量或二次侧负荷的校验

为了保证电流互感器的准确级,电流互感器二次侧所接实际负荷 Z_2 或所消耗的实际容量 S_2 应不大于该准确级所规定的额定负荷 Z_{N2} 或额定容量 S_{N2},即

$$Z_{N2} \geqslant Z_2 \text{ 或 } S_{N2} = I_{N2}^2 Z_{N2} \geqslant S_2 = I_{N2}^2 Z_2 \tag{6-16}$$

式中,Z_{N2} 和 S_{N2} 分别为电流互感器某一准确级的允许负荷(Ω)和容量(VA),可从产品样本查得;Z_2 和 S_2 分别为电流互感器二次侧所接实际负荷(Ω)和容量(VA)。

由于电流互感器二次侧所接仪表或继电器的电流线圈及连接导线的电抗很小,可以忽略,只需计及电阻,则 Z_2 和 S_2 可由公式(6-17)和(6-18)求得

$$Z_2 = \sum r_i + r_l + r_c \tag{6-17}$$

$$S_2 = I_{N2}^2 \sum r_i + I_{N2}^2 r_l + I_{N2}^2 r_c = \sum S_i + I_{N2}^2 r_l + I_{N2}^2 r_c \tag{6-18}$$

式中,r_l 为电流互感器二次侧连接导线电阻(Ω);r_c 为电流互感器二次连线的接触电阻(Ω),由于不能准确测量,一般取为 0.1Ω;$\sum r_i$、$\sum S_i$ 分别为电流互感器二次侧所接仪表的内阻总和(Ω)与容量总和(VA),$\sum r_i = \sum S_i / I_{N2}^2$。

因此,满足准确级的连接导线电阻为

$$r_l \leqslant \frac{S_{N2} - I_{N2}^2(\sum r_i + r_c)}{I_{N2}^2} = Z_{N2} - \sum r_i - r_c \tag{6-19}$$

从而连接导线的截面积可按式(6-20)选择

$$A \geqslant \frac{L_c}{\gamma r_l} \tag{6-20}$$

式中,A 为二次侧连接导线的允许截面积(mm²);γ 为导线的电导率 m/(Ω·mm²),铜线取 53m/(Ω·mm²),铝线取 32m/(Ω·mm²);L_c 为连接导线的计算长度(m),与电流互感器的接线方式有关。假设从电流互感器二次端子到仪表、继电器接线端子的单向长度为 l(m),则互感器为一相式接线时,$L_c = 2l$;为三相完全星形接线时,$L_c = l$;为两相不完全星形接线和两相电流差接线时,$L_c = \sqrt{3} l$。

此外,选择二次侧连接导线截面积时,还应按机械强度进行校验,一般要求铜线截面积不得小于 1.5mm²,铝线截面积不得小于 2.5mm²。

如电流互感器的实际二次负荷大于允许(额定)二次负荷,则应采取下述措施:
(1)增大连接导线截面或缩短连接导线长度,以减小实际二次负荷;
(2)选择变比较大的电流互感器,减小一次电流倍数,增大允许二次负荷;
(3)将电流互感器的二次绕组串联起来,使允许二次负荷增大一倍。

6)热稳定和动稳定校验

(1)**热稳定校验**。电流互感器的热稳定校验只对本身带有一次回路导体的电流互感器进行。电流互感器热稳定能力常以 t 秒内允许通过的热稳定电流 I_t 与一次额定电流 I_{1N} 之比——热稳定倍数 K_t 来表示,即

$$K_t = I_t / I_{1N} \tag{6-21}$$

故热稳定应按式(6-22)校验

$$(K_t I_{1N})^2 t \geqslant I_\infty^2 t_{ima} \tag{6-22}$$

式中,K_t 为由生产厂给出的电流互感器的热稳定倍数;I_∞ 和 t_{ima} 分别为短路稳态电流值(A)及热效应等值计算时间(s)。

(2)**动稳定校验**。电流互感器动稳定能力,常以允许短时极限通过电流峰值 i_{max} 与一次侧额定电流峰值 $\sqrt{2}I_{1N}$ 之比——动稳定电流倍数 K_{es} 表示,即

$$K_{es} = \frac{i_{max}}{\sqrt{2}I_{1N}} \tag{6-23}$$

故内部动稳定可用式(6-24)校验

$$\sqrt{2}K_{es}I_{1N} \geqslant i_{sh} \tag{6-24}$$

式中,K_{es} 为由生产厂给出的电流互感器的动稳定倍数;i_{sh} 为故障时可能通过电流互感器的最大三相短路电流冲击值(A)。

如果动、热稳定性校验不满足要求时,应选择额定电流大一级的电流互感器再进行校验,直至满足要求为止。有关电流互感器的参数可查附录或其他有关产品手册。

【**例6-2**】 某变电所10kV母线处,三相短路电流 $I_k = 10\text{kA}$,三相短路冲击电流 $I_{sh} = 25\text{kA}$,假想时间 $t_{ima} = 1.2\text{s}$。现拟在母线的一出线处安装两只 LQJ-10 型电流互感器,分别装于 U、W 相,其中 0.5 级二次绕组用于测量,接有三相有功电度表和三相无功电度表的电流线圈各一只,每一电流线圈消耗功率 0.5VA,电流表一只,消耗功率 3VA。电流互感器为不完全星形连接,二次回路采用 BV-500-1×2.5mm² 的铜芯塑料线,互感器距仪表的单向长度为 2m。若线路负荷计算电流为 50A,试选择电流互感器变比并校验其动稳定度、热稳定度和准确级。

解:查附录Ⅱ附表Ⅱ-22,根据线路计算电流50A,初选变比为 75/5A 的 LQJ-10 型电流互感器,有 $K_{es} = 225$,$K_t = 90$,0.5级二次绕组的 $S_{2N} = 10\text{VA}$,二次额定负荷 $Z_{2N} = 0.4\Omega$。

(1)动稳定校验

$K_{es} \times \sqrt{2}I_{1N} = 225 \times 1.414 \times 0.075\text{kA} = 23.86\text{kA} < 25\text{kA}$,不满足动稳定要求。

重选变比为 160/5A,$K_{es} = 160$,$K_t = 75$,则

$K_{es} \times \sqrt{2}I_{1N} = 160 \times 1.414 \times 0.16\text{kA} = 36.2\text{kA} > 25\text{kA}$,满足动稳定要求。

(2) 热稳定校验。

$$(K_t I_{1N})^2 t = (75 \times 0.16)^2 \times 1 = 144 (\text{kA}^2 \cdot \text{s}) > I_\infty^2 t_{ima} = 10^2 \times 1.2 = 120 (\text{kA}^2 \cdot \text{s})$$

满足热稳定要求。

(3) 准确级校验。

$$A = 2.5 \text{mm}^2, L_c = \sqrt{3} l$$

$$r_1 = \frac{L_c}{A\gamma} = \frac{\sqrt{3} l}{A\gamma} = \frac{\sqrt{3} \times 2}{2.5 \times 53} = 0.026(\Omega)$$

$$\sum S_i = 0.5 \times 2 + 3 = 4(\text{VA})$$

$$S_2 = I_{N2}^2 \sum r_i + I_{N2}^2 r_1 + I_{N2}^2 r_c = \sum S_i + I_{N2}^2 r_1 + I_{N2}^2 r_c$$

$$= 4 + 5^2 \times (0.026 + 0.1)$$

$$= 7.15(\text{VA}) < S_{N2} = 10(\text{VA})$$

满足准确级要求。

2. 电压互感器的选择

1) 电压互感器一次回路额定电压选择

为了确保电压互感器安全和在规定的准确级下运行,电压互感器一次绕组所接电力网电压 U_{Ns} 应在 $(0.9 \sim 1.1) U_{N1}$ 范围内变动,即满足式(6-25)条件

$$0.9 U_{N1} < U_{Ns} < 1.1 U_{N1} \tag{6-25}$$

式中,U_{N1} 为电压互感器一次侧额定电压;U_{Ns} 为电压互感器一次绕组所接电力网额定电压。选择时,满足 $U_{N1} = U_{Ns}$ 即可。

2) 电压互感器二次侧额定电压的选择

电压互感器二次侧额定线电压为 100V,相电压为 $100/\sqrt{3}$ V。

3) 电压互感器种类和型式的选择

电压互感器的种类和型式应根据装设地点和使用条件进行选择,例如,在 6～35kV 屋内配电装置中,一般采用油浸式或浇注式,110kV 及以上配电装置多采用干式。110～220kV 配电装置通常采用串级电磁式电压互感器,220kV 及其以上配电装置,当容量和准确级满足要求时,也可采用电容式电压互感器。

4) 准确级选择

首先根据仪表和继电器接线要求选择电压互感器接线方式,并尽可能将负荷均匀分布在各相上,然后计算各相负荷大小,按照所接仪表的准确级和容量选择互感器的准确级和额定容量。有关电压互感器准确级的选择原则,可参照电流互感器准确级选择。一般供功率测量、电能测量以及功率方向保护用的电压互感器应选择 0.5 级或 1 级的,只供估计被测值的仪表和一般电压继电器的电压互感器选用 3 级为宜。

至此,可初选出电压互感器的型号,由产品目录或手册查得其在相应准确级下的额定二次容量。

5) 按额定二次容量选择

电压互感器的额定二次容量(对应于所要求的准确级)S_{N2},应不小于电压互感器的二次负荷S_2,即

$$S_{N2} \geqslant S_2 = \sqrt{\sum_{i=1}^{n}\left[(S_i\cos\varphi_i)^2+(S_i\sin\varphi_i)^2\right]} \tag{6-26}$$

式中,S_i、$\cos\varphi_i$分别为二次侧所接各仪表并联线圈消耗的功率及其功率因数,可查表得到。

由于电压互感器三相负荷常不相等,为了满足准确级要求,通常以最大相负荷进行比较。计算电压互感器各相的负荷时,必须注意互感器和负荷的接线方式。表6-4列出电压互感器和负荷接线方式不一致时每相负荷的计算公式。

由于电压互感器两侧均装有熔断器,故不需进行短路电流的动稳定和热稳定校验。

电压互感器二次绕组负荷计算公式　　　　表6-4

接线及相量				
U	$P_U=[S_{UV}\cos(\varphi_{UV}-30°)]/\sqrt{3}$ $Q_U=[S_{UV}\sin(\varphi_{UV}-30°)]/\sqrt{3}$		UV	$P_{UV}=\sqrt{3}S\cos(\varphi+30°)$ $Q_{UV}=\sqrt{3}S\sin(\varphi+30°)$
V	$P_V=[S_{UV}\cos(\varphi_{UV}+30°)+S_{VW}\cos(\varphi_{VW}-30°)]/\sqrt{3}$ $Q_V=[S_{UV}\sin(\varphi_{UV}+30°)+S_{VW}\sin(\varphi_{VW}-30°)]/\sqrt{3}$		VW	$P_{VW}=\sqrt{3}S\cos(\varphi-30°)$ $Q_{VW}=\sqrt{3}S\sin(\varphi-30°)$
W	$P_W=[S_{VW}\cos(\varphi_{VW}+30°)]/\sqrt{3}$　　$Q_W=[S_{VW}\sin(\varphi_{VW}+30°)]/\sqrt{3}$			

五、高压开关柜的选择

高压开关柜内设备应按装设地点的电气条件来选择,方法见前述高压电器设备的选择。开关柜生产商会提供开关柜型号、方案号、技术参数、柜内设备的配置,柜内设备的具体规格由用户向生产商提供订货要求。

高压开关柜的选择主要是开关柜的型号和回路方案号的选择。

1)开关柜型号的选择

根据负荷等级选择开关柜的型号,一般一、二级负荷选择移开式开关柜,如JYN2-10,KYN2-10,JYN1-35型开关柜。三级负荷选择固定式开关柜,如KGN-10、XGN2-12型开关柜。

2)开关柜回路方案号的选择

每一种型号的开关柜,其回路方案号有几十种甚至上百种,用户可以根据主接线方案,选择与主接线方案一致的开关柜回路方案号,然后选择柜内设备型号规格。每种型号的开关柜主要有电缆进出线柜、架空线进出线柜、联络柜、避雷器柜、电压互感器柜、所用变压器柜等,但各型号开关柜的方案号可能不同。

第三节　低压电气设备的选择

一、低压刀开关的选择

低压刀开关主要是根据负荷电流的大小来选择它的额定容量。一般情况下，由于闸刀开关应该能接通和断开自身标定的额定电流，因此在只有普通负荷的电路中，可以根据负荷电流来选择相应的刀开关。当用刀开关控制电动机时，由于电动机的起动电流大，刀开关的额定电流应该比电动机的额定电流大，一般是电动机额定电流的3倍。如果电动机不需要经常起动，而且是一般电路的情况下，刀开关的额定电流应为电动机或负载电路额定电流的2倍左右。在选择刀开关时，还应根据工作地点的环境，选择合适的操作机构。

组合式的刀开关，应配有满足正常工作和保护需要的熔断器。选择组合开关的依据是电源的种类、电压等级、触头数量以及断流容量。

二、低压断路器的选择

1. 低压断路器选择的一般原则

(1) 低压断路器的类型及操作机构形式应符合工作环境、保护性能等方面的要求；
(2) 低压断路器的额定电压应不低于装设处电网的额定电压；
(3) 低压断路器的额定电流应不小于它所能安装的最大脱扣器的额定电流；
(4) 低压断路器的短路断流能力不小于线路中的最大短路电流。

2. 低压断路器过电流脱扣器的选择与整定

(1) 低压断路器过电流脱扣器的选择。过电流脱扣器的额定电流 $I_{N \cdot OR}$ 应大于或等于线路的最大负荷计算电流 I_{max}，即

$$I_{N \cdot OR} \geqslant I_{max} \tag{6-27}$$

(2) 低压断路器过电流脱扣器的整定。

① 瞬时脱扣器的整定动作电流 $I_{op(o)}$，应躲过线路的尖峰电流 I_{pk}，即

$$I_{op(o)} \geqslant K_{rel} I_{pk} \tag{6-28}$$

式中，K_{rel} 为可靠系数，对于动作时间在0.02s以上的万能式断路器（DW型）取1.35；对于动作时间在0.02秒以下的塑壳式断路器（DZ型），取1.7~2.0。I_{pk} 为线路的尖峰电流。

② 短延时脱扣器的整定动作电流 $I_{op(s)}$，应躲过线路的尖峰电流 I_{pk}，即

$$I_{op(s)} \geqslant K_{rel} I_{pk} \tag{6-29}$$

式中，K_{rel} 为可靠系数，取 $K_{rel}=1.2$。

③ 长延时脱扣器的整定动作电流 $I_{op(l)}$ 应大于或等于线路的最大负荷计算电流 I_{max}，即

$$I_{op(l)} \geqslant K_{rel} I_{max} \tag{6-30}$$

式中，K_{rel} 为可靠系数，取 $K_{rel}=1.1$。

由于长延时过电流脱扣器是用于负荷保护，动作时间有反时限特征。过负荷电流越大，动作时间越短，反之则越长。一般动作时间在1~2h。

过电流脱扣器动作电流整定后,还应选择过电流脱扣器的整定倍数。过电流脱扣器的动作值或倍数,一般是按照其额定电流的倍数来设定的。各种型号的断路器其脱扣器的动作电流整定倍数也不一样。不同类型过电流脱扣器,如瞬时、短延时、长延时,其动作电流倍数也不一样。有些型号断路器动作电流整定倍数分档设定,而有些型号断路器动作电流倍数可连续调节。应选择与 I_{op} 值最接近的脱扣器的动作电流整定值 KI_N,并满足 $KI_N \geqslant I_{op}$,K 为整定倍数。

④过流脱扣器的动作电流 I_{op} 必须与被保护线路的允许电流 I_{al} 相配合,以便在线路过负荷或短路时,能及时切断线路电流,以保护导线或电缆防止因过热而损坏。整定值按式(6-31)计算

$$I_{op} \leqslant K_{OL} I_{al} \tag{6-31}$$

式中,I_{al} 为线路的允许载流量(A),可查阅产品手册;K_{OL} 为过负荷系数,对瞬时或短延时脱扣器,取 $K_{OL}=4.5$,长延时取 $K_{OL}=1$。对有爆炸性气体区域内的配电线路取 $K_{OL}=0.8$。

当上述配合要求得不到满足时,可改选脱扣器动作电流,或者增大线路导线截面。

3. 低压断路器热脱扣器的选择与整定

(1) 热脱扣器的选择。热脱扣器的额定电流 $I_{N\cdot TR}$ 应不小于线路的最大负荷计算电流 I_{max},即

$$I_{N\cdot TR} \geqslant I_{max} \tag{6-32}$$

(2) 热脱扣器的整定。热脱扣器的动作电流 $I_{op\cdot TR}$ 应躲过线路的尖峰电流 I_{pk},即

$$I_{op\cdot TR} \geqslant K_{rel} I_{pk} \tag{6-33}$$

式中,K_{rel} 为可靠系数,取 $K_{rel}=1.1$。

4. 低压断路器过电流保护灵敏度校验

低压断路器过电流保护的灵敏度应按式(6-34)计算

$$K_s = \frac{I_{k\,min}}{I_{op}} \geqslant 1.5 \tag{6-34}$$

式中,I_{op} 为低压断路器瞬时或短延时过电流脱扣器的动作电流(A);I_{kmin} 为低压断路器保护的线路末端最小短路电流(A),对中性点不接地系统,取两相短路电流 $I_k^{(2)}$;对中性点直接接地系统,取单相短路电流 $I_k^{(1)}$。

5. 低压断路器断流能力的校验

对于动作时间在0.02s以上的万能式断路器,其极限分断电流 I_{oc} 应不小于通过它的最大三相短路电流有效值 I_k,即

$$I_{oc} \geqslant I_k \tag{6-35}$$

对于动作时间在0.02s以下的塑壳式断路器,其极限分断电流 I_{oc} 应不小于通过它的最大三相短路电流冲击值 I_{sh},即

$$I_{oc} \geqslant I_{sh} \text{ 或 } i_{oc} \geqslant i_{sh} \tag{6-36}$$

6. 前后级低压断路器之间的选择性配合

前后级低压断路器的选择性配合,应按其保护特性曲线来进行校验。为了保证前后级低压断路器选择性要求,一般要求前一级(靠近电源)低压断路器采用短延时的过电流脱扣器,而后一级(靠近负荷)低压断路器采用瞬时过电流脱扣器,动作电流为前一级大于后一级动作电

流的1.2倍,即

$$I_{op(1)} \geqslant 1.2 I_{op(2)} \tag{6-37}$$

在动作时间选择性配合上,如果后一级采用瞬时过电流脱扣器,则前一级要求采用短延时过电流脱扣器,如果前后级都采用短延时脱扣器,则前一级动作时间应至少比后一级短延时时间大一级。由于低压断路器保护特性时间误差为±20%～±30%,为防止误动作,应把前一级动作时间计入负误差(提前动作),后一级动作时间计入正误差(滞后动作),在这种情况下,仍要保证前一级动作时间大于后一级动作时间,才能保证前后级断路器选择性配合。

【例 6-3】 已知某电力线路的最大工作电流 $I_{max}=125A$,尖峰电流 $I_{pk}=390A$,采用导线的长期允许电流 $I_{al}=165A$,线路首端的最大三相短路电流 $I_k=7.6kA$,最小单相短路电流 $I_k^{(1)}=2.5kA$,请选择低压断路器的型号及规格。

解:(1)选择型号及规格。根据题意,选择 DW15-200 型低压断路器作为电力线路的过载和短路保护,其额定电流

$$I_N = 200A > I_{max} = 125A$$

满足条件。

查附录Ⅱ附表Ⅱ-23,确定配置瞬时和长延时过电流脱扣器。

(2)瞬时脱扣器额定电流选择及动作电流整定。

①选择:要求 $I_{N \cdot OR} \geqslant I_{max}=125A$,故选取 $I_{N \cdot OR}=200A$ 的瞬时脱扣器。

②整定:首先求线路的尖峰电流

要求 $I_{N \cdot OR} \geqslant K_{rel} I_{pk}=1.35 \times 390=527(A)$,据此,应选瞬时脱扣器整定倍数 $K=3$,即

$$I_{op(o)} = K I_N = 3 \times 200 = 600A > 527A$$

③与保护线路的配合

$$I_{op(o)} = 600A < K_{OL} I_{al} = 4.5 \times 165A = 743A$$

满足条件。故选择整定电流为 600A 的半导体式瞬时过电流脱扣器。

(3)长延时脱扣器动作电流整定。

①动作电流整定

$$I_{op(1)} \geqslant K_{rel} I_{max} = 1.1 \times 125 = 137.5A$$

选取 128～160～200 中整定电流为 160A 的热式脱扣器,即 $I_{op(1)}=160A$。

②与保护线路的配合

$$I_{op(1)} = 600A < K_{OL} I_{al} = 1 \times 165A = 165A$$

满足要求。

(4)断流能力校验。DW15-200 的极限开断电流 $I_{oc}=50kA$,大于最大三相短路电流 $I_k=7.6kA$,满足要求。

(5)灵敏度校验

$$K_s = \frac{I_{k \min}}{I_{op}} = \frac{I_k^{(1)}}{I_{op(o)}} = \frac{2.5 \times 10^3}{600} = 4.2 > 1.5$$

灵敏度满足要求。

综合上述，所选择低压断路器为 DW15-200，脱扣器额定电流为 200A（见表 6-5）。

例 6-3 低压断路器选择额定参数与计算数据比较　　　　表 6-5

设备参数		DW15-200	比较条件	计算数据	
$U_N(V)$		380	≥	$U_N(V)$	380
$I_N(A)$		200	≥	$I_{max}(A)$	125
$I_{oc}(kA)$		50	≥	$I_k(kA)$	7.6
长延时脱扣器	$I_{N \cdot OR}(A)$	200	≥	$I_{max}(A)$	125
	$I_{op(1)}(A)$	160	≥	$K_{rel}I_{max}(A)$	$1.1 \times 125 = 137.5$
			≤	$K_{OL}I_{al}(A)$	$1 \times 165 = 165$
瞬时延时脱扣器	$I_{op(o)}(A)$	$KI_N = 3 \times 200 = 600$	≥	$K_{rel}I_{pk}(A)$	$1.35 \times 390 = 527$
			≤	$K_{OL}I_{al}(A)$	$4.5 \times 165 = 743$
K_s		$I_k^{(1)}/I_{op(o)} = 4.2$	>	K_s	1.5

三、低压熔断器的选择

1. 类型选择

要根据保护对象和工作环境条件选择适当的熔断器，如对于线路和母线保护应选择全范围的 G 类熔断器；对于电动机应选择 M 类的熔断器；家庭环境中用的熔断器，宜选用螺旋式或半封闭插入式结构。

2. 电压、电流选择、分断能力校验及与被保护线路的配合

参考高压熔断器的选择与校验。

3. 前后级熔断器选择性配合

低压线路中，熔断器较多，前后级的熔断器在选择性上必须配合，以使靠近故障点的熔断器最先熔断。上下级均有熔断器保护的环境下，应按照两只熔断器的安秒特性曲线不相交或上级熔断器熔体的额定电流与下级熔断器熔体额定电流之比不低于过电流选择比来选择。一般只要前一级熔断器熔体额定电流比后一级熔断器熔体额定电流大 2~3 级，就能保证选择性动作。

4. 与其他电器的配合

考虑与熔断器相连的接触器或负荷开关、隔离开关与熔断器动作在时间上的配合，必须保证在发生短路时熔断器要先于接触器或负荷开关、隔离开关动作。一般的，要求可靠系数不小于 2，即接触器的动作时间是熔断器动作时间的两倍以上。

四、漏电保护器的选择

1. 漏电保护器额定漏电动作电流的选择

正确合理地选择漏电保护器的额定漏电动作电流非常重要：一方面在发生触电或泄漏电流超过允许值时，漏电保护器可有选择地动作；另一方面，漏电保护器在正常泄漏电流作用下不应动作，防止供电中断而造成不必要的经济损失。

漏电保护器的额定漏电动作电流应满足以下三个条件：

(1)为了保证人身安全,额定漏电动作电流应不大于人体安全电流值,国际上公认30mA为人体安全电流值；

(2)为了保证电网可靠运行,额定漏电动作电流应躲过低压电网正常漏电电流；

(3)为了保证多级保护的选择性,下一级额定漏电动作电流应小于上一级额定漏电动作电流,各级额定漏电动作电流应有级差 112～215 倍。

第一级漏电保护器安装在配电变压器低压侧出口处。该级保护的线路长,漏电电流较大,其额定漏电动作电流在无完善的多级保护时,最大不得超过 100mA；具有完善多级保护时,漏电电流较小的电网,非阴雨季节为 75mA,阴雨季节为 200mA；漏电电流较大的电网,非阴雨季节为 100mA,阴雨季节为 300mA。

第二级漏电保护器安装于分支线路出口处,被保护线路较短,用电量不大,漏电电流较小。漏电保护器的额定漏电动作电流应介于上、下级保护器额定漏电动作电流之间,一般取 30～75mA。

第三级漏电保护器用于保护单个或多个用电设备,是直接防止人身触电的保护设备。被保护线路和设备的用电量小,漏电电流小,一般不超过 10mA 。

2. 系统的正常泄漏电流要小于漏电保护器的额定不动作电流

漏电保护器的额定不动作电流,由产品的样本给出,可取漏电保护额定动作电流的一半。配电线路及电器设备的正常泄漏电流对漏电保护器的动作正确与否有很大的影响,若泄漏电流过大,会引起保护电器误动作,因此在设计中必须估算系统的泄漏电流,并使其小于漏电保护器的额定不动作电流。泄漏电流的计算非常复杂,又没有实测的数据,设计中只能参考有关的资料。

3. 按照保护目的选用漏电开关

以触电保护为目的的漏电保护器,可装在小规模的干线上,对下面的线路和设备进行保护,也可以有选择地在分支上或针对单台设备装设漏电保护器,其正常的泄漏电流相对也小。漏电保护器的额定动作电流可以选得小些,但一般不必追求过小的动作电流,过小的动作电流容易产生频繁的动作。IEC 标准规定:漏电保护器的额定动作电流不大于 30mA,动作时间不超过 0.1s；动作时间过长,30mA 的电流可使人有窒息的危险。

分支线上装高灵敏漏电保护器做触电保护,干线上装中灵敏或低灵敏延时型作为漏电火灾保护,两种办法同时采用相互配合,可以获得理想的保护效果,这时要注意前后两级动作选择性协调。

4. 按照保护对象选用漏电保护器

人身触电事故绝大部分发生在用电设备上,用电设备是触电保护的重点,然而并不是所有的用电设备都必须装漏电保护器,应有选择地对那些危险较大的设备使用漏电保护器保护。必须装漏电保护器(漏电开关)的设备和场所有:属于Ⅰ类的移动式电气设备及手持式电动工具；安装在潮湿、强腐蚀性等恶劣场所的电气设备；建筑施工工地的电气施工机械设备；暂设临时用电的电器设备；宾馆、饭店及招待所的客房内插座回路；机关、学校、企业、住宅等建筑物内的插座回路；游泳池、喷水池、浴池的水中照明设备；安装在水中的供电线路和设备；医院中直接接触人体的电气医用设备；其他需要安装漏电保护器的场所。

五、双电源自动转换开关(ATSE)的选择

1. 类别选择

(1)不用于分断短路电流,用于放射式配电的重要负荷,选用 PC 级 ATSE,当由树干式配电时需加装过电流保护电器;

(2)配备有过电流脱扣器,可接通和分断短路电流,选用 CB 级 ATSE,应用时需同时满足配电系统对过电流保护电器的特殊要求。

2. 正常负载特性选择

额定电流应大于线路的计算电流。接通和分断能力不应小于其接通和分断线路的短时最大负荷电流。

3. 短路特性选择

对于 PC 级 ATSE,额定短路(1s)耐受电流应满足 $I_t^2 t \geqslant Q_t$,额定限制短路电流不应小于安装地点的最大三相对称短路电流有效值。

4. 转换时间选择

ATSE 的总动作时间应适应不同备用电源和不同负荷性质的要求:

(1)对电动机类负载、变频器、整流器及特殊医疗用电设备,为防止断电后立即接通可能造成机械损伤或对设备产生不良影响,应采用带有延时型 ATSE,且宜为自投不自复,其延时时间还应大于低压分断单母线的母联开关动作时间,一般 ATSE 的总动作时间宜为 3s 以上。具有多级双电源时,应按先后顺序合理确定上下级 ATSE 的总动作时间。

(2)当采用发电机作为备用电源时,发电机自动起动时间一般在 15s 以上,应采用"市电-发电机转换"型 ATSE,宜为自投自复,当主电源恢复正常供电时,ATSE 应经延时后(宜为 3s 以上)切换回主电源。

5. 极数选择

在双电源转换系统中,根据配电系统的接地形式,接地保护装置的设置,能否产生中性电流分流和环流及接地故障电流的分流,避免保护装置误动作或拒动作,以确定 ATSE 的极数。

下列场所应采用三极 ATSE 产品:

(1) 在 TN-C 系统中需要双电源转换开关时;

(2)在 TN-S 系统,采用零序电流动作保护时,其下端的 ATSE 采用三极产品。

下列场所应采用四极 ATSE 产品:

(1)在两种不同的接地系统间转换;

(2)正常供电电源和备用发电机组之间的双电源转换开关;

(3)在 TN-S 系统,采用剩余电流动作保护时。

6. 前端隔离与保护电器的设置

ATSE 应设置隔离电器,对 CB 级 ATSE 只设隔离电器;对 PC 级 ATSE,由放射式线路配电时也可只设隔离电器,由树干式线路配电时则应设置符合隔离要求的短路保护电器。

对供电可靠性要求很高的重要负荷,应采用旁路隔离型 ATSE,以便在 ATSE 故障或检修时,保证对重要负荷的连续供电。

7. 控制器的选择

对 ATSE 控制器的选择,应着重考虑控制器的功能实用性和可靠性。

对 CB 级 ATSE 还应选择过电流脱扣器额定电流和整定电流,并应满足配电系统对保护电器动作选择性的要求,参考低压断路器的动作特性选择。

思考与练习题

6-1 高压断路器、高压隔离开关和高压熔断器在选择时,哪些需要校验断流能力?哪些需要校验动、热稳定性?

6-2 熔断器熔体额定电流选择的条件有哪些?如何与导线或电缆的允许电流配合?

6-3 电流互感器按哪些条件选择?准确级如何选用?

6-4 电压互感器应按哪些条件选择?准确级如何选用?

6-5 试选择某 10kV 高压配电所进线侧的高压户内断路器和高压户内隔离开关的规格型号。已知该进线的计算电流为 350A,三相短路电流稳态值为 2.8kA,继电保护动作时间为 1.1s,断路器的全分闸时间为 0.2s。

6-6 已知某 10kV 线路的 I_{max}=150A,三相短路电流 I_k=9kA,三相短路冲击电流 I_{sh}=23kA,假想时间 t_{ima}=1.4s。装有电流表两只,每只线圈消耗功率 0.5VA,有功功率表和无功功率表各一只,每只线圈消耗功率 0.6VA,有功电能表和无功电能表各一只,每只线圈消耗功率 0.5VA。电流互感器为不完全星型连接,二次回路采用 BV-500-1×2.5mm² 的铜芯塑料线。电流互感器至测量仪表的路径长度 l=10 米。试选测量用电流互感器型号并进行动、热稳定性和准确级校验。

6-7 某 380V 低压干线上,计算电流为 250A,尖峰电流为 400A,导线长期允许电流为 350A,安装地点的三相短路冲击电流为 25kA,最小单相短路电流为 $I_k^{(1)}$=3.5kA,试选择 DW15 型低压断路器的规格(带瞬时和长延时脱扣器),并校验断路器的断流能力。

6-8 漏电保护器额定漏电动作电流应满足什么条件?

6-9 漏电保护为什么要进行分级保护?各级保护器如何安装?各级额定漏电动作电流值分别为多少?

6-10 必须装设漏电保护器的场所有哪些?

6-11 双电源自动转换开关选择时主要考虑哪些方面?

第七章 导线和电缆的选择

导线、电缆是分配电能的主要传输介质,选择的合理与否,直接影响到线路投资的经济性和电力供应的可靠性,并直接影响电力网的安全运行。本章主要介绍常用导线和电缆的种类及导线和电缆型号的选择,重点介绍导线、电缆截面选择的几种方法。

第一节 导线和电缆的分类及型号选择

一、裸导线

户外架空线路10kV及以上电压等级一般采用裸导线。

(1)铝绞线(LJ)。铝绞线导电性能较好,重量轻,价格低廉,抵御风雨作用的能力强,但抗化学腐蚀作用的能力较差。多用于6~10kV的线路,受力不大的情况下,杆距不超过100~125m。

(2)钢芯铝绞线(LGJ)。钢芯铝绞线结构的外围为铝线,芯子采用钢线,强化了铝绞线的机械强度。由于交变电流具有集肤效应,所以导体中电流实际只从铝线经过,这样确定钢芯铝绞线的截面积时只需考虑铝线部分的面积。多用于机械强度要求较高的场合和35kV及以上的架空线路。

(3)铜绞线(TJ)。铜绞线导电性能好,机械强度高,抵御风雨和化学腐蚀作用的能力强,但价格较高,应根据实际需要确定是否使用。

(4)防腐钢芯铝绞线(LGJF)。具有钢芯铝绞线的特点,同时防腐性能好,一般用在沿海地区、咸水湖地区及化工工业地区等周围具有腐蚀性物质的高压和超高压架空线路上。

选择裸导线的环境温度应符合以下两点要求:

(1)户外:取决于最热月平均最高温度。最热月最高平均温度为最热月每日最高温度的月平均值,取多年平均值。

(2)户内:取决于该处通风设计温度,若该处无通风设计温度资料时,可取最热月平均最高温度加5℃。

为了识别导线相序,以有利于运行维修,同时也有利于防腐和改善散热条件,《电工成套装置中的导线颜色》(GB 2681—1981)规定,交流三相系统中的裸导线(包括母线)应按表7-1涂色。

交流三相系统中裸导线的涂色　　　　　　　表 7-1

裸导线类别	A 相	B 相	C 相	N 线、PEN 线	PE 线
涂漆颜色	黄	绿	红	淡蓝	黄绿双色

二、母线

母线是裸金属的导电材料,由于它最常用的形状为矩形,也常称为母排,主要用于汇集和分配电能。母线的类型包括:

(1)矩形母线。矩形母线具有集肤效应系数小、散热条件好、安装简单、连接方便等优点,一般工作电流不大于 2 000A。主要有铜母线(TMY)及铝母线(LMY)以及少量使用的钢母线(GMY)三类。最近出现新型的复合铜铝母线。

随着片数的增加,集肤效应系数显著增加,附加损耗显著增大,故母线的载流量不随片数的增加而成倍增加。

(2)槽型母线。与同截面矩形母线比,槽型母线电流分布均匀,散热条件好,机械强度高,安装方便,载流能力大。

(3)管型母线。管型母线为空心导体、集肤效应系数小,且有利于提高电晕的起始电压。户外使用可减少占地,简明构架,清洗布置。但导体和设备的连接复杂,户外易产生微风振动。

(4)母线槽。将矩形母排紧凑绝缘地并排安装在密封基地的槽型金属外壳内构成,故名母线槽,又名封闭式母线。母线槽可使用于交流三相三线、三相四线、三相五线制供配电线路,频率 50～60Hz,额定工作电压有 400V(500V)、660V、6kV 及 10kV 四种。额定电流有 25A、40A、63A、100A、160A、200A、250A、400A、630A、800A、1 000A、1 250A、1 600A、2 000A、2 500A、3 150A、4 000A、5 000A,共 18 种。

母线槽体积小,输送电流大,安装灵活,配电施工方便,互不干扰,是一种相间、相对地均有绝缘层的低压母线。可根据使用者要求,在预订位置留出插接口,形成插接式母线。带插口的母线槽,可通过插接开关箱方便地引出分支。

母线槽的特点是载流量大,便于分支。通常作为干线使用或向大容量设备提供电源,在电柜到系统的干线与干支线回路使用。其敷设方式有电气竖井中垂直敷设,用吊杆在天棚下水平敷设以及在电缆沟或电缆隧道内敷设。

母线槽按绝缘方式可分为以下 3 种:

(1)空气绝缘型:由固定母线的绝缘框架保持每相、相与 N 线间的一定距离的空间绝缘。

(2)密集绝缘型:由高电气性能的热合套管罩于母线上,各相、相与 N 线间以密集安装的母线间的绝缘套管作为绝缘,体积最小。

(3)复合绝缘:是上两者之结合,体积也介于上两者之间,最为普遍使用。

空气绝缘型母线槽有普通型、防火型、耐高温型低压母线槽及高压母线槽,重量轻,价格便宜;密集绝缘型散热条件较好,可制成大电流等级。选型时 630A 及以下可选用空气绝缘型,630A 以上应优先考虑采用密集绝缘型。

三、绝缘电线

建筑物或车间内采用的配电线路及从电杆上引进户内的低压线路多为绝缘导线。绝缘导线的线芯材料有铝芯和铜芯两种。绝缘导线的绝缘外皮材料有塑料绝缘和橡胶绝缘。塑料绝缘的绝缘性能良好,价格低,可以节约橡胶和棉纱,在室内敷设可以取代橡胶绝缘导线。塑料绝缘导线不宜在室外使用,以免高温时软化,低温时变硬变脆。

常用的塑料绝缘型号有:BLV(BV)、BLVV(BVV)、BVR。常见的橡皮绝缘导线型号有:BLX(BX)、BBLX(BBX)、BLXF、GLXG(BXG)、BXR 等。

绝缘电线材料的选择一般采用铝导线,在下列场合可以采用铜导线:
(1)重要的操作回路及二次回路。
(2)移动设备的线路及剧烈振动场合的线路。
(3)对铝有严重腐蚀的场合。
(4)爆炸危险场所有特殊要求者。
(5)国际工程有要求者。

四、电力电缆

电缆线路与架空线路相比具有成本高、投资大、维修不便等缺点,但也具有以下优点:
(1)由于电力电缆大部分敷设于地下,所以不受外力破坏(如雷击、风灾、鸟害、机械碰撞等),不受外界影响,运行可靠,发生故障的几率较少;
(2)供电安全,不会对人身安全造成各种伤害;
(3)维护工作量少,无须频繁地巡视检查;
(4)不需要架设杆塔,使市/厂容整洁,交通方便,还能节省钢材;
(5)电力电缆的充电功率为容性,有助于提高功率因数。

所以电力电缆在现代化工厂和城市中,得到了越来越广泛的应用。

1. 电缆结构

电力电缆主要由导体、绝缘层和保护层三部分组成。导体即电缆线芯,一般由多根铜线和铝绞线组合而成。绝缘层作为相间及对地的绝缘,其材料随电缆种类不同而异。如油浸纸绝缘电缆是以油浸纸做绝缘层,塑料电缆是以聚氯乙烯或交联聚乙烯塑料作绝缘层。保护层又分为内护层和外护层。内护层用来直接保护绝缘层,常用的材料有铅、铝和塑料等。外护层用以防止内护层免受机械损伤和腐蚀,通常为钢丝或钢带构成的钢铠,外覆沥青、麻被或塑料护套。

多段电力电缆之间或电缆与其他导线之间的连接是通过电缆头实现的。电缆头包括连接两条电缆的中间接头和电缆终端的封端头。中间接头是指电缆敷设完毕后,将各段连接起来使其成为一个连续的线路的接头。封端头的作用是实现电缆和其他电气设备(如架空线路、配电电气设备)之间的连接。电缆头是电缆线路的薄弱环节,在施工和运行中应特别注意,其安装质量尤其要重视,要求密封性好,又具有足够的机械强度,耐压强度不低于电缆本身的耐压强度。

电力电缆型号的表示和含义如图 7-1 所示。

图 7-1 电力电缆型号的表示和含义

2. 常用电力电缆类型和选用

(1) 油浸纸滴干绝缘铅包电力电缆。可用于垂直或高落差处,敷设在室内、电缆沟、隧道或土壤中,能承受机械压力,但不能承受大的拉力。

(2) 塑料绝缘电力电缆。结构简单,重量轻,抗酸碱,耐腐蚀,敷设安装方便,并可敷设在有较大高差或垂直、倾斜的环境中,有逐步取代油浸纸绝缘电缆的趋势。常用的有两种:聚氯乙烯绝缘及护套电缆(已达 10kV 电压等级)和交联聚乙烯绝缘聚氯乙烯护套电缆(已达 110kV 电压等级)。

(3) 橡胶绝缘电缆。适用于温度较低和没有油质的场合、低压配电线、路灯线路以及信号、操作线路等,特别适于高低差很大的地方并能垂直安装。

(4) 裸铅包电力电缆。通常安装在不易受到机械操作损伤和没有化学腐蚀作用的地方,如厂房的墙壁、天花板上、地沟里和隧道中。有沥青防腐层的铅包电缆,还适应于潮湿和周围环境中含有腐蚀性气体的地方。

(5) 铠装电力电缆。应用很广,可直接埋在地下,也可敷设在不通航的河道和沼泽地区。圆形钢丝铠装的电力电缆可直接安装在水底,横跨常年通航的河流和湖泊。变配电所的馈电线通常采用这种电缆。

(6) 无麻防护层的铠装电缆。

可适应于有火警、爆炸危险的场所以及可能受到机械损伤和震动的场所。使用时可将电缆安装在墙壁上、天棚上、地沟内、隧道内等。

(7) 预分支电缆。

预分支电缆是工厂在生产主干电缆时按用户设计图纸预制分支线的电缆,是近年来的一项新技术产品。分支线预先制造在主干电缆上,分支线截面大小和分支线长度等是根据设计要求决定,极大缩短了施工周期,大幅度减少材料费用和施工费用,更大地保证了配电的可靠性。

预分支电缆由主干电缆、分支线、分支接头和相关附件四部分组成,并具有普通型、阻燃型(ZR)和耐火型(NH)等三种类型。

预分支电缆是高层建筑中母线槽供电的替代产品,具有供电可靠、安装方便、防水性好,占建筑面积小、故障率低、价格便宜、免维修维护等优点,适用于交流额定电压为 0.6/1kV 配电线路中。广泛应用于中高层建筑、住宅楼、商厦、宾馆、医院电气竖井内垂直供电,也适用于隧道、机场、桥梁、公路等供电系统。

3. 电力电缆的敷设

工业与民用建筑中采用的电缆敷设方式有直接埋地、电缆沟敷设、沿墙敷设和电缆桥架(托盘)敷设等几种方式。此外,在大型发电厂和变电所等电缆密集的场合,还采用电缆隧道、电缆排管和专用电缆转换层等方式。

第二节 导线和电缆截面选择的一般原则

导线和电缆截面积的选择既要保证供电的安全可靠性,又要充分利用导线的负荷能力。它对配电网的经济性能影响较大,所以要充分考虑技术和经济两方面。

一、按允许载流量选择导线和电缆截面积

导线在通过正常最大负荷电流时产生的发热温度,不应超过其正常运行时的最高允许温度,防止导线或电缆因过热引起绝缘损坏或老化。这就要求通过导线和电缆的最大负荷电流不应大于其允许的载流量,即按通过电流时的发热条件来选择截面积。

二、按允许电压损失选择导线和电缆截面积

在导线和电缆(包括母线)通过正常最大负荷电流时,产生的电压损失不应超过正常运行时允许的电压损失,以保证供电质量。这就要求按照允许电压损失条件来选择导线和电缆截面积。

三、按经济电流密度条件选择导线和电缆截面积

经济电流密度是指线路的年运行费用最小的电流密度,按这种原则选择的导线和电缆截面积称为经济截面积。对 35kV 及以上的高压线路及电压在 35kV 以下但距离长、电流大的线路,宜按经济电流密度条件选择。对于 10kV 及以下线路,一般不按此条件选择。

四、按机械强度条件选择导线和电缆截面积

按机械强度条件,要求所选的导线和电缆截面积不小于其最小允许截面积,见表 7-2 和表 7-3。

架空裸导线的最小允许截面积　　　　表 7-2

线路类别		导线最小截面(mm²)		
		铝及铝合金	钢芯铝线	铜绞线
35kV 及以上线路		35	35	35
3~10kV 线路	居民区	35	25	25
	非居民区	25	16	16
低压线路	一般	10	16	16
	与铁路交叉跨越	35	16	16

绝缘导线的最小允许截面积　　　　　表 7-3

线路类别		导线最小截面积(mm²)		
		铜芯软线	铜芯线	PE线和PEN线（铜芯线）
照明用灯头引下线	室内	0.5	1.0	
	室外	1.0	1.0	
移动式设备线路	生活用	0.75		
	生产用		1.0	
架设在绝缘子上的绝缘导线（L 为支持点间距）	室内 $L \leq 2m$		1.0	有机械性保护时为 2.5 无机械性保护时为 4
	室外 $L \leq 2m$ $L \geq 2m$ $2m < L \leq 6m$ $6m < L \leq 15m$ $15m < L \leq 25m$	1.0	1.0 1.5 2.5 4 6	
穿管敷设的绝缘导线			1.0	
沿墙明敷的塑料护套线			1.0	

应当注意的是，DL-T599-2005《城市中低压配电网改造技术导则》规定，中压架空铝绞线分支线最小允许截面积为 70mm²，低压架空铝绞线分支线最小允许截面积为 50mm²，规定主要考虑了从城市电网发展的需求，而不是仅考虑机械强度的要求。这是在按照表 7-2 按照机械强度选取架空裸导线截面时应当注意的。

关于按机械强度条件选择绝缘导线截面积使用表 7-3 规定的最小允许截面积数据表格时，要按照《全国民用建筑工程设计技术措施电气规定》进行选择。"规定"要求：铜芯导线截面积最小值，进户线不小于 10mm²，动力、照明配电箱的进线不小于 6mm²，控制箱进线不小于 6mm²，动力、照明分支线不小于 2.5mm²，动力、照明配电箱的 N、PE、PEN 线不小于 6mm²。这也是从负荷发展需要和安全运行角度，而不是从机械强度要求考虑的。

五、校验短路稳定性

架空线路因其散热性较好，可不做短路稳定性校验。绝缘电线和电缆不必进行动稳定校验，仅进行热稳定校验。母线应进行动、热稳定性校验，其截面应不小于短路动、热稳定最小截面，母线动、热稳定性校验可参见本书第五章第五节。

六、实际选择中的应用

选择线缆截面积时，要在上述按发热条件、电压损失条件、经济电流密度条件和机械强度条件分别选择的导线截面中选择最大的截面积，最后校验短路动热稳定性。在实际设计中，一般根据经验按其中一个条件选择，再校验其他条件(包括短路动热稳定性校验)：

(1)对负荷大的低压配电线路，可先按发热条件选择，然后校验其他条件；

(2)对负荷不大而距离较长的线路,可以先按电压损失条件选择,然后校验其他条件;

(3)对短路容量较大而负荷电流不大者可以先按短路电流热稳定条件选择,然后校验其他条件;

(4)对长距离大电流线路以及35kV以上高压线路,可以先按经济电流密度选择,然后再校验其他条件。

(5)对10kV及以下高压线路和低压动力线路,通常按允许载流量选择截面积,再校验电压损失和机械强度;

(6)对低压照明线路,因其对电压要求较高,所以通常先按允许电压损失选择截面积,再校验其他条件。

第三节 按发热条件选择线缆截面

一、三相系统相线截面积的选择

导线和电缆温度过高时,会使线缆接头氧化加剧,接触电阻增大,使之进一步氧化,如此恶性循环,将导致断线。而绝缘线缆的温度过高,可使绝缘损坏,造成短路甚至引起火灾。因此,导线的正常发热温度不得超过正常额定负荷时的最高允许温度。

按发热条件选择三相相线截面时,应使其允许载流量I_{al}不小于通过相线的计算电流I_c,即

$$I_{al} \geqslant I_c \tag{7-1}$$

导线的允许载流量I_{al}指在规定的环境温度条件下,导线能连续承受而不使其稳定温度超过允许值的最大电流,可查阅附录或相关设计手册。

按允许载流量选择导线截面时应注意:

(1)允许载流量与环境温度有关。若实际环境温度与规定的环境温度不一致时,允许载流量需乘上温度修正系数K_θ,即

$$K_\theta = \sqrt{\frac{\theta_{al} - \theta'_0}{\theta_{al} - \theta_0}} \tag{7-2}$$

式中,θ_{al}为导线额定负荷时的最高允许温度,可查阅表5-4或相关设计手册,裸导体的θ_{al}一般为70℃;θ_0为导线允许载流量所采用的环境温度,一般我国生产的裸导体和电缆,设计时多取环境温度为25℃;θ'_0为导线敷设地点的实际环境温度。

这里所说的"实际环境温度",是按允许载流量选择导线和电缆的特定温度。在室外,取当地最热月平均最高气温;在室内,取当地最热月平均最高气温加5℃;直埋电缆,则取当地最热月地下0.8~1m的土壤平均温度,或近似取当地最热月平均气温;室内电缆沟,取当地最热月平均最高气温加5℃。

(2)电缆多根并列时,其散热条件较单根敷设时差,故允许载流量降低,要用电缆并列校正系数K_p进行校正,具体数据参考表7-4。

电缆埋地多根并列时的载流量校正系数 K_p　　　　表 7-4

电缆根数外皮间距	电缆根数							
	1	2	3	4	5	6	7	8
100mm	1	0.9	0.85	0.8	0.78	0.75	0.73	0.72
200mm	1	0.92	0.87	0.84	0.82	0.81	0.8	0.79
300mm	1	0.93	0.9	0.87	0.86	0.85	0.85	0.84

(3)电缆在土壤中敷设时,因土壤热阻系数不同,散热条件也不同,其允许载流量也应乘上土壤热阻系数 K_s 校正,具体数据参考 7-5。

电缆在不同土壤热阻系数时的载流量校正系数 K_s　　　　表 7-5

土壤热阻系数/ ($℃·m·W^{-1}$)	分类特性(土壤特性和雨量)	校正系数
0.8	土壤很潮湿,经常下雨,如湿度大于9%的沙土,湿度大于14%的沙泥土等	1.05
1.2	土壤潮湿,规律性下雨。如湿度为7%～9%的砂土,湿度大于12%～14%的沙泥土等	1.0
1.5	土壤较干燥,雨量不大。如湿度为8%～12%的沙泥土等。	0.93
2.0	土壤干燥,少雨。如湿度为4%～7%的沙土,湿度为4%～8%的沙泥土等。	0.87
3.0	多石地层,非常干燥。如湿度小于4%的沙土等。	0.75

考虑了上述修正系数后的电缆载流量应修正为

$$I_{al}' = K_\theta K_p K_s I_{al} \tag{7-3}$$

(4)计算电流 I_c 的选取。一般应为由计算负荷得到的计算电流。特别地,对降压变压器高压侧的导线,取变压器额定一次电流的 1.35 倍;选低压电容器的引入线时,取电容器额定电流的 1.5 倍。

二、中性线和保护线截面的选择

1. 中性线(N线)截面的选择

三相四线制系统中的中性线,要考虑不平衡电流和零序电流以及谐波电流的影响。
(1)一般三相四线制线路中的中性线截面 S_0,应不小于相线截面 S_φ 的一半,即

$$S_0 \geqslant 0.5 S_\varphi \tag{7-4}$$

(2)由三相四线制引出的两相三线制线路和单相线路,因中性线电流和相电流相等,故中性线截面与相线截面相同,即

$$S_0 = S_\varphi \tag{7-5}$$

(3)如果三相四线制线路的三次谐波电流相当突出,该谐波电流流过的中性线截面应不小于相线截面,即

$$S_0 \geqslant S_\varphi \tag{7-6}$$

2. 保护线(PE线)截面的选择

保护线截面 S_{PE} 要满足短路热稳定的要求,按《低压配电设计规范》(GB 50054—1995)规定。

(1) 当 $S_\varphi \leq 16\text{mm}^2$ 时,有

$$S_{PE} \geq S_\varphi \tag{7-7}$$

(2) 当 $16\text{mm}^2 < S_\varphi \leq 35\text{mm}^2$ 时,有

$$S_{PE} \geq 16\text{mm}^2 \tag{7-8}$$

(3) 当 $S_\varphi \geq 35\text{mm}^2$ 时,有

$$S_{PE} \geq 0.5 S_\varphi \tag{7-9}$$

3. 保护中性线(PEN 线)截面的选择

因为 PEN 线具有 PE 线和 N 线的双重功能,所以选择截面时按二者中的最大值选取。

【例 7-1】 有一条 220/380V 的三相四线制线路,采用 BV 型铜芯塑料线穿钢管埋地敷设,当地最热月平均最高气温为 15℃。该线路供电给一台 40kW 的电动机,其功率因数为 0.8,效率为 0.85,试按允许载流量选择截面。

解: (1) 线路中电流的计算

$$P_c = \frac{P_e}{\eta} = \frac{40}{0.85} = 47.1\text{kW}$$

$$I_c = \frac{P_c}{\sqrt{3}U_N\cos\varphi} = \frac{47.1}{\sqrt{3} \times 0.38 \times 0.8} = 89.4\text{A}$$

(2) 相线截面的选择

因为是三相四线制线路,所以 4 根单芯线穿钢管的参数,查附录Ⅱ附表Ⅱ-10 得,4 根单芯线穿钢管敷设,每相芯线截面积为 25mm² 的 BV 型导线,在环境温度为 25℃时的允许载流量为 $I_{al}=85\text{A}$,其正常最高允许温度为 65℃。

温度正系数为

$$K_\theta = \sqrt{\frac{\theta_{al} - \theta_0'}{\theta_{al} - \theta_0}} = \sqrt{\frac{65-15}{65-25}} = 1.12$$

导线的实际允许载流量为

$$I'_{al} = K_\theta I_{al} = 1.12 \times 85 = 95.2\text{A} > I_c = 89.4\text{A}$$

所以所选相截面积 $S_\varphi=25\text{mm}^2$ 满足允许载流量的要求。查附录Ⅱ附表Ⅱ-10 应穿 SC40 的钢管。

(3) 中性线 S_0 的选择

按 $S_0 \geq 0.5 S_\varphi$ 要求,选 $S_0 = 16\text{mm}^2$。所以选择导线 BV-500-3×25+1×16 SC40。

第四节 按允许电压损失选择线缆截面

由于线路有阻抗,负荷电流通过线路时会产生一定的电压损失。电压损失越大,用电设备端子上的电压偏移就越大,当电压偏移超过允许值时将严重影响电气设备的正常运行。按规范要求,线路的电压损失不宜超过规定值,如高压配电线路电压损失,一般不超过线路额定电压的 5%;从变压器低压侧母线到用电设备受电端的低压配电线路的电压损失,一般也不超过

用电设备额定电压的 5%（以满足用电设备要求为准）；对视觉要求较高的照明电路。则为 2%~3%。若线路电压损失超过允许值，应适当加大导线截面，使之小于允许电压损失。部分线路及用电设备端子处电压损失的允许值，见表 7-6。

部分线路及用电设备端子处电压损失的允许值　　　　表 7-6

用电设备及环境		$\Delta U\%$ 允许值	备注
35kV 及以上用户		≯10%	正负偏差绝对值之和
10kV 用户		±7%	系统额定电压
380V 用户		±7%	
220V 用户		−10%~±7%	
电动机		±5%	
照明	一般场所	±5%	
	要求较高的室内场所	−2.5%~±5%	
	远离变电所面积较小的一般场所，难以满足上述要求时	−10%	
其他用电设备		±5%	无特殊要求时
单位自用电网		±5%	
临时供电线路		±8%	

一、线路末端有一个集中负荷时三相线路电压损失的计算

如图 7-2 示，线路末端有一个集中负荷 $S=P+jQ$，线路额定电压为 U_N，线路电阻为 R，电抗为 X。

设线路首端线电压为 $\dot{U}_1$，末端线电压为 $\dot{U}_2$，线路首末两端线电压的相量差即为线路电压降，用 $\Delta \dot{U}$ 表示。线路首末端线电压的代数差称为线路电压损失，用 ΔU 表示。ΔU 可通过下式计算：

$$\Delta U = \frac{PR+QX}{U_2} \tag{7-10}$$

图 7-2　末端接有一个集中负荷的三相线路电压损失模型

在实际计算中，常采用线路的额定电压 U_N 用来代替 U_2，误差极小，所以有

$$\Delta U = \frac{PR+QX}{U_N} \tag{7-11}$$

线路电压损失一般用百分值 $\Delta U\%$ 表示，即

$$\Delta U\% = \frac{\Delta U}{1\,000 U_N} \times 100 = \frac{\Delta U}{10 U_N} \tag{7-12}$$

因此有

$$\Delta U\% = \frac{PR+QX}{10 U_N^2} \tag{7-13}$$

式中，P、Q 为负荷的三相有功功率和无功功率(kW)，R、X 分别为线路电阻和电抗(Ω)，可用线路单位长度电阻 r_0 和电抗值 x_0 乘以线路长度而得，r_0 和 x_0 可查阅设计手册。注意，U_N 的单位是 kV，ΔU 的单位是 V，需要把 U_N 的单位转化为 V，所以才会在上两式中出现系数 10。

二、线路上有多个集中负荷时线路电压损失的计算

以带 3 个集中负荷的三相线路为例，如图 7-3 所示。图中 P_1、Q_1、P_2、Q_2、P_3、Q_3 为通过各段干线的有功功率(kW)和无功功率(kvar)；p_1、q_1、p_2、q_2、p_3、q_3 为各支线的有功功率(kW)和无功功率(kvar)；r_1、x_1、r_2、x_2、r_3、x_3 为各段干线的电阻和电抗(Ω)；R_1、X_1、R_2、X_2、R_3、X_3 为从电源到各支路负荷线路的电阻和电抗(Ω)；l_1、l_2、l_3 为各干线的长度(km)；L_1、L_2、L_3 为电源到各支路负荷的长度(km)；i_1、i_2、i_3 为各支线的电流(A)；I_1、I_2、I_3 为各干线的电流(A)。

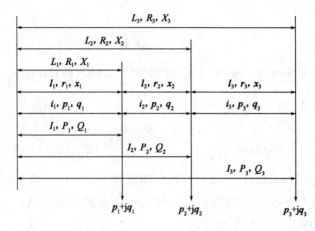

图 7-3　三个集中负荷的三相线路示意图

因为供电线路一般较短，所以线路上的功率损耗可略去不计。通过分析可得线路上每段干线的电压损失分别为

$$\Delta U_1 \% = \frac{P_1}{10 U_N^2} r_1 + \frac{Q_1}{10 U_N^2} x_1$$

$$\Delta U_2 \% = \frac{P_2}{10 U_N^2} r_2 + \frac{Q_2}{10 U_N^2} x_2$$

$$\Delta U_3 \% = \frac{P_3}{10 U_N^2} r_3 + \frac{Q_3}{10 U_N^2} x_3$$

线路上总的电压损失为

$$\begin{aligned}\Delta U \% &= \Delta U_1 \% + \Delta U_2 \% + \Delta U_3 \% \\ &= \frac{P_1}{10 U_N^2} r_1 + \frac{Q_1}{10 U_N^2} x_1 + \frac{P_2}{10 U_N^2} r_2 + \frac{Q_2}{10 U_N^2} x_2 + \frac{P_3}{10 U_N^2} r_3 + \frac{Q_3}{10 U_N^2} x_3 \\ &= \sum_{i=1}^{3} \frac{P_i r_i + Q_i x_i}{10 U_N^2}\end{aligned}$$

推广到线路上有 n 个集中负荷时的情况，用干线负荷及各干线的电阻电抗计算，线路电压损失的计算公式为

$$\Delta U \% = \sum_{i=1}^{n} \frac{(P_i r_i + Q_i x_i)}{10 U_N^2} \tag{7-14}$$

若用支线负荷及电源到支线的电阻电抗表示，则有

$$\Delta U\% = \frac{\sum\limits_{i=1}^{n}(p_i R_i + q_i X_i)}{10 U_N^2} \tag{7-15}$$

如果各干线使用的导线截面和结构相同，式(7-14)和式(7-15)可简化为

$$\Delta U\% = \frac{r_0 \sum\limits_{i=1}^{n} P_i l_i + x_0 \sum\limits_{i=1}^{n} Q_i l_i}{10 U_N^2} = \frac{r_0 \sum\limits_{i=1}^{n} p_i L_i + x_0 \sum\limits_{i=1}^{n} q_i L_i}{10 U_N^2} \tag{7-16}$$

低压线路由于距离短，线路电阻值要比电抗值大得多，所以一般忽略电抗。对于线路电抗可略去不计或线路的功率因数接近1的"无感"线路（如照明线路），电压损失的计算公式可简化为

$$\Delta U\% = \frac{\sum\limits_{i=1}^{n} P_i r_i}{10 U_N^2} \tag{7-17}$$

对于全线的导线型号规格一致的"无感"线路（均一无感线路），$r_i = \frac{l_i}{\gamma A}$，代入式(7-17)后得其电压损失计算公式为

$$\Delta U\% = \frac{\sum\limits_{i=1}^{n} P_i l_i}{10 \gamma A U_N^2} = \frac{\sum\limits_{i=1}^{n} p_i L_i}{10 \gamma A U_N^2} = \frac{\sum\limits_{i=1}^{n} M_i}{10 \gamma A U_N^2} \tag{7-18}$$

式中，γ 为导线的电导率（km/(Ω·mm²)），对于铜线 $\gamma = 0.053$m/(Ω·mm²)，对于铝线 $\gamma = 0.032$m/(Ω·mm²)；A 为导线的截面(mm²)；M_i 为各负荷的功率矩(kW·m)；L 为导线的长度(km)；U_N 为线路的额定电压(kV)。其中：

(1)均一无感线路的三相线路，电压损失百分值为

$$\Delta U\% = \frac{\sum\limits_{i=1}^{n} M_i}{10 \gamma A U_N^2} = \frac{\sum\limits_{i=1}^{n} M_i}{CA} \tag{7-19}$$

式中，计算系数 $C = 10 \gamma U_N^2$。

(2)均一无感的单相交流线路和直流线路，由于其负荷电流（或功率）要通过来回两根导线，所以总电压损失应为一根导线上的两倍，故

$$\Delta U\% = \frac{2\sum\limits_{i=1}^{n} M_i}{10 \gamma A U_N^2} = \frac{\sum\limits_{i=1}^{n} M_i}{CA} \tag{7-20}$$

式中计算系数 $C = 5 \gamma U_N^2$。

(3)对于均一无感的两相三线线路，有

$$\Delta U\% = \frac{2.25 Pl}{10 \gamma A U_N^2} = \frac{\sum\limits_{i=1}^{n} M_i}{CA} \tag{7-21}$$

式中，计算系数 $C = 4.44 \gamma U_N^2$。

(4)根据式(7-19)~(7-21)，可得均一无感线路，按允许电压损失选择导线截面积的公式为

$$A = \frac{\sum_{i=1}^{n} M_i}{C\Delta U_{al}\%} \tag{7-22}$$

式中,$\Delta U_{al}\%$为允许电压损失的百分值;C为电压损失常数,可查表7-7。上述公式常用于低压照明线路导线截面的选择。

电压损失常数 C 值   表7-7

线路电压	线路类别	C的计算公式	电压损失常数 C(kW·m·mm^{-2})	
			铜线	铝线
220/380	三相四线	$10\gamma U_N^2$	76.5	46.2
	两相三线	$4.44\gamma U_N^2$	34	20.5
220	单相及直流	$5\gamma U_N^2$	12.8	7.74
110			3.21	1.94

注:C值是导体温度在50℃,负荷矩 M 单位为 kW·m、导线截面单位为 mm^2 时的数值。

【例7-2】 试计算如图7-4 的10kV 供电系统的电压损失。已知线路 1WL 导线型号为 LJ-95,$r_0 = 0.34\Omega/\text{km}$,$x_0 = 0.36\Omega/\text{km}$,线路 2WL、3WL 导线型号为 LJ-70,$r_0 = 0.46\Omega/\text{km}$,$x_0 = 0.369\Omega/\text{km}$。

解: 用干线法求 10kV 供电系统的电压损失。

(1)计算每段干线的计算负荷;

$P_1 = p_1 + p_2 + p_3 = 480 + 860 \times 0.8 + 700 = 1\,868\text{kW}$

$P_2 = p_2 + p_3 = 860 \times 0.8 + 700 = 1\,388\text{kW}$

$P_3 = p_3 = 700\text{kW}$

$Q_1 = q_1 + q_2 + q_3 = 360 + 860 \times \sin(\arccos 0.8) + 600 = 1\,476\text{kvar}$

$Q_2 = q_2 + q_3 = 860 \times \sin(\arccos 0.8) + 600 = 1\,116\text{kvar}$

$Q_3 = q_3 = 600\text{kvar}$

图7-4 例7-2线路图

(2)计算各干线的电阻和电抗;

$r_1 = r_{01}l_1 = 0.34 \times 2 = 0.68\Omega, x_1 = x_{01}l_1 = 0.36 \times 2 = 0.72\Omega$

$r_2 = r_{02}l_2 = 0.46 \times 1 = 0.46\Omega, x_2 = x_{02}l_2 = 0.369 \times 1 = 0.369\Omega$

$r_3 = r_{03}l_3 = 0.46 \times 2 = 0.92\Omega, x_3 = x_{03}l_3 = 0.369 \times 2 = 0.738\Omega$

(3)计算10kV 供电系统的电压损失

$\Delta U\% = \sum \frac{P_i r_i + Q_i x_i}{10 U_N^2}$

$= \frac{1\,868 \times 0.68 + 1\,388 \times 0.46 + 700 \times 0.92 + 1\,476 \times 0.72 + 1\,116 \times 0.369 + 600 \times 0.738}{10 \times 10^2}$

$= 4.47$

三、逐步试求法求电压损失选择线缆截面

把 $R_i = r_0 L_i$,$X_i = x_0 L_i$ 代入式(7-15),得

$$\Delta U\% = \frac{r_0}{10U_N^2}\sum_{i=1}^n p_i L_i + \frac{x_0}{10U_N^2}\sum_{i=1}^n q_i L_i = \Delta U_a\% + \Delta U_r\% \leqslant \Delta U_{al}\% \qquad (7\text{-}23)$$

式(7-23)可分为两部分,第一部分为由有功负荷在电阻上引起的电压损失 $\Delta U_a\%$,第二部分为由无功负荷在电抗上引起的电压损失 $\Delta U_r\%$,其中

$$U_a\% = \frac{r_0}{10U_N^2}\sum_{i=1}^n p_i L_i = \frac{1}{10\gamma A U_N^2}\sum_{i=1}^n p_i L_i \qquad (7\text{-}24)$$

因此,有

$$U\% = \frac{1}{10\gamma A U_N^2}\sum_{i=1}^n p_i L_i + \Delta U_r\% \leqslant \Delta U_{al}\% \qquad (7\text{-}25)$$

式(7-25)中,有两个未知数 A 和 x_0,但 x_0 一般变化不大,可以采用逐步试求法,即先假设一个 x_0,求出相应截面 A,再校验 $\Delta U\%$。截面 A 由式(7-26)计算

$$A = \frac{\sum_{i=1}^n p_i L_i}{10\gamma A U_N^2(\Delta U_{al}\% - \Delta U_r\%)} = \frac{\sum_{i=1}^n p_i L_i}{10\gamma A U_N^2 \Delta U_a\%} \qquad (7\text{-}26)$$

逐步试求法的具体计算步骤为:

(1) 先取导线或电缆的电抗平均值(对于架空线路,可取 $0.35\sim 0.4\Omega/\mathrm{km}$,低压取偏低值;对于电缆线路,可取 $0.08\Omega/\mathrm{km}$),求出 $\Delta U_r\%$;

(2) 根据 $\Delta U_a\% = \Delta U_{al}\% - \Delta U_r\%$,求出 $\Delta U_a\%$;

(3) 根据式(7-26)求出导线或电缆截面 A,并根据此值选出相应的标准截面;

(4) 校验。根据所选的标准截面及敷设方式,查出 r_0 和 x_0,按式(7-23)计算实际电压损失,与允许电压损失比较,如果不大于允许电压损失则满足要求,否则重取电抗平均值回到第(1)步重新计算,直到所选截面满足允许电压损失的要求为止。

对均一无感线路,因为不计线路电抗,所以 $\Delta U_r\% = 0$,导线截面按式(7-27)计算

$$A = \frac{\sum_{i=1}^n p_i L_i}{10\gamma U_N^2 \Delta U\%} \qquad (7\text{-}27)$$

【例 7-3】 某变电所架设一条 10kV 的架空线路,向工厂 1 和工厂 2 供电,如图 7-5 所示。已知导线采用 LJ 型铝线,全线导线截面相同,三相导线布置成正三角形,线间距为 1m,干线 01 长度为 3km,干线 12 的长度为 1.5km。工厂 1 的负荷为有功功率 800kW,无功功率 560kvar,工厂 2 的负荷为有功功率 500kW,无功功率 200kvar。允许电压损失为 5%,环境温度为 25℃,按允许电压损失选择导线截面,并校验其发热情况和机械强度。

图 7-5 例 7-3 线路图

解:(1) 按允许电压损失选择导线截面

因为是 10kV 的架空线路,所以初设 $x_0 = 0.38\Omega/\mathrm{km}$,则

$$U_r\% = \frac{x_0}{10U_N^2}\sum_{i=1}^n q_i L_i = \frac{0.38}{10\times 10^2}[560\times 3 + 200\times (3+1.5)] = 0.98$$

$$\Delta U_a\% = \Delta U_{al}\% - \Delta U_r\% = 5 - 0.98 = 4.02$$

$$A = \frac{\sum_{i=1}^{n} p_i L_i}{10\gamma U_N^2 \Delta U_a \%}$$

$$= \frac{800 \times 3 + 500 \times (3+1.5)}{10 \times 0.032 \times 10^2 \times 4.02} = 36.15 \text{mm}^2$$

选择 LJ-50，查附录Ⅱ附表Ⅱ-7 可得几何平均距为 1 000mm 截面为 50mm² 的 LJ 型铝绞线的 $x_0 = 0.36\Omega/\text{km}$, $r_0 = 0.66\Omega/\text{km}$，实际的电压损失为

$$\Delta U\% = \frac{r_0}{10 U_N^2}\sum_{i=1}^{n} p_i L_i + \frac{x_0}{10 U_N^2}\sum_{i=1}^{n} q_i L_i$$

$$= \frac{0.66}{10 \times 10^2}(800 \times 3 + 500 \times 4.5) + \frac{0.36}{10 \times 10^2}(560 \times 3 + 200 \times 4.5)$$

$$= 4 < 5$$

故所选导线 LJ-50 满足允许电压损失的要求。

(2) 校验发热情况

查附录Ⅱ附表Ⅱ-15 可知，LJ-50 在室外温度为 25℃时的允许载流量为 $I_{al} = 215\text{A}$。

线路中最大负荷(在 01 段)为

$$P = p_1 + p_2 = 800 + 500 = 1\ 300\text{kW}$$

$$Q = q_1 + q_2 = 560 + 200 = 7\ 600\text{kvar}$$

$$S = \sqrt{P^2 + Q^2} = \sqrt{1\ 300^2 + 760^2} = 1\ 505.9\text{kVA}$$

$$I_c = \frac{S}{\sqrt{3} U_N} = \frac{1\ 505.9}{\sqrt{3} \times 10} = 86.9\text{A} < I_{al} = 215\text{A}$$

显然发热情况也满足要求。

(3) 校验机械强度

查表 7-2 可知，10kV 架空裸铝绞线的最小允许截面为 35mm²，所以，所选的截面 50mm² 可以满足机械强度的要求。

四、负荷均匀分布线路的电压损失计算

均匀分布负荷是指三相线路上单位长度的负荷相同的情况，如图 7-6 所示。

图 7-6　负荷均匀分布的线路

设单位长度线路上的负荷电流为 i_0，所产生的电压损失相当于全部分布负荷集中于线路中点所产生的电压损失，即按集中负荷计算，其公式为

$$\Delta U = \sqrt{3}I(r_0\cos\varphi_2 + x_0\sin\varphi_2)\left(L_1 + \frac{L_2}{2}\right) \tag{7-28}$$

式中，r_0、x_0 分别为线路单位长度的电阻和电抗(Ω/km)，可查阅相关设计手册。

第五节 按经济电流密度选择线缆截面

所选导线或电缆截面的大小直接影响到线路的投资和年运行费用。因此从经济方面考虑导线应选择一个比较合理的截面。其选择原则从两方面考虑：

(1) 选择截面越大，电能损耗越小，但线路投资、有色金属消耗量及维修管理费用就越高。

(2) 虽然截面选择得小，线路投资、有色金属消耗量及维修管理费用低，但电能损耗大。

从全面经济效益考虑，使线路的年运行费用接近最小的导线截面，称为经济截面，用符号 S_{ec} 表示。对应经济截面的电流密度称为经济电流密度，用符号 j_{ec} 表示。我国现行的经济电流密度如表 7-8 所示。

导线和电缆的经济电流密度(A/mm^2)   表 7-8

线路类型	导线材质	年最大负荷利用小时/h		
		<3 000	3 000~5 000	>5 000
架空线路	铜	3	2.25	1.75
	铝	1.65	1.15	0.9
电缆线路	铜	2.5	2.25	2
	铝	1.92	1.73	1.54

按经济电流密度计算截面的公式为

$$A_{ec} = \frac{I_c}{j_{ec}} \tag{7-29}$$

式中，I_c 为线路计算电流。

根据式(7-29)计算出截面后，从手册中选择与该值最接近(可稍小)的标准截面，再校验其他条件即可。按经济电流密度选择导线的方法适用于 35kV 及以上的高压输电线路以及长距离输送大容量的线路，如大型工厂的电源进线等。

【例 7-4】 某地区变电站 35kV 的架空线路向一容量为 $3\,800+j2\,100$ kVA 的工厂供电，工厂的年最大负荷利用小时为 5 600h。架空线路采用 LGJ 型钢芯铝绞线。试选其经济截面，并校验其发热条件和机械强度。

解：(1) 选择经济截面

$$I_c = \frac{S}{\sqrt{3}U_N} = \frac{\sqrt{3\,800^2 + 2\,100^2}}{\sqrt{3}\times 35} = 71.6\text{A}$$

查表 7-8 可知，$j_{ec}=0.9\text{A}$，则

$$A_{ec} = \frac{I_c}{j_{ec}} = \frac{71.6}{0.9} = 79.6\text{mm}^2$$

选择截面 70mm^2，即型号为 LGJ-70 的铝绞线。

(2) 校验发热条件

查附录Ⅱ附表Ⅱ-15可知，LGJ-70在室外温度为25℃时的允许载流量为$I_{al}=275A>I_c=71.6A$。所以满足发热条件。

(3)校验机械强度

查表7-2可知，35kV的架空裸铝绞线的机械强度最小截面为

$$A_{min}=35mm^2<A=70mm^2$$

因此，所选的导线截面也满足机械强度的要求。

第六节　线缆短路时的热稳定性校验

如前所述，线缆在短路时的动稳定性不必校验，有必要时仅校验短路时的热稳定性，要求线缆截面A应不小于热稳定要求的最小截面(mm^2)，即满足式(5-81)。

电缆热稳定校验时，短路点应按下列情况选取：

(1)单根无中间接头电缆，选在电缆末端短路；长度小于200m的电缆，可选电缆首端短路。

(2)有中间接头电缆，短路点选在第1个中间接头处。

(3)无中间接头的并列电缆，短路点选在并列点后。

思考与练习题

7-1　电线电缆是如何分类的？为什么？

7-2　简述电线电缆选择的基本原则。

7-3　选择导线和电缆截面一般应满足哪几个条件？一般动力线路的导线截面先按什么条件选取？照明线路的导线截面又按什么条件选择？为什么？

7-4　一般三相四线制线路的N线截面如何选择？两相三线线路和单相线路的N线截面又如何选择？PE线截面如何选择？PEN线截面又如何选择？

7-5　简述按允许载流量条件选择线缆的方法与步骤。

7-6　简述按电压损失条件选择线缆的方法与步骤。

7-7　简述按经济电流密度选择线缆的方法与步骤。

7-8　某工地采用三相四线制380/220V供电，其中一支路上需带30kW电动机2台，8kW电动机15台，电动机的平均效率为83%，平均功率因数为0.8，需要系数为0.62，总配电盘至该临时用电点的距离为250m，试按允许电压损失7%，选择所需塑料铜芯绝缘导线的截面。设环境温度为30℃。

7-9　一条从变电所引出的长100m的供电干线，接有电压为380V的三相电机22台，其中10kW电机20台，4.5kW电机2台。干线敷设地点环境温度为30℃，拟采用绝缘线明敷，设备同时系数为0.35，平均功率因数0.7，试选择BLV导线截面并校验。

7-10　某工地动力负荷C点动力负荷$p_1=66kW$，D点动力负荷$Q_2=28kW$，杆距均为30m，如图7-7。按允许压降5%，$K_d=0.6$，平均功率因数0.76，采用三相四线制供电时，求AB段BLX导线截面并校验(明敷，环境温度30℃)。

图 7-7 题 7-10 图

图 7-8 题 7-11 图

7-11 已知导线的电气参数,其中 LJ-50 的电气参数:$r_0=0.64\Omega/\text{km}$,$x_0=0.38\Omega/\text{km}$;LJ-70 的电气参数:$r_0=0.46\Omega/\text{km}$,$x_0=0.369\Omega/\text{km}$;LJ-95 的电气参数:$r_0=0.34\Omega/\text{km}$,$x_0=0.36\Omega/\text{km}$。求出图 7-8 所示供电系统在下列两种情况下的电压损失:

(1) 1WL、2WL 的导线型号均为 LJ-70;

(2) 1WL 为 LJ-95,2WL 为 LJ-50。

7-12 某 10kV 架空线路,计算负荷 1 280kW,功率因数 0.9,按年最大负荷利用 4 500h,敷设环境温度按 30℃计算,拟选用 LGJ 绝缘线架空敷设,试选择经济截面并按发热和机械条件校验。

7-13 自变电所 10kV 出线,长 50m,末端负荷为 1 000kVA,线路功率因数为 $\cos\varphi=0.85$,电缆采用直埋敷设,土壤温度为 20℃,年最大负荷利用小时为 5 000h,土壤热阻系数为 80℃·cm/W,短路电流为 4kA,试选取电力电缆的经济截面积 S_{ec}。(提示:选用交联聚乙烯绝缘钢铠护套电缆)。

第八章 建筑低压配电系统设计

本章从建筑低压配电系统的设计原则、接地系统形式、低压用电设备和配电线路的保护等几个方面进行了介绍，重点介绍了各类建筑物低压配电系统设计的要点，并给出了低压配电设计系统图实例。

第一节 建筑低压配电系统设计原则

低压配电系统，是指电压等级在 1kV 以下的配电线路，是指从终端降压变电所的低压侧到低压用电设备的电力线路，是电力系统的重要组成部分，是城市建设的重要基础设施。电压一般为 380/220V，由配电装置（配电柜或盘）和配电线路（馈电线干线及分支线）组成。馈电线是将电能从变电所低压配电屏送至配电盘（箱）的线路；干线是将电能从总配电盘送至各个分配电箱的线路；分支线是由干线分出，将电能送至每一个分配电箱的线路，及从分配电箱分出接至各个用电设备的线路。低压配电系统可分为动力配电系统和照明配电系统。

一、民用建筑低压配电系统的配电要求

民用建筑配电系统的设计应根据工程规模、设备布置、负荷性质及用电容量等条件确定。建筑内用电设备多为低压设备，低压配电系统是建筑内的主要配电方式，必须保障各用电设备的正常运行。

1）满足供电可靠性要求

低压配电系统首先应当满足民用建筑所必需的可靠性要求。保证用电设备的正常运行，杜绝或减少因事故停电造成的政治、经济上的损失。应根据不同的民用建筑对供电可靠性的要求和用电负荷等级，确定供电电源和供电方式。供电可靠性是由供电电源、供电方式和供电线路共同决定的。

2）满足用电质量要求

低压配电线路应当满足民用建筑用电质量的要求。电能质量主要是指电压、频率和波形质量，主要指标为电压偏移、电压波动和闪变、频率偏差、谐波等。电压偏移应符合额定电压的允许范围。不同种类用电设备的配电线路的设计应合理，必须考虑线路的电压损失。低压供电半径不宜过大，一般情况下市区为 250m，繁华地区为 150m。照明、动力线路的设计应考虑

电力负荷所引起的电压波动不超过照明或其他用电设施对电压质量的要求。

3)满足用电负荷发展要求

低压配电线路应能适应用电负荷发展的需要。近年来由于各类用电设备的发展非常迅速,在设计时应当进行调查研究,参照当地现行有关规定,适当考虑发展的要求。同时,配电设备(如低压配电屏或配电箱)应根据发展需要留有适当的备用回路。

4)其他要求

民用建筑低压配电系统的设计还应满足下列要求:

(1)低压配电线路应当力求接线简单,并具有一定的灵活性;

(2)配电系统的电压等级一般不宜超过两级;

(3)配电操作安全、维修方便;

(4)合理分配单相用电设备,力求达到三相负荷平衡。

二、常用低压配电系统的配电方式

低压配电系统常用配电方式分为放射式、树干式、链式和环网式,如图 8-1 所示。

图 8-1 低压配电系统的配电方式

1. 放射式

放射式配电是指每一个用户都采用专线供电,其接线如 8-1a)所示。优点是配电相对独立,发生故障互不影响,供电可靠性较高;设备配置比较集中,便于维修。但由于放射式接线要求在变电所低压侧设置配电盘,导致系统灵活性差,再加上干线较多,有色金属消耗较多,需要的开关设备也较多。对于下列情况,低压配电系统采用放射式配电:

(1)容量大、负荷集中或重要的用电设备。

(2)每台设备的负荷虽不大,但位于变电所的不同方向。

(3)需要集中联锁起动或停止的设备。

(4)对于有腐蚀介质或有爆炸危险的场所,其配电及保护起动设备不宜放在现场,必须由与之相隔的房间馈出线路。

2. 树干式

树干式配电是指每条用电线路都从干线配出,其接线如 8-1b)所示。它不需要在变电所低压侧设置配电盘,而是从变电所低压侧的引出线经空气开关或隔离开关直接引至室内。这种配电方式使变电所低压侧结构简化,减少电气设备需用量,有色金属的消耗也减少,更重要的是提高了系统的灵活性。主要缺点是当干线发生故障时,停电范围很大。

采用树干式配电必须考虑干线的电压质量。有两种情况不宜采用树干式配电,一种是容量较大的用电设备,因为它将导致干线的电压质量明显下降,影响到接在同一干线上的其他用电设备的正常工作,因此容量大的用电设备必须采用放射式供电;另一种是对于电压质量要求严格的用电设备,不宜接在树干式干线上,而应采用放射式配电。树干式配电一般只适用于设备的布置比较均匀、容量不大、无特殊要求的场合。

3. 链式

链式也是在一条供电干线上配出多条用电线路,类似于树干式,与树干式不同的是其线路的分支点在用电设备上或分配电箱内,即后面设备的电源引自前面设备的端子,其接线如图8-1c)所示。

链式接线的优点是线路上没有分支点,采用的开关设备少,节省有色金属。其缺点是线路或设备检修或线路故障检修时,相连设备全部停电,供电可靠性差。适用于距离配电屏较远,而彼此相距较近,负荷供电可靠性要求不高的小容量设备,如插座回路。一般串联设备不超过3～4台,总容量不大于10kW,单台不大于5kW。

4. 环网式

由一个或多个供电电源供电的干线线路形成环网式接线,如图8-1d)所示。环网式供电经济、可靠,但运行调度复杂,线路发生故障切除后,由于功率重新分配,可能导致线路过载或电压质量过低。一般要使两路干线负荷功率尽可能接近。

在低压配电系统中可以用两个或多个电源向一个用户供电,即双回路配电,形成了双回路放射式、双回路树干等配电方式,以提高供电可靠性,但需设置用电设备联锁装置和继电保护装置,以保证运行和操作的安全,从而也提高了造价。因此这种配电方式往往只用于一、二级负荷。

图8-2为典型的低压配电系统配电方式。

图 8-2 典型低压配电系统

第二节　建筑低压配电系统的接地形式选择

一、低压配电系统接地形式

低压配电系统接地的形式有两种:一种是设备的外露可导电部分经各自的PE线(保护线)分别直接接地;另一种是设备的外露可导电部分经公共的PE线或PEN线接地。

由此形成了低压配电系统接地的几种形式:TN 系统(包括 TN-S、TN-C、TN-C-S 三类)、TT 系统和 IT 系统,共三种五类。

第一个字母表示电源侧的接地状态:T 表示直接接地;I 表示不直接接地(即对地绝缘)或经高阻抗接地。

第二个字母表示用电设备外露可导电部分的对地关系:T 表示外露可导电部分直接接地,而与低压系统任何接地点无关;N 表示外露可导电部分与低压系统接地点有直接的电气连接(交流低压系统的接地点通常是中性点)。

第二个字母后面的字母则表明中性线与保护线的组合情况:S 表示整个系统的中性线(N 线)与保护线(PE 线)是分开的;C 表示整个系统的中性线与保护线是共用的,即 PEN 线;C-S 系统中有一部分中性线和保护线是分开的。

1. TN 系统

系统有一点直接接地,装置的外露可导电部分用保护线与该点连接。按照中性线与保护线的组合情况,TN 系统有以下三种形式,如图 8-3 所示。

图 8-3 TN 系统

1)TN-S 系统

这种系统的 N 线和 PE 线是分开的,所有设备的外露可导电部分均与公共的 PE 线相连,为三相五线制系统。在正常情况下,保护线 PE 上没有电流,设备外壳不带电,保证操作人员的人身安全。相线对地短路时,中性线上会出现不平衡电流,但并不影响 PE 线的电位,对接于 PE 线上的其他设备也不会产生电磁干扰。故这种系统应用最广,但消耗的材料增多,增加了投资;同时三相不平衡或单相使用时,N 线上可出现高电位,要求总开关和末级开关在断开相线的同时断开 N 线,故采用四极或两极开关,也会造成投资的增加。因此 TN-S 系统多用于环境条件较差、对安全可靠性要求较高及设备对电磁干扰要求较严的场合。TN-S 因其安全可靠性较高而广泛应用于民用建筑等低压配电系统中。

2) TN-C 系统

这种系统的 N 线和 PE 线合为一根 PEN 线,所有设备的外露可导电部分均与 PEN 线相连。当三相负荷不平衡或只有单相用电设备时,PEN 线上有电流通过,设备的外露可导电部分有对地电压存在。由于 N 线不得断线,故在进入建筑物前 N 线或者 PE 线应加做重复接地。在该系统中,如一相绝缘损坏、设备外壳带电,则由该相线、外壳、保护中性线形成闭合回路。只要导线截面及开关保护装置选择恰当,能够保证将故障设备脱离电源,保障安全。

TN-C 系统适用于三相负荷基本平衡的情况,同时适用于有容量比较小的单相 220V 的便携式、移动式的用电设备。在中性点直接接地 1kV 以下的系统中均采用这种方式。

3) TN-C-S 系统

这种系统中,N 线和 PE 线有一部分是共同的,局部采用专设的保护线。即系统的前半部分同 TN-C 系统,后半部分同 TN-S 系统,兼有这两个系统的特点。常用于配电系统末端环境条件较差或有数据处理等设备的场所。目前在一些民用建筑中,在电源入户后,将 PEN 线分为 N 线和 PE 线。该系统适用于工业企业和一般民用建筑。当负荷端装有漏电开关,干线末端装有接零保护时,也可用于新建住宅小区。

2. TT 系统

TT 系统有一个直接接地点,电气装置的外露可导电部分经各自的 PE 线直接接至电气上与低压系统接地点无关的接地装置,如图 8-4 所示。TT 系统没有公共的 PE 线,各设备之间无电磁联系,因此互相之间无电磁干扰。当发生一相接地故障时则形成单相短路,由于有接地保护,可以大大减少触电的危险性;但短路电流不大,影响保护装置动作,此时设备外壳对地电压接近 110V,将会危及人身安全,须配合漏电保护器使用。

TT 系统省去了公共 PE 线,较 TN 系统经济,但单独装设 PE 线,又增加了麻烦。接地装置耗用的钢材多,而且难以回收,费工费时费料。适用于抗电磁干扰要求高的场所及接地保护点分散的用电系统。用于供给小负荷的接地系统。

3. IT 系统

IT 系统的带电部分与大地间不直接连接(经高阻抗接地或不接地),而电气装置外露可导电部分则经各自的 PE 线直接接地,互相之间无电磁干扰,如图 8-5 所示。发生一相接地故障时三相用电设备仍能继续工作。应装设单相接地保护装置,以便发生一相接地故障时,给予报警信号。没有 N 线,不适于接相电压的单相设备。

图 8-4 TT 系统

图 8-5 IT 系统

IT 系统在供电距离不是太长时,供电线路对地的分布电容可以忽略,发生短路故障或者漏电使设备外壳带电时,漏电电流较大,可以使保护装置动作,供电可靠性好,安全性高,一般用于不允许停电的场所,或是要求严格地连续供电的地方。应用于对连续供电要求高及有易燃易爆的危险场所。适用于三相负荷平衡的配电系统。

在供电距离很长时,供电线路对地的分布电容不容忽视,发生短路故障或者漏电使设备外壳带电时,漏电电流不足以使保护设备动作,就有危险了。

4. 重复接地

在 TN 系统中,为提高安全程度应当采用重复接地。以 TN-C 系统为例,如图 8-6 所示,在没有重复接地的情况下,在 PE 或 PEN 线发生断线并有设备发生一相接地故障时,接在断线后面的所有设备的外露可导电部分都将呈现接近于相电压的对地电压,是很危险的。

图 8-6 无重复接地时中性线断线时的情况

如果进行了重复接地,如图 8-7 所示,则在发生同样故障时,假设电源中心点接地电阻与重复接地电阻相等,则断线后面一段 PE 线或 PEN 线的对地电压减少为相电压的一半,其危险程度大大降低。当然实际上由于设备外壳仍然带电,对人还是有一定危险的,因此 PE 线或 PEN 线的断线故障应尽量避免。施工时,一定要保证 PE 线和 PEN 线的安装质量。运行中也要特别注意对 PE 线和 PEN 线状况的检视,同样 PE 线和 PEN 线上一般不允许装设开关或熔断器。

图 8-7 有重复接地时中性线断线时的情况

二、低压带电导体系统形式

低压带电导体指相线(L_1、L_2、L_3)和中性线(N 线)及中性线和保护线合二为一(PEN 线)。系统形式根据相数和带电导体根数分类,我国低压带电导体系统形式有:

1. 三相四线制

即三根相线 L_1、L_2、L_3 和一根 N 线或 PEN 线形成三相四线制,既可提供 380V 的线电压,也可提供 220V 的相电压。适用于对三相用电设备组和单相用电设备组混合配电的线路以及对单相用电设备采用三相配电的干线线路。

2. 三相三线制

即三根相线 L_1、L_2、L_3,没有 N 线和 PEN 线,只能提供 380V 的线电压。适用于对三相负荷平衡且不需要中性线做电源线的三相用电设备配电的线路。

3. 单相两线制

即一根相线(L_1 或 L_2 或 L_3)和一根 N 线,仅能提供 220V 的相电压。适用于对单相用电设备组配电的支线线路,但应将单相负荷均衡地分配在三相系统中。

第三节 低压用电设备和配电线路的保护

为了安全地对各类用电设备供电,要对用电设备及其相应的配电线路进行保护。在民用建筑用电设备中,有些用电设备(如电梯等)是各种电器的组合,由于结构复杂,它自身已设有保护装置,因此在工程设计中不再考虑设置单独的保护,而将配电线路的保护作为它的后备保护。而有些电气设备(如照明电器、小风扇等)由于结构简单,一般无需装设单独的电气保护,而把配电线路保护作为它的保护。

一、照明用电设备的保护

在民用建筑中,照明电器、小风扇、小型排风机、小容量的空调器和电热器等,一般均从照明支路取用电流,通常划归照明负荷用电设备范围,所以都可由照明支路的保护装置作为它们的保护。

照明支路的保护主要考虑对照明用电设备的短路保护。对于要求不高的场合,可采用熔断器保护;对于要求较高的场合,则采用带短路脱扣器的自动保护开关进行保护,同时可作为照明线路的短路保护和过负荷保护。一般只使用其中的一种。

二、电力用电设备的保护

在民用建筑中,常把负载电流为 6A 以上或容量在 1.2kW 以上的较大容量用电设备划归电力用电设备。对于电力负荷,一般不允许从照明插座取用电源,需要单独从电力配电箱或照明配电箱中分路供电。除了本身单独设有保护装置外,其余的设备都在分路供电线路上装设单独的保护装置。

对于电热器类用电设备,一般只考虑短路保护。容量较大的电热器,在单独回路装设短路保护装置时,可采用熔断器或自动开关作为其短路保护。

对于电动机类用电负荷,在需要单独分路装设保护装置时,除装设短路保护外,还应装设过载保护,可由熔断器和带过载保护的磁力起动器(由交流接触器和热继电器组成)进行保护,或由带短路和过载保护的自动开关进行保护。

三、低压配电线路的保护

对于低压配电线路,一般主要考虑短路和过负荷两项保护,但从发展情况看,过电压保护也不能忽视。

1. 低压配电线路的短路保护

所有的低压配电线路都应装设有短路保护,一般可采用熔断器或自动开关保护。由于线路的导线截面是根据实际负荷选取的,因此,在正常运行情况下,负荷电流是不会超过导线的长期允许载流量的。但是为了避开线路中短时间过负荷(如大容量异步电动机的起动等)的影响,同时又能可靠地保护线路,当采用熔断器作短路保护时,熔体的额定电流应小于或等于电缆或穿管绝缘导线允许载流量的 2.5 倍;对于明敷绝缘导线,由于绝缘等级偏低,绝缘容易老化等原因,熔体的额定电流应小于或等于导线允许载流量的 1.5 倍。当采用自动开关做短路保护时,由于其过电流脱扣器具有延时性并且可调,可以避开线路中的短时过负荷电流,所以,过电流脱扣器的整定电流一般应小于或等于绝缘导线或电缆的允许载流量的 1.1 倍。

短路保护还应考虑线路末端发生短路时保护装置动作的可靠性。当上述保护装置作为配电线路的短路保护时,要求在被保护线路的末端发生单相接地短路以及两相短路时,其短路电流值应大于或等于熔断器熔体额定电流的 4 倍;如用自动开关保护,则应大于或等于自动开关过电流脱扣器整定电流的 1.5 倍。

2. 低压配电线路的过负荷保护

低压配电线路在下列场合应装设过负荷保护:

(1)不论在何种房间内,由易燃外层无保护型电线(如 BX、BLX、BXS 型电线)构成的明配线路。

(2)所有照明线路。对于无火灾危险及无爆炸危险的仓库中的照明线路,可不装设过负荷保护。

过负荷保护一般可由熔断器或自动开关构成,熔断器熔体的额定电流或自动开关过电流脱扣器的整定电流一般应小于或等于导线允许载流量的 0.8 倍。

3. 低压配电线路的过电压保护

对于民用建筑低压配电线路,一般只要求有短路和过负荷两种保护。但从发展情况来看,还应考虑过电压保护。这是因为某些低压供电线路有时会意外地出现过电压,如高压架空线断落在低压线路上,三相四线制供电系统零线断路引起中性点偏移,以及雷击低压线路等,都可能使低压供电线路上出现超过正常值的电压,使接在该线路上的用电设备因电压过高而损坏。为了避免这种意外,应在低压配电线路上采取适当分级装设过电压保护的措施,如在用户配电盘上装设带过电压保护功能的漏电保护开关等。

4. 上下级保护电器之间的配合

在低压配电线路上,应注意上下级保护电器之间的正确配合,这是因为当配电系统的某处发生故障时,为了防止事故扩大到非故障部分,要求电源侧、负荷侧的保护电器之间具有选择性配合。

(1)当上下级均采用熔断器保护时,一般要求上一级熔断器熔体的额定电流比下一级熔体的额定电流大 2~3 级(此处的"级"指同一系列熔断器本身的电流等级)。

(2)当上下级保护均采用自动空气断路器时,应使上一级断路器脱扣器的额定电流大于或等于下一级脱扣器额定电流的 1.2 倍。

(3)当电源侧采用自动空气断路器,负载侧采用熔断器时,应满足熔断器在考虑了正误差后的熔断特性曲线在自动空气断路器的保护特性曲线之下。

(4)当电源侧采用熔断器,负载侧采用自动空气断路器时,应满足熔断器在考虑了负误差后的熔断特性曲线在自动空气断路器考虑了正误差的保护特性曲线之上。

四、漏电保护

漏电保护器是一种自动电器,主要用来对有致命危险的人身触电进行保护,以及防止因电气设备或线路漏电而引起火灾。当在低压线路或电器设备上发生人身触电、漏电和单相接地故障时,漏电保护开关能够快速地自动切断电源,保护人身和电气设备的安全,避免事故的扩大。漏电保护装置的工作原理和选择方法在第二章和第六章中已详细介绍,在此不再赘述。

第四节 电度表及接线方式

电度表是用来测量某一段时间内电源提供电能或负载消耗电能的仪表,是低压配电系统中不可或缺的一种仪表。

一、电度表的分类

电度表按其使用的电路可分为直流电度表和交流电度表,如我们家庭用的电源是交流电,因此是交流电度表。

交流电度表按其电路进表相线数量又可分为:单相电度表、三相三线电度表和三相四线电度表。一般家庭使用的是单相电度表,但别墅和大用电住户也有使用三相四线电度表,工业用户使用三相三线和三相四线电度表。

电度表按其工作原理可分为电气机械式电度表和电子式电度表。在 20 世纪 90 年代以前,使用的一般是机械式电度表又称为感应式电度表。随着电子技术的发展,电子式电度表的应用越来越多,有逐步取代机械式电度表的趋势。

电度表按其用途可分为有功电度表、无功电度表、最大需量表、标准电度表、复费率分时电度表、预付费电度表、多功能电度表等。家庭常用的是有功电度表,但预付费电度表的使用也越来越普及,现在有的发达地区为了节电也在推广复费率分时电度表。

电度表按准确度等级可分为普通安装式电度表(0.2、0.5、1.0、2.0、3.0 级)和携带式精密电度表(0.01、0.02、0.05、0.1、0.2 级)。

二、电度表工作原理

1. 机械式电度表基本原理

传统电度表指感应式的机械电度表(简称感表或机械表),它利用的是电磁感应原理,主要由电压线圈、电流线圈、铝盘、永久磁铁、计度器等器件构成。其工作原理为：根据电磁感应原理，电表通电时，在电流线圈和电压线圈产生电磁场，在铝盘上形成转动力矩，通过传动齿轮带动计度器计数，电流电压越大，转矩越大，计数越快，用电越多。铝盘的转动力矩与负载的有功功率成正比。

2. 电子式电度表基本原理

电子式电度表是利用电子电路/芯片来测量电能；用分压电阻或电压互感器将电压信号变成可用于电子测量的小信号，用分流器或电流互感器将电流信号变成可用于电子测量的小信号，利用专用的电能测量芯片将变换好的电压、电流信号进行模拟或数字运算，并对电能进行累计，然后输出频率与电能成正比的脉冲信号；脉冲信号驱动步进马达带动机械计度器显示，或送微计算机处理后进行数码显示。

3. 预付费电表原理

预付费电表是在电子式电度表基础上增加了微计算机处理单元和存储单元以及控制断电装置等构成的。必须先在电表中预存一定电量或金额才能合闸供电，用电时电表一边计量一边从剩余值中扣减已用的电量或金额，如果扣完则断电，为了保证正常用电必须在断电前再次预存并累加到电表的剩余值中。预存电量或金额必须通过管理部门的售电系统向用户收取预购电费后，才能预存给用户。预存信息通过代码式或写卡式的方式送入电表中才能使用。

三、电度表接线方式

电度表的接线原则是电流线圈与负载串联，电压线圈与负载并联，并且遵守电流端钮的接线规则，即电流线圈的电源端钮必须与电源连接，另一端钮与负载连接；电压线圈的电源端钮可与电流线圈的任一端钮连接，另一端钮则跨接到被测电路的另一端，如图8-8所示，图中标有*号的一个端钮为电源端钮。下面介绍几种常用的电度表接线方法。

图 8-8 电度表的接线方法

1. 单相电度表的接线方法（适用于单相交流电路）

在低电压(380V 或 220V)小电流(10A 以下)的单相交流电路中，电度表可以直接接在电路上，如图8-9a)所示。如果负载电流超过电度表电流线圈的额定值，则需要经过电流互感器接入电路，如图8-9b)所示。

a)直接接入法　　　　　　b)经电流互感器接入法

图 8-9　单相电度表的接线方法

2. 三相二元件电度表的接线方法（用于三相三线制电路）

在三相三线制电路中，三相电能可用两只单相电度表来测量，三相总电能是两表读数之和。测量原理和接线方法与两表法测三相三线制电路的功率类似。在工业上多数采用三相两元件电度表，其特点是有两组电磁元件分别作用在固定于同一转轴的铝盘上，从计数器上可以直接读出三相负载所消耗的总电能。其接线方法也有直接接入法和经电流互感器接入法两种，如图 8-10 所示。

a)直接接入法　　　　　　b)经电流互感器接入法

图 8-10　三相两元件电度表的接线方法

3. 三相三元件电度表的接线方法（用于三相四线制电路）

在负载平衡的三相四线制电路中，可用一只单相电度表来测量任意一相负载所消耗的电能，将其读数乘以 3，即得三相电路消耗的总电能。如果负载不平衡，就得用三只电度表分别测量每相负载所消耗的电能。这种方法既不直观，又不经济。往往采用三相三元件电度表，它内部有三组完全相同的电磁元件，分别作用于装在同一转轴的铝盘上。这样就可以缩小电度表的体积，减轻质量，而且可以直接读出三相负载所消耗的总电能。

三相三元件电度表的接线方法有直接接入法、经两只电流互感器接入法以及经三只电流互感器接入法，如图 8-11 所示，其中图 b)、c)用于高压电路中测量三相有功电能。

a)直接接入法　　　　b)经两只电流互感器接入　　　　c)经三只电流互感器接入

图 8-11　三相三元件电度表的接线方法

第五节 低压配电箱(盘)

配电箱是按照配电线路负荷的要求将各种低压电器设备构成的一个整体装置,并且具有一定功能的小型成套设备。配电箱主要用来接收电能和分配电能,以及用它来对建筑物内的负荷进行直接控制。合理的配置配电箱,可以提高用电的灵活性。

一、常用配电箱的分类

配电箱的类型很多,可按不同的方法归类:
(1) 按其功能可分为电力配电箱、照明配电箱、计量箱和控制箱;
(2) 按照结构可分为板式、箱式和落地式;
(3) 按使用场所分为户外式和户内式两种。而户内式又分明装在墙壁上和暗装嵌入墙内的不同形式。

国内生产的电力配电箱和照明配电箱还分为标准式和非标准式两种,其中标准式已成为定型产品。国内有许多厂家专门生产这种设备。下面介绍常见的几种配电箱。

1. 照明配电箱

标准照明配电箱是按国家标准统一设计的全国通用的定型产品。照明配电箱内主要装有控制各支路的刀闸开关或自动空气开关、熔断器,有的还装有电度表、漏电保护开关等。由于建筑物的配置需要以及小型和微型自动开关、断路器的出现,促使了低压成套电气设备的不断改进,新型产品不断问世。

1) XM.4 系列配电箱

XM.4 系列配电箱具有过载和短路保护功能,适用于交流 380V 及以下的三相四线制系统,用作非频繁操作的照明配电。按一次线路方案,XM.4 系列的一次线路方案共 5 类 87 种,可参阅有关手册。

2) XM.7 系列配电箱

XM.7 系列照明配电箱适用于一般工厂、机关、学校和医院,用来对 380/220V 及以下电压等级且具有中性线的交流照明回路进行控制。XM.7 型为挂墙式安装,XM(R).7 型为嵌入式安装。

3) $X_R^X M_{23}$ 系列配电箱

$X_R^X M_{23}$ 系列配电箱分为明挂式和嵌入式两种,箱内主要装有自动开关、交流接触器、瓷插式熔断器、母线、接线端子等,具有短路保护和过载保护的功能。该系列配电箱适用于大厦、公寓、广场、车站等现代化建筑物,可对 380/220V、50Hz 电压等级的照明及小型电力电路进行控制和保护。

2. 电力配电箱

标准电力配电箱是按实际使用需要,根据国家有关标准和规范,进行统一设计的全国通用的定型产品。普遍采用的电力配电箱主要有 XL(F).14、XL(F).15、XL(R).20、XL.21 等型号。XL(F).14、XL(F).15 电力配电箱内部主要有刀开关(为箱外操作)、熔断器等。刀开关额定电流一般为 400A,适用于交流 500V 以下的三相系统电力配电。XL(R).20、XL.21 型是新产品,采用了 DZ 10 型自动开关等新型元器件。XL(R).20 采取挂墙安装,可取代 XL.9 型老产品。XL.21型除装有自动开关外,还装有接触器、磁力启动器、热继电器等,箱门上还可装操作按钮和指示灯,其一次线路接线方案灵活多样,采取落地式靠墙安装,适合于各种类型的低压用电设备的配电。

3. 其他配电箱

近年来,随着城乡建筑业的迅速发展,对低压成套设备的需求量日益加大,而且对产品性能的要求也越来越高,从而推动了电气设备的不断改进,新型产品陆续问世,在很大程度上克服了老产品的缺点。

1) $X_R^XM_{24}$ 系列插座箱

这类配电箱具有多个电源插座,适用于50Hz、500V以下的单相和三相交流电路中,广泛应用在学校、科研单位等各类实验室,以及一般民用建筑等场所。

插座箱分为明挂式和嵌入式两种。箱内备有工作零线和保护零线端子排,箱内主要装有自动开关和插座。此外还可根据需要加装 LA 型控制按钮和 XD 型信号灯等元件。

2) $X_R^XC_{31}$ 系列计量箱

这类计量箱适用于各种住宅、旅馆、车站、医院等场所计量50Hz的单相和三相有功功率。箱内主要装有电度表、电流互感器、自动开关和熔断器等。计量箱分为封闭挂式和嵌入暗装式两种。箱体由薄钢板焊制而成,上下箱壁均有穿线孔,箱的下部设有接地端子板。

二、配电箱的布置与选择

1. 布置原则

配电箱位置的选择十分重要,若选择不当,对于设备费用、电能损耗、供电质量以及使用、维修等方面,都会造成不良的后果。在电气照明设计选择配电箱位置时,应考虑以下原则:

(1)尽可能靠近负荷中心,即电器多、用电量大的地方;

(2)高层建筑中,各层配电箱应尽量布置在同一方向、同一部位上,以便于施工安装与维修管理;

(3)配电箱应设置在方便操作、便于检修的地方,一般多设在门厅、楼梯间或走廊的墙壁内,最好设在专用的房间里。

(4)配电箱应设在干燥、通风、采光良好,且不妨碍建筑物美观的地方;

(5)配电箱应设在进出线方便的地方。

2. 配电箱(盘)位置的确定

在确定配电箱的位置时,除考虑上述因素外,还有建筑物的几何形状、建筑设计的要求等,都是决定配电箱位置的约束条件。在满足约束条件下,确定的配电箱的位置,常称为最优位置。

配电箱位置的选择是否最佳,常用各支线的负荷量与相应支线长度乘积的总和(称为目标函数)来衡量,当目标函数趋向最小时,则选择最佳。用数学式可表示为:

$$M = \sum P_i L_i (i = 1, 2, \cdots) \tag{8-1}$$

式中,L_i 为第 i 条回路(支线)从配电箱引出线至最后一个用电器的长度(m);P_i 为第 i 条回路(支线)上的负荷(灯具和用电器的总功率)总量(kW)。

在满足约束条件下,按上述数学式求得的配电箱的最优位置,有时还需根据土建设计要求的条件作些调整。

3. 配电箱的选择

选择配电箱应从以下几个方面考虑：

(1)根据负荷性质和用途，确定配电箱的种类；

(2)根据控制对象的负荷电流大小、电压等级以及保护要求，确定配电箱内主回路和各支路的开关电器、保护电器的容量和电压等级；

(3)应从使用环境和场合的要求，选择配电箱的结构形式，如确定选用明装式还是暗装式以及外观颜色、防潮、防火等要求。

在选择各种配电箱时，一般应尽量选用通用的标准配电箱，以利于设计和施工。若因建筑设计的需要，也可根据设计要求向生产厂家订货加工所要求的配电箱。

第六节 各类建筑物低压配电系统设计要点

建筑物低压配电系统在不同的建筑和使用场合要求各不相同，系统的设计应满足不同使用功能的需要。

一、低压配电基本要点

低压配电基本要点参见《供配电系统设计规范》。

(1)配电电压应采用380/220V。带电导体系统的形式宜采用单相二线制、两相三线制、三相三线制和三相四线制。

(2)在正常工作环境的建筑物内，当大部分用电设备为中小容量，且无特殊要求时，宜采用树干式配电。

(3)当用电设备为大容量，或负荷性质重要，或在有特殊要求的车间、建筑物内，宜采用放射式配电。

(4)当部分用电设备距离供电点较远时，而彼此相距很近、容量很小的次要用电设备，可采用链式配电，但每一回路环链设备不宜超过 5 台，其总容量不宜超过 10kW。容量较小的用电设备的插座，采用链式配电时，每一条环链回路的设备数量可适当增加。

(5)在多层建筑物内，由总配电箱至楼层配电箱宜采用树干式配电或分区树干式配电。对于容量较大的集中负荷或重要用电设备，应从配电室以放射式配电；楼层配电箱至用户配电箱宜采用放射式配电。

在高层建筑物内，当向楼层各配电点供电时，宜采用分区树干式配电；由楼层配电间至用户配电箱的配电，宜采取放射式配电；对部分容量较大的集中负荷或重要用电设备，应从变电所低压配电室以放射式配电。

(6)平行的生产流水线或互为备用的生产机组，根据生产要求，宜由不同的回路配电；同一生产流水线的各用电设备，宜由同一回路配电。

(7)在低压电网中，宜选用 Dyn11 联结组别的三相变压器作为配电变压器。

(8)在系统接地形式为 TN 及 TT 的低压电网中，当选用 Yyn0 联结组别的三相变压器时，其由单相不平衡负荷引起的中性线电流不得超过低压绕组额定电流的 25%，且其一相的电流在满载时不得超过额定电流值。

(9)当采用220/380V的TN及TT系统接地形式的低压电网时,照明和其他电力设备宜由同一台变压器供电,必要时亦可单独设置照明变压器供电。

(10)由建筑物外引入的配电线路,应在室内靠近进线点、便于操作维护的地方装设隔离电器。

二、工业建筑低压配电系统设计要点

(1)在正常环境的车间或建筑物内,当大部分用电设备为中小容量、且无特殊要求时,宜采用树干式配电。

(2)当用电设备为大容量,或负荷性质重要,或在有特殊要求如潮湿、腐蚀性环境或有爆炸和火灾危险场所等的车间、建筑物内,宜采用放射式配电。

(3)当部分用电设备距离供电点较远,而彼此相距很近、容量很小的次要用电设备,可采用链式配电,但每一回路环链设备不宜超过5台,其总容量不宜超过10kW。容量较小用电设备的插座,采用链式配电,每一条环链回路的设备数量可适当增加。

(4)多条平行的生产流水线或互为备用的生产机组,根据生产要求,宜由不同的母线或线路配电。同一生产流水线的各用电设备,宜由同一母线或线路配电。

(5)冲击负荷和用电量较大的电焊设备,宜与其他用电设备分开,用单独线路或变压器供电。

(6)配电系统的设计应便于运行、维修,生产班组或工段比较固定时,一个大厂房可分车间或工段配电,多层厂房宜分层设置配电箱,每个生产小组可考虑设单独的电源开关。实验室的每套房间宜有单独的电源开关。

三、多层公用建筑低压配电系统设计要点

(1)配电系统应满足安全、可靠、计量、维修、管理要求,照明与电力应分成不同的配电系统。

(2)电缆或架空进线,进线处应设有电源箱,电源箱内应设置总开关,电源箱宜放在室内,当有困难时要选室外型电源箱。

(3)对于用电负荷较大或较重要时,应设置低压配电室,从配电室以放射式配电,各层或分配电箱的配电,宜采用树干式或放射与树干混合式。

四、高层公用建筑低压配电系统设计要点

(1)高层公用建筑低压配电系统的确定,应满足供电安全、可靠、计量、维护、管理的要求,应将照明与电力负荷分成不同的配电系统,消防及其他防灾用电设施的配电应自成系统。

(2)对于容量较大的集中负荷或重要负荷宜从配电室以放射式直接供电。

(3)高层公用建筑的垂直供电干线,应视负荷重要程度、负荷大小及分布情况,采用以下方式:

①以插接式母线槽供电的树干式配电;

②以电缆干线供电的放射式或树干式配电,当为树干式时,可采用电缆T接端子方式接至各层配电箱或采用预分支电缆。

③采用分区树干式以适应不同功能区域或用电设备的要求。

(4)高层公用建筑配电箱的设置和配电回路的划分,应根据防火分区、负荷性质和密度、管理维护方便等条件综合确定。

五、住宅小区低压配电系统设计要点

住宅小区低压配电系统通常采用放射式和树干式，或两者相结合的方式。为提高小区配电系统的供电可靠性，亦可采用环形网络配电。住宅小区低压配电系统的设计，应考虑由于发展需要增加出线回路数和某些回路增容的可能性。

1. 多层住宅低压配电系统设计

(1)多层住宅小区应分区域设置若干户外 10/0.4/0.23kV 预装式变电站，带环网柜。

(2)多层住宅宜采用树干式供电，以住宅楼单元为供电单元，采用等截面电缆供电。宜采用电缆埋地进线，进线处应设有电源箱，电源箱可选用室内或室外型。

(3)底层有商业设施的多层住宅，住户与商业设施宜分别引入电源并设置电源进线开关，商业设施的电能表宜安装在各核算单位，或集中安装在公共电表箱内。

(4)多层住宅的垂直干线，宜采用三相供电系统，每户宜采用单相配电方式。

(5)多层住宅的配电系统宜按下列原则设计：

①采用树干式或分区树干式系统，向各层配电小间或配电箱供电。

②采用放射式或与树干式相结合的系统，由各层配电小间或配电箱向本层各住户分配电箱配电。

(6)住宅的楼梯照明、有线电视系统、访客对讲系统等公用电源，宜单独装设电能表。

(7)公寓式单身宿舍及有计费要求的单身宿舍，宜设置电能表。

2. 高层住宅低压配电系统设计要点

(1)高层住宅在底层或地下一层设置 10/0.4/0.23kV 户内变电所或预装式变电站(带环网柜)。

(2)18 层及以下住宅，视用电负荷的具体情况可以采用放射式或树干式供电系统，电源柜设在 1 层或地下室内，电源柜至室外宜留有不少于 2 回路的备用管，管径为 100~150mm，照明、电力及应急电源应分别引入。

(3)19 层及以上住宅，宜由变电所设专线回路采用放射式系统供电，电力、照明及应急电源宜分别引入。

(4)向高层住宅供电的垂直干线，应采用三相供电系统，视负荷大小及分布状况可以采用如下形式：

①插接母线式系统，宜根据功能要求分别供电。

②电缆干线系统，宜采用预分支电缆。

③应急照明可以采用树干式或分区树干式系统。

(5)高层住宅每户宜采用单相配电方式，公共走廊、楼梯间、电梯前室等处照明电源、有线电视系统、访客对讲系统等公共电源，宜单独装设电能表。

(6)住户电能表宜集中安装在每层配电间内。

3. 别墅群区低压配电系统设计要点

(1)别墅群区宜分区设置 10/0.4kV 户外预装式变电站(不带环网柜)。

(2)别墅群区宜采用树干式或树干式与放射式相结合的方式供电，低压供电以别墅为单元采用电缆进线，进线处应在室内或室外设置电源箱。

(3)对用电负荷较大,离小区变电所较近的别墅,也可采用放射式供电。

(4)别墅的配电,应根据用电负荷的大小决定配电方式,当每户用电负荷为12kW及以下时,宜采用单相配电,选用单相电能表;当每户用电负荷超过12kW时,宜采用三相配电,并选用3个单相电能表。

(5)别墅住户的配电箱宜安装在一层或便于检修的地方。

(6)别墅的内部庭院照明应由住户配电箱供电,并采用局部TT系统。

(7)别墅群区的室外公共照明及其他公共用电由小区变电所供电。

六、建筑物(群)消防用电设备低压配电系统设计要点

(1)建筑物(群)的消防设备应设置消防专用总电源配电系统,该系统应由常用电源和备用电源组成双电源配电系统,并满足相应负荷等级对供电电源的要求。消防总电源配电装置应设置在建筑物的进线处或变配电所处,并宜与常用电源部分分开布置,当分开布置有困难时,其分界处应设有防火隔断。消防用电配电装置应有明显标志。

(2)消防设备如火灾报警及消防联动控制设备、消防水泵、消防电梯、防烟排烟风机等的供电,应在最末一级配电箱设置双电源自动切换装置。

(3)当由柴油发电机组提供应急电源时,应满足以下要求:

①消防用电负荷等级为一级时,应设有自动启动装置,并能在15s内供电。

②消防用电负荷等级为二级时,当采用自动启动有困难时,可采用手动启动装置。

③常用电源切换到备用电源应自动切换,当常用电恢复后,应延时自动切换至常用电源供电。

(4)消防配电系统的末端线路不应跨越防火分区,分支干线宜以建筑物的防火分区为单位,不宜跨越防火分区。

(5)公共建筑屋顶,除消防电梯外的其他消防设备,可采用一组消防双电源供电,末端应设双电源自动切换配电箱,由配电箱引至相应设备控制箱,应采用放射式配电。

(6)12~18层普通住宅的消防电梯和普通客梯,若消防电梯兼作客梯且两类电梯公用前室时,可由一组消防双电源供电。末端双电源自动切换配电箱应设置在消防电梯机房内,由配电箱至相应设备采用放射式配电。

七、施工现场临时供配电系统设计要点

1. 施工现场临时用电的确定原则

(1)低压供电能满足要求时,尽量不再另设供电变压器。

(2)当施工用电能进行负荷调度时,应尽量减小申报的需用电源容量。

(3)工期较长的工程,应作分期增设与拆除电源设施的规划方案,力求结合施工总进度合理配置。

2. 施工现场常用临时供电方案

(1)利用永久性的供电设施。对较大工程,在全面开工前,应完成永久性供电设施,包括送电线路、变电所和配电所等,使能由永久性配电室引出临时电源。如永久性供电能力远大于施工用电量,可部分完工,满足施工用电即可。

(2)借用就近的供电设施。若施工现场用电量较小或附近的供电设施容量较大并有余量,

能满足临时用电要求时,施工现场可完全由附近的设施供电,但应采取必要的安全措施以保证原供电设备的正常运行。

(3)安装临时变压器。对于用电量大,附近供电设施无力承担的供电设施,利用附近的高压电力网,向供电部门申请安装临时变压器。

3. 施工现场临时线路的选择和要求

1)临时线路的范围

(1)固定电气设备未按规程安装的电气设备。

(2)建筑安装工程工地、工棚的施工和生活用电。如施工照明和设备、机具、工具等电气线路。

(3)临时性设施或实验用电,如防汛、防涝抽水用电,或生产上突击任务或检修用电。

2)临时线路的一般要求

(1)室外临时架空线长度不超过500m,距地高度不低于3.5m,与建筑物、树木或其他导线距离不得小于2m。跨越公路时不得低于6m。导线截面积应满足强度和负荷的要求。架设临时线必须用专用电杆、专用绝缘子固定,若选用木杆、木横担,电杆直径不得小于100mm,档距不得超过25m。

(2)室内临时线宜采用三相四线芯或单相三芯的橡套软线,布线应整齐,长度一般不宜超过10m。距地面高度不得低于2.5m。对必须搁置在地面的线路,跨越人行道部分要穿管保护。

(3)临时用电地点应装有负荷开关和熔断器,电器金属外壳必须接地。

(4)临时电气设备的裸露控制及保护设备等,应装设在箱内屏护起来。在室外使用时,应装防雨装置。

(5)临时照明的容量超过50A时,必须用三相四线制供电,分别装设开关和熔断器。

(6)临时线路应有单独开关控制,不得从线路上直接引出,也不能用插销代替开关来分合电路。

(7)若有条件,可考虑装设漏电保护装置。

八、民用建筑低压配电线路防火措施

近些年来,由于低压配电线路着火延燃酿成重大火灾,国内外都时有发生,损失惨重,已引起人们的深切关注,并使人们清楚地认识到民用建筑物尤其是高层、超高层建筑物内的电气配电线路,除了选用合适的保护装置进行短路和过负荷保护之外,还必须根据不同用途选用阻燃、难燃和不燃的电缆、电线或母线槽,严格按照消防法规的要求设计、选型及安装敷设。

1. 阻燃型电缆、电线

具有阻燃性能的PVC绝缘和护套电缆、电线,耐温有70℃、90℃和105℃之分,阻燃特性氧指数为32级以上。阻燃型电缆、电线不易着火或是着火后不延燃,离开火源可以自熄。但用阻燃材料作导体的绝缘有一定的局限性,它仅适用于有阻燃要求的场所。耐温105℃的绝缘导线也称作耐热线,用于温度较高的场所。

2. 铜护套铜芯氧化镁绝缘防火电缆

一级负荷的特别重要负荷中,如消防电梯、消防泵、应急发电机等电源线,应积极推广铜护套铜芯氧化镁绝缘防火电缆(简称MI电缆)。MI电缆和耐火母线槽是预防和扑救高层、超高层民用建筑火灾的重要举措之一。MI电缆价格比阻燃电缆价格要高,敷设方式均为明装敷设。MI电缆有如下特点:

(1)防火、耐火、耐高温。铜护套、铜芯线熔点为1 083℃,无机物氧化镁粉绝缘材料在2 200℃高温不熔化,氧化镁绝缘材料被紧密地挤压在铜护套与铜芯之间,MI电缆的部件全部为丝扣连接,任何气体、火焰都无法进入设备和电缆内,有很强的防火、耐火性能,且能在250℃的高温环境中长期安全工作。用在应急发电机、消防电梯和消防泵的低压配电线路上,可为消防人员扑救火灾赢得时间和提供保证。

(2)无烟、无毒,有利于人们撤离火灾现场,更有利益于消防人员扑救。

(3)防水、耐腐蚀性能高。铜护套本身就具有良好的防腐性能,MI电缆在民用建筑中无需套塑料护套。铜护套为无缝铜管制成,即使浸泡在水中也可长期安全无故障通电运行。

(4)无幅射、无涡流、过载能力强。铜护套有很高的防磁性能,能起到很好的屏蔽作用,还能防止辐射。单芯电缆无涡流效应,故铜护套不会发热。与相同截面的其他阻燃、难燃型电缆相比较,MI电缆内无机绝缘的氧化镁材料,短路和过载时不存在绝缘软化和损坏,也不会自燃。又由于过载能力很强,根据负荷计算电流选用线芯截面没必要放大1-3级,这在性能价格比上是可取的。

(5)机械强度高,外径小,使用寿命长。MI电缆的铜护套、绝缘粉、铜芯三维一体的结构,在机械撞击和外力敲打下也不会损坏,确保电气和绝缘性能指标不变。由于特殊的结构和机械强度高,铜护套外部直径比其他阻燃、耐火电缆要小,因此占地面积就小。氧化镁粉是无机材料,化学性能极为稳定,也不存在老化的问题。铜护套在民用建筑中几乎能达到永久性保护作用,而其他有机材料作绝缘的导体,在不过载的情况下其寿命为15~20年。阻燃电缆和难燃电缆只要经火烧烤后,外部有机绝缘材料就会软化,失去或降低电气和绝缘性能,火灾燃烧后,一般都要更换。而MI电缆在火烤后,氧化镁无机绝缘材料不会降低电气和绝缘性能,仍可继续使用,无需更换;

(6)安全可靠性高。MI电缆的铜护套本身就是很好的PE接地线,确保人身和设备安全运行,不必另增设一根PE接地线;

(7)使用灵活方便。在民用建筑的配电线路中,只要满足敷设高度在2.5m以上,MI电缆就不必要求机械保护。MI电缆可直接敷设在天棚内,无需金属封闭线槽保护。

3. 密集型插接式母线槽

配电线路采用密集型母线槽与传统的电力电缆配电方式相比较,有许多突出的优点。如体积小、结构紧凑、占用空间位置小;传输电流大,能很方便地通过母线槽插接式开关箱引出电源分支线;选材优良、设计精致,具有较高的电气及机械性能,外壳接地好,安全可靠。因此,在国内外高层与超高层民用建筑的低压配电干线中广泛采用。密集型母线槽不如空气式母线槽插接孔引出分支回路随意性强,但防火性能好。密集型母线槽的敷设必须现场实测,安装线槽的长度精确度要求较高,母线槽的插接式开关箱高度也应根据设计确定。

4. 电缆桥架

电缆桥架分为梯级式、托盘式、槽式和组合式四种类型。材料选用优质冷轧钢板,表面处理可分烤漆、静电喷涂、镀锌等。铝合金抗腐蚀桥架重量轻、耐腐蚀、寿命长、免维护,但只有梯形式、托盘式、槽式三种类型。耐火电缆桥架也称作耐燃式汇线桥架,与槽式相同。但耐火电缆桥架在网制槽内底层组装一块无机材料(内胆),上层安装一个无机材料与增强玻璃纤维构成一个内槽。内外两层的空隙平时可起通风散热的作用,槽内温度可限制在电缆安全运行允许值内,但对电缆的载流量将会降低,电缆的载流量需进行修正。电缆桥架适用于10kV及以下的电力电缆、控制电缆,室内架空电缆或隧道电缆的架设。

5. 层间及防火分区耐火墙贯通部分防火处理

(1)高层、超高层民用建筑的电气竖井比较长,一旦发生火灾,竖井则成为通风道,会产生烟囱效应。因此要妥善处理每层配电及弱电竖井的地面,应将各种电气线路孔洞的空隙,采用与建筑构件具有相同耐火等级的材料堵塞严实,形成楼层竖井间的防火密封隔离。电缆在楼层间穿通时,穿板套管两端管口空隙也作封堵隔离。强、弱电竖井的地面应高出同层地面高度50～100mm,以防止水进入竖井造成强、弱电线路的二次灾害。尤其在有火情时,确保火灾自动报警系统和消防联动系统的配电和信息系统的畅通非常必要。火灾自动报警系统和消防联动系统应单独设置电气竖井,贯彻"以防为主、防消结合"的方针。电缆桥架、母线槽、金属管等配电线路干线安装位置,应尽量避开可能受到喷淋装置直接喷淋的部位。

(2)关于贯穿耐火墙的配电线路,应按防火分区的要求认真考虑。特别是易燃绝缘材料的配电线路,选用电缆桥架、母线槽等贯穿耐火墙时,应采用按相同燃烧等级的材料将孔洞堵塞严密。隔墙两侧贯穿的电缆桥架均应铺细砂,长度距墙一般为1m。以免火势从一个防火分区,经线路通道窜入另一个防火分区的线路通道而扩大火势。

(3)配电线路选用易燃绝缘材料的电缆时,应将易燃线路完全封闭在耐火的电线槽内,外壳应刷防火涂料。

(4)电缆、电线的套管(G25以下除外),管口两端均应采用与周围相同耐火等级的材料堵塞。

(5)在桥架上敷设电缆,电缆分支不是在桥架内分支,而应在桥架外檐附加的分线盒内分支。电气线路敷设及电缆沟在进入建筑物处应设防火墙;电缆隧道进入建筑物及变配电所应设有防火门(带锁)的防火墙,电缆穿墙保护管两端应采用难燃材料封堵。对用易燃绝缘材料防护的导体的电气线路,除要求隔离和封闭外,还应尽量缩短线路的长度。具有防火隔离的不同线路通道间的线路也应防止相互窜通,避免火势从一线路通道窜入另一线路通道扩大火灾的范围。在室内的电缆桥架布线,其电缆不应有黄麻或其他易燃材料的外护套。消防配电线路采用暗敷设时,应敷设在不燃烧体结构内,且保护层厚度不宜小于30mm,当采用明敷设时,采用金属管或金属线槽上刷防火涂料保护,因为金属管和金属槽本身并不具备防火性能。当采用绝缘和护套为不延燃材料的电缆时,在竖井内可不穿金属管、金属线槽保护,但线路穿过竖井地板时,必须穿过板管、槽保护,上、下两端管、槽口空隙同样应作密封隔密。

第七节　建筑低压配电系统图

在建筑低压配电系统中,常用配电干线系统图和配电箱系统图来描述低压配电关系。

一、配电干线系统图

当配电系统较复杂时,为了描述从变电室低压配电系统到各配电盘之间的关系,往往需绘制配电干线系统图。其特点如下:

(1)以配电干线上的配电箱为负荷,以配电干线为基础描述低压配电系统。

(2)以建筑物的层为参考,描述配电盘的分布情况。

(3)对配电盘的描述只有盘号和负荷的大小及配电线路的导线截面。

配电干线系统图相对比较简单,主要是概略描述从变电室低压配电系统配出后低压配电的概况,包括每条配电干线上的负荷大小、在建筑物层面上的分布以及配电导线的截面积等,是施工的重要依据。

图8-12给出了某14层高层建筑(地下一层、地上13层)配电干线系统图。从图中可以看出,10kV高压进线供变电所,为建筑主电源。380/220V低压进线,为备用电源。该建筑低压为TN-S接地形式,从低压配电室放射式配电给个动力设备和楼层配电箱。消防负荷、发电机房、变电所用电及消防控制室用电、应急照明用电等为一、二级负荷,双电源供电(图中实线为主电源线,虚线为应急电源线),末端设双电源自动切换箱。生活泵、污水泵为单电源供电。普通照明也为单电源供电。每四层照明为一路树干式干线,尽力保证三相负荷均衡分配。

图8-12 某14层高层建筑配电干线系统图

当建筑规模较小时,干线系统图也可以采用如图8-13所示的形式,将每条分支线中的测量仪表、保护元件以及三相负荷平衡分配也很清楚的表示在图中。

图 8-13 某六层住宅照明配电干线系统图

二、配电箱系统图

标注配电箱编号、型号、进出线回路编号,标注各开关(或熔断器)型号、规格、整定值,配出回路编号、导线规格型号、用户名称等,辅助系统图和平面图的识读。图 8-14 为某事故照明配电箱系统图,图 8-15 为某动力配电箱系统图。

用途	地下层、楼梯事故照明箱									
分路号	N1	N2	N3	N4	N5	N6	N7	N8	N9	N10
负荷	楼梯照明1	楼梯照明2	应急事故照明1	应急事故照明2	疏散照明1	疏散照明2	备用	备用	变配电所	水泵房
功率/kW	1.0	1.0	1.0	1.0	1.0	1.0			3.0	3.0
电流/A	5.6	5.6	5.6	5.6	5.6	5.6			5.6	5.6
相序	L1	L2	L3	L1	L2	L3	L1	L2	三相	三相
导线型号 敷设方式	NH-BV2×2.5 SC20 CC	NH-BV2×2.5 SC20 CC	NH-BV4×2.5 SC20 CC	NH-BV4×2.5 SC20 CC	NH-BV4×2.5 SC20 CC	NH-BV4×2.5 SC20 CC			NH-BV5×6 CT/SC25 CC	NH-BV5×6 CT/SC25 FC
配电箱编号、型号	17AF1QTSP1-TC-5W(500×700×160)									

图 8-14 某事故照明配电箱系统图

图 8-15 某动力(商业空调)配电箱系统图

思考与练习题

8-1　民用建筑低压配电系统的配电要求有哪些?

8-2　常见的低压系统的配电方式有哪些?各种配电方式的特点以及各自的适用范围是什么?

8-3　建筑低压配电系统的接地形式有哪几种?是按照什么分类的?各种接地方式的特点和适用范围分别是什么?

8-4　重复接地的作用是什么?

8-5　我国低压带电导体系统形式有哪些?

8-6　照明用电设备的保护有哪些?

8-7　电力设备的保护有哪些?

8-8　低压配电线路的保护有哪些?要注意些什么?

8-9　电度表有哪几种类型?

8-10　电度表的接线方式有哪些?各有哪些特点?

8-11　配电箱的布置和选择有哪些原则?

8-12　低压配电系统设计要点有哪些?

8-13　高层建筑和多层建筑低压配电系统的设计有何不同特点?

8-14　建筑物(群)消防用电设备低压配电系统设计要点有哪些?

8-15　施工现场常用临时供电方案有哪些?

8-16　熟悉民用建筑低压配电系统设计要点,识读建筑低压配电系统干线图和配电箱系统图。

第九章　建筑防雷与接地系统

防雷与接地是电力系统中一个重要组成部分。本章主要讲述了过电压的形式,雷电过电压产生的原因,重点讲述了建筑物防雷等级的划分及其对应的防雷措施、接地装置设置和建筑物等电位联结等。

第一节　过电压与雷电基本知识

一、过电压的形式

过电压是指电气设备或线路上出现的超过正常工作要求的电压。电机、变压器、输配电线和开关设备等的对地绝缘,在正常工作时只承受正常工作额定电压。当由于某些原因,电网的电磁能量发生突变,就会造成设备对地或匝间电压的异常升高,就产生了过电压。按过电压产生的原因不同,可分为内部过电压和雷电过电压两大类。

1. 内部过电压

内部过电压是由于电力系统的开关操作、故障和某些不正常运行状态,使电力系统的工作状态突然改变,从而因其过渡过程中的电磁能在系统内部发生振荡而引起的过电压。内部过电压又分为操作过电压和谐振过电压。

操作过电压是由于系统中的开关操作、负荷骤变或由于故障出现断续性电弧而引起的过电压。常见操作过电压有:

(1)切断小电感电流时的过电压。例如切除空载变压器及电抗器等。

(2)开断电容性负载时的过电压。例如开断空载长线和电容器组等。

(3)中性点不接地系统中的间歇性电弧接地。

谐振过电压是由于系统中的电路参数(R、L、C)发生谐振而引起的过电压,包括电力变压器铁芯饱和而引起的铁磁谐振过电压。

运行经验证明,内部过电压的幅值与电网的额定电压成正比,一般不会超过系统正常运行时相对地额定电压的3~4倍,因此对电气设备或线路的绝缘威胁不是很大。

2. 雷电过电压

雷电过电压又称为大气过电压或外部过电压,它是大气中带电云块之间或带电云层与地面之间所发生的一种强烈的自然放电现象。雷电或称闪电,有线状、片状和球状等形式。片状闪电发生在云间,对地不产生闪击;球状雷电是一种特殊的大气雷电现象,其发生概率很小,对其形成机理、特性及防护方法仍在研究中。线状闪电特别是大气雷云对地面物体的放电,是雷电过电压形成的主要原因。

二、雷电的产生

雷电作为一种壮观的自然现象,现象比较复杂,其产生原因解释也很多。雷云中电荷的形成,有各种说法。最常见的说法是当天气闷热、潮湿时,地面附近湿气受热上升,在空中和不同冷热气团相遇,凝成水滴或冰晶,形成积云。在高空中冰晶和过冷的水滴相混合时,形成冰雾。冰晶带正电而冰雾带负电,冰晶被气流带到云层的上部,形成带正电的雷云,而冰雾则形成带负电的雷云。在上下气流的强烈撞击和摩擦下,雷云中电荷越聚越多,一方面在空中形成了正负不同雷云间的强大电场;另一方面临近地面的雷云使大地或建筑物感应出与其极性相反的电荷。这样雷云与雷云或雷云与大地之间构成一个巨大的电容器,形成强大的电场。当雷云中电荷聚积到足够数量时,电场强度达到足以使空气绝缘破坏时,空气便开始游离,变为导电的通道,雷云便开始向下梯级放电,称为下行先导放电。当这个先导逐渐接近地面物体并到达一定距离时,地面物体在强电场的作用下产生尖端放电,形成向雷云方向的先导并逐渐发展为上行先导放电,两者会合形成雷电通道,就会发生强烈的放电现象。异性电荷发生剧烈地中和,出现极大的电流并有雷鸣和闪电伴随出现,这就是主放电阶段。主放电存在的时间极短,约为 $50\sim100\mu s$,主放电电流可达几十万安,是全部雷电流中的主要部分,电压可达几百万伏,其温度可达两万摄氏度,并把周围空气急剧加热,烧成白炽而急剧膨胀,出现耀眼的亮光和巨响,这就是通常所说的"打闪"和"打雷"。主放电阶段结束后,雷云中的残余电荷经放电通道入地,称为放电的余辉阶段,持续时间较长,约为 $0.03\sim0.05s$,余辉电流不大于数百安。

三、雷电的危害

雷电流对地面波及物有极大危害性,它能伤害人畜、击毁建筑物,造成火灾,并使电气设备绝缘受到破坏,影响供电系统的安全运行。雷电的危害主要有以下几种:

1)直击雷

带电的云层对大地上的某一点发生猛烈的放电现象,称为直击雷。它的破坏力十分巨大,若不能迅速将其泻放入大地,将导致放电通道内的物体、建筑物、设施、人畜遭受严重的破坏或损害——火灾、建筑物损坏、电子电气系统摧毁,甚至危及人畜的生命安全。

2)雷电波侵入

雷电不直接放电在建筑和设备本身,而是对布放在建筑物外部的线缆放电。线缆上的雷电波或过电压几乎以光速沿着电缆线路扩散,侵入并危及室内电子设备和自动化控制等各个系统。往往在听到雷声之前,电子设备、控制系统等可能已经损坏。

3)感应过电压

是指雷电放电过程中,雷云中的电荷及强大的脉冲电流对周围导体产生静电感应和电磁感应的现象。静电感应是由于雷云接近地面,在架空线或其他凸出物顶部感应出大量的电荷引起的。在雷云与其他部位放电后,架空线路或凸出物顶部的电荷失去束缚,以雷电波的形式,沿线路或凸出物极快的传播,其电压可达几十万伏。电磁感应是由雷击后巨大的雷电流在周围空间产生迅速变化的磁场引起的。这种磁场能使附近的金属导体或金属结构的电器设备感应出很高的过电压,轻则造成电子设备受到干扰,数据丢失,产生误动作或暂时瘫痪;严重时可引起元器件击穿及电路板烧毁,使整个系统陷于瘫痪。

4)地电位反击

如果雷电直接击中具有避雷装置的建筑物或设施,接地网的地电位会在数微秒之内被抬高数万或数十万伏。高度破坏性的雷电流将从各种装置的接地部分,流向供电系统或各种网络信号系统,或者击穿大地绝缘而流向另一设施的供电系统或各种网络信号系统,从而反击破坏或损害电子设备。同时,在未实行等电位联结的导线回路中,可能诱发高电位而产生火花放电的危险。

雷击会对建筑物和供配电系统产生巨大的危害,因此对防雷问题必须引起足够的重视。

第二节　建筑物防雷装置的组成及作用

防雷保护包括外部防雷保护和内部防雷保护。外部防雷保护是指建筑物的直击雷防护,内部防雷保护是指雷电电磁脉冲的防护。

一、防直击雷装置

为了防止直接雷击造成对建筑物和电气设备的破坏以及人畜伤亡事故,通常在建筑物、工程设施、电力架空线路上方装设接闪器,通过引下线将接闪器与接地装置连接起来。接闪器、引下线与接地装置组成防雷装置。

1. 防直击雷装置的防护原理

当雷电先导达到某一定高度以下时,接闪器使电场发生明显的畸变,并将最大电场强度方向(即放电发展方向)引到接闪器,使雷云向接闪器放电,雷电击中接闪器之后,很大的雷电流通过引下线和接地装置流散到大地,使被保护的建筑物、工程设施、电力线路等免遭雷击。因此,防雷装置的作用是吸引雷电击于自身,必须有良好的接地系统。

2. 防直击雷装置的组成

1)接闪器

接闪器有多种形式,常见的有避雷针、避雷线、避雷带和避雷网等。

(1)避雷针。避雷针为金属材料、棒状的接闪器,一般采用镀锌圆钢(针长 1m 以下时直径不小于 12mm,针长 1~2m 时直径不小于 16mm,烟囱顶上的针直径不小于 20mm)或镀锌焊接钢管(针长 1m 以下时内径不小于 20mm,针长 1~2m 时内径不小于 25mm,烟囱顶上的针内径不小于 40mm)制成。它既可以附设式安装也可以独立安装。

避雷针的保护区域为从地面(或屋面)到保护最高点逐渐缩小的锥形体,锥形体的形状按照 GB 50057—1994(2000)《建筑物防雷设计规范》的规定采用滚球法来确定。

所谓"滚球法",就是选择一个半径为 h_r(滚球半径)的球体,沿需要防护直击雷的部位滚动。如果球体只接触到避雷针(线)与地面,而不触及需要保护的部位,则该部位就在避雷针(线)的保护范围之内。

不同防雷级别的建筑物,采用的滚球半径 h_r 不同,如表 9-1 所示。防雷级别越高所用的滚球半径越小；变电所为一级防雷，滚球半径 h_r 取 30m。

接闪器按防雷类别的布置尺寸   表 9-1

建筑物物防雷类别	滚球半径 h_r (m)	避雷网网格尺寸 (m×m)
第一类防雷建筑物	30	≤5×5 或 6×4
第二类防雷建筑物	45	≤10×10 或 12×8
第三类防雷建筑物	60	≤20×20 或 24×16

单支避雷针的保护范围，应按下列方法确定：

A. 避雷针高度 $h \leqslant h_r$，如图 9-1 所示

① 距地面 h_r 处作一平行于地面的平行线；

② 以针尖为圆心、h_r 为半径作弧线，交于平行线的 A、B 两点；

③ 以 A、B 为圆心、h_r 为半径作弧线，该弧线与针尖相交并与地面相切。从此弧线起到地面止就是保护范围。保护范围是一个对称的锥体；

④ 避雷针在高度为 h_x 的 xx' 平面上的保护半径，按下式计算

$$r_x = \sqrt{h(2h_r-h)} - \sqrt{h_x(2h_r-h_x)} \tag{9-1}$$

避雷针在地面上的保护半径 r_0，因高度 $h_x = 0$，所以

$$r_0 = \sqrt{h(2h_r-h)} \tag{9-2}$$

式中，r_x 为避雷针在 h_x 高度的 xx' 平面上的保护半径(m)；h 为避雷针高度(m)，是从接闪器顶端到地面的距离；h_x 为被保护物的高度(m)。

图 9-1　单支避雷针的保护范围

B. 避雷针高度 $h > h_r$

当 $h > h_r$ 时，在避雷针上取高度为 h_r 的一点代替单支避雷针针尖作为圆心。其余的作法与 $h \leqslant h_r$ 时相同。

多支避雷针的保护范围及计算，可参看 GB 50057—1994(2000 版)的附录四。

(2) 避雷线。避雷线又称架空地线，常架设在杆塔顶部，保护下面的架空电力线路等狭长

物体。其保护原理与避雷针相似。避雷线宜采用截面积不小于 35mm² 的镀锌钢绞线。

避雷线的保护范围,可参看 GB 50057—1994(2000 版)的附录四。

(3)避雷带与避雷网。避雷带主要用于保护高层建筑免遭雷击,沿建筑物檐角、屋角、屋脊、屋檐、女儿墙等最可能遭受雷击的地方敷设,每隔一定距离应通过引下线和接地装置连接一次,并且要随时保证完好接地。当屋顶面积较大时,中间需增加敷设金属导体,形成网格状,就成了避雷网。避雷网的网格尺寸要求见表 9-1。避雷带和避雷网宜采用圆钢或扁钢,优先采用圆钢。圆钢直径不应小于 8mm,扁钢截面不应小于 48mm² 并且其厚度不应小于 4mm。

2)引下线

引下线是连接接闪器与接地装置的金属导体,将雷电流导入地下。引下线应满足机械强度、热稳定以及耐腐蚀的要求。

为保证雷电流通过时不致熔化,一般用直径不小于 10mm 的圆钢或截面不小于 80mm² 的扁钢制成。

根据 JGJ/T 16—2008《民用建筑电气设计规范》的规定:建筑物防雷装置宜利用建筑物钢筋混凝土内的钢筋,或采用圆钢、扁钢作为引下线。作为防雷引下线的钢筋,当钢筋直径大于或等于 16mm 时,应将两根钢筋绑扎或焊接在一起,作为一组引下线;当钢筋直径大于或等于 10mm 而小于 16mm 时,应利用四根钢筋绑扎或焊接在一起作为一组引下线。当采用圆钢作引下线时,直径不应小于 8mm。当采用扁钢时,截面不应小于 48mm²,厚度不应小于 4mm。装设在烟囱上的引下线,圆钢直径要求不应小于 12mm,扁钢截面不应小于 100mm² 且厚度不应小于 4mm。

专设的引下线沿建筑物外墙明敷,并应以较短路径接地。对建筑物外观要求较高者,可暗敷,但截面应加大一级。

3)接地装置

接地装置是垂直或水平埋入地下土壤中的金属导体,由接地线和接地体组成,其作用是把雷电流疏散到大地中去,以限制防雷装置对地电压过高,因此接地体的接地电阻要小。

二、雷电电磁脉冲防护装置

雷电电磁脉冲是指雷电放电产生的电磁辐射,其电场和磁场通过某种途径耦合到电子和电气回路中产生的干扰性电涌电压或电涌电流,缩写为 LEMP。

雷电电磁脉冲防护包括:雷电波侵入、雷击感应过电压以及系统操作过电压的防护等。雷电电磁脉冲防护的主要设备是避雷器与电涌保护器(SPD,Surge Protective Device)。

1. 避雷器

避雷器主要是防止雷电侵入导致过电压对建筑供配电系统中的一次电气设备的侵害。避雷器应与被保护物并联,装在被保护物的电源侧,如图 9-2 所示。

图 9-2 避雷器保护原理图

避雷器的类型主要有保护间隙、管型避雷器、阀型避雷器和氧化锌避雷器等几种。

2. 电涌保护器（SPD）

外部雷击及内部暂态过程造成的瞬间尖峰电压冲击超过相应稳定的电压峰值，当电压及电流高出正常值的两倍时被称之为电涌。电涌保护器是限制电涌电压和分流电涌电流的装置，可以认为是低压的避雷器，是为各种电气电子设备、仪器仪表、通讯线路提供安全防护的高脉冲过电压电子装置。

当电气回路或者通信线路中因为外界的干扰突然产生尖峰电流或者电压时，电涌保护器能在极短的时间内导通分流，从而避免电涌对回路中其他设备的损害。SPD 主要由氧化锌压敏电阻、气体放电管、放电间隙、半导体放电管、齐纳二极管、滤波器和熔断器组成，具有非线性特性。

电涌保护器按工作原理可分为开关型、限压型、开关限压组合型以及分流型或扼流型等。

第三节　建筑物的防雷分类及保护措施

一、雷电活动规律

我国地域辽阔，各地区气候特征不同，雷电活动在不同地区的频繁程度也不同。对雷电的活动状况可用雷暴日和雷击次数来表示。

1. 雷暴日

雷暴日是指每年有雷电活动的天数，在一天内只要听到雷声或看到闪电就算一个雷暴日。雷暴次数一般由当地气象台、站统计多年雷暴日的年平均值，称为年平均雷暴日数。在我国雷电活动的密度在湿热地区高于寒冷地区，实际计算时年平均雷暴日的数据应以当地气象部门提供的数据为依据。年平均雷暴日数不超过 15 天的地区称为少雷区；年平均雷暴日数超过 40 天的地区叫多雷区。防雷设计上要根据雷暴日的多少因地制宜的采取防雷措施。年平均雷暴日数越多，说明该地区雷电活动越频繁，因此防雷要求就越高，防雷措施越要加强。

2. 雷击次数

因为在一个雷暴日中会有不同的雷电次数，在进行建筑防雷设计时通常采用年预计雷击次数这一参数。建筑物年预计雷击次数应按下式确定

$$N = KN_g A_e \tag{9-3}$$

式中，N 为建筑物预计年雷击次数(次/a(其中 a 代表年)；K 为校正系数，在一般情况下取 1，在下列情况下取相应数值：位于旷野孤立的建筑物取 2；金属屋面的砖木结构建筑物取 1.7；位于河边、湖边、山坡下或山地中土壤电阻率较小处、地下水露头处、土山顶部、山谷风口等处的建筑物，以及特别潮湿的建筑物取 1.5；N_g 为建筑物所处地区雷击大地的年平均密度[次/(km² · a)]；A_e 为与建筑物接收相同雷击次数的等效面积(km²)。

雷击大地的年平均密度应按下式确定：

$$N_g = 0.024 T_d^{1.3} \tag{9-4}$$

式中：T_d 为年平均雷暴日(d/a)，根据当地气象台、站资料确定。

建筑物等效面积 A_e 应为其实际面积向外扩大后的面积，如图 9-3 周边虚线所包围的面积。A_e 的计算方法应符合下列规定：

图 9-3　建筑物的等效面积

(1) 当建筑物的高 H 小于 100m 时，其每边的扩大宽度和等效面积应按式(9-5)计算确定：

$$D = \sqrt{H(200-H)} \tag{9-5}$$

$$A_e = [LW + 2(L+W)\sqrt{H(200-H)} + \pi H(200-H)] \times 10^{-6} \tag{9-6}$$

式中，D 为建筑物每边的扩大宽度(m)；L、W、H 分别为建筑物的长、宽、高(m)。

(2) 建筑物的高 H 等于或大于 100m 时，其每边的扩大宽度应按等于建筑物的高 H 计算；建筑物的等效面积 A_e 应按式(9-7)确定：

$$A_e = [LW + 2(L+W) + \pi H^2] \times 10^{-6} \tag{9-7}$$

(3) 当建筑物各部位的高度不同时，应沿建筑物的周边逐点算出最大扩大宽度，其等效面积 A_e 应按每点最大扩大宽度外端的连接线所包围的面积计算。

3. 容易遭受雷击的建筑物及其相关因素

1) 容易遭受雷击的建筑物

(1) 建筑群中的高耸建筑物及尖顶建筑物、构建物，如水塔、宝塔、烟囱及发射台天线等。

(2) 空旷地区孤立物，如野外孤立建筑、输电线杆、塔及高大树木等。

(3) 建筑物的突出的部位，如屋脊、屋角、女儿墙、屋顶蓄水箱烟囱及天线等。

(4) 屋顶为金属结构的建筑物，地下埋设的金属管道，内部有大量金属设备的厂房或排放带电尘埃的工厂等。

(5) 特别潮湿的建筑物和地下水位较高的地方。

(6) 金属矿藏地区，由于地下金属矿的存在，容易引起雷电感应，从而造成雷击。

2) 建筑物易受雷击的部位

(1) 平面屋或坡度不大于 1/10 的屋面——檐角、女儿墙、屋檐 [图 9-4a)、b)]；

(2) 坡度大于 1/10 且小于 1/2 的屋面——屋角、屋脊、檐角、屋檐 [图 9-4c];

(3) 坡度不小于 1/2 的屋面——屋角、屋脊、檐角 [图 9-4d];

(4) 在屋脊有避雷带的情况下,当屋檐处于屋脊避雷带的保护范围内时屋檐上可不设避雷带。

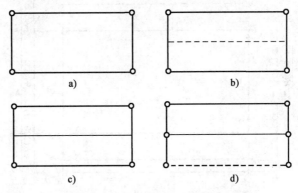

图 9-4 建筑物易受雷击的部位

二、建筑物的防雷分类

建筑物应根据其重要性、使用性质、发生雷击事故的可能性和后果,按防雷要求分为三类。

1. 第一类防雷建筑物

(1) 凡制造、使用或储存炸药、火药、起爆药、火工品等大量爆炸物质的建筑物,因电火花而引起爆炸,会造成巨大破坏和人身伤亡者。

(2) 具有 0 区或 10 区爆炸危险环境的建筑物。

(3) 具有 1 区爆炸危险环境的建筑物,因电火花引起的爆炸,会造成巨大破坏和人身伤亡者。

2. 第二类防雷建筑物

(1) 国家级重点保护的建筑物。

(2) 国家级的会堂、办公建筑物、大型展览和博览建筑物、大型火车站、国家宾馆、国家档案馆、大型城市的重要给排水泵房等特别重要的建筑物。

(3) 国家级计算机中心、国际通信枢纽等对国民经济有重要意义且装有大量电子设备的建筑物。

(4) 制造、使用或储存爆炸物质的建筑物,且电火花不易引起爆炸或不致造成巨大破坏和人身伤亡者。

(5) 具有 1 区爆炸危险环境的建筑物,且电火花不易引起爆炸或不致造成巨大破坏和人身伤亡者。

(6) 具有 2 区或 11 区爆炸危险环境的建筑物。

(7) 工业企业内有爆炸危险的露天钢质封闭气罐。

(8) 预计雷击次数大于 0.06 次/a 的部、省级办公建筑物及其他重要或人员密集的公共建筑物。

(9)预计雷击次数大于 0.3 次/a 的住宅、办公楼等一般性民用建筑物。

上述 0 区,1 区,2 区,10 区,11 区及下文中火灾危险环境分区的划分参见《爆炸和火灾危险环境电气装置设计规范》(GB 50058—92)。

3. 第三类防雷建筑物

(1)省级重点文物保护建筑及省档案馆。

(2)预计雷击次数大于或等于 0.012 次/a,且小于或等于 0.06 次/a 的部、省级办公建筑物及其他重要或人员密集的公共建筑物。

(3)预计雷击次数大于或等于 0.06 次/a,且小于或等于 0.3 次/a 的住宅、办公楼等一般性民用建筑物。

(4)预计雷击次数小于 0.06 次/a 的一般性工业建筑物。

(5)根据雷击后对工业生产的影响及产生后果,并结合当地气象、地形、地质及周围环境等因素,确定需要防雷的 21 区、22 区、23 区火灾危险环境。

(6)在平均雷暴日大于 15d/a 的地区,高度在 15m 及以上的烟囱、水塔等孤立的高耸建筑物;在平均雷暴日小于或等于 15d/a 的地区,高度在 20m 及以上的烟囱、水塔等孤立的高耸建筑物。

三、建筑物的防雷保护措施

建筑物的防雷措施,应当在当地气象、地形、地貌、地质等环境条件下,根据雷电活动规律和被保护建筑物的特点,因地制宜地采取切实可行的措施,做到安全、可靠、经济合理。根据 GB 50057—1994(2000)《建筑物防雷设计规范》中一般规定:各类防雷建筑物应采取防直击雷和防雷电波侵入的措施,第一类防雷建筑物和第二类防雷建筑物中有爆炸危险的场所,尚应采取防雷电感应的措施;装有防雷装置的建筑物,在防雷装置与其他设施和建筑物内人员无法隔离的情况下,应采取等电位联结。

1. 防直击雷的措施

第一类防雷建筑物,应装设独立避雷针或架空避雷线(网),使被保护的建筑物及突出屋面的物体均处于接闪器的保护范围内。架空避雷网的网格尺寸不应大于 5m×5m 或 6m×4m。

当建筑物太高或其他原因难以装设独立避雷针、架空避雷线、避雷网时,可将避雷针或网格不大于 5m×5m 或 6m×4m 的避雷网或由其混合组成的接闪器直接装在建筑物上,避雷网应沿屋角、屋脊、屋檐和檐角等易受雷击的部位敷设。并必须符合下列要求:

(1)所有避雷针应采用避雷带互相连接。

(2)引下线不应少于两根,并应沿建筑物四周均匀或对称布置,其间距不应大于 12m。

(3)排放爆炸危险气体、蒸气或粉尘的管道应符合前面的要求。

(4)建筑物应装设均压环,环间垂直距离不应大于 12m,所有引下线、建筑物的金属结构和金属设备均应连到环上。均压环可利用电气设备的接地干线环路。

(5)防直击雷的接地装置应围绕建筑物敷设成环形接地体,每根引下线的冲击接地电阻不应大于 10Ω,并应和电气设备接地装置及所有进入建筑物的金属管道相连,此接地装置可兼作防雷电感应之用。

第二类防雷建筑物,宜采用装设在建筑物上的避雷网(带)或避雷针或由其混合组成的接闪器。避雷网（带）应按规定沿屋角、屋脊、屋檐和檐角等易受雷击的部位敷设，并应在整个屋面组成不大于 10m×10m 或 12m×8m 的网格。所有避雷针应采用避雷带相互连接。引下线不应少于两根，并应沿建筑物四周均匀或对称布置，其间距不应大于 18m。

  第三类防雷建筑物，宜采用装设在建筑物上的避雷网（带）或避雷针或由这两种混合组成的接闪器。避雷网（带）应沿屋角、屋脊、屋檐和檐角等易受雷击的部位敷设。并应在整个屋面组成不大于 20m×20m 或 24m×16m 的网格。平屋面的建筑物，当其宽度不大于 20m 时，可仅沿网边敷设一圈避雷带。引下线不应少于两根，但周长不超过 25m 且高度不超过 40m 的建筑物可只设一根引下线。引下线应沿建筑物四周均匀或对称布置，其间距不应大于 25m。

2. 防雷电感应的措施

  将建筑物内的金属框架、钢窗等与接地装置连接，同时将建筑物内的金属设备、金属管道、构架、电缆金属外皮、钢屋架、钢窗等较大金属物和突出屋面的放散管、风管等金属物，均与接地装置可靠连接。建筑物内平行敷设的管道、构架和电缆金属外皮等长金属物，其净距小于 100mm 时应采用金属线跨接，跨接点的间距不应大于 30m；交叉净距小于 100mm 时，其交叉处亦应跨接。

3. 防雷电波侵入的措施

  低压线路宜全线采用电缆直接埋地敷设，在入户端应将电缆的金属外皮、钢管接到防雷电感应的接地装置上。当全线采用电缆有困难时，可采用钢筋混凝土杆和铁横担的架空线，并应使用一段金属铠装电缆或护套电缆穿钢管直接埋地引入，其埋地长度应符合规范要求，但不应小于 15m。在电缆与架空线连接处，尚应装设避雷器。避雷器、电缆金属外皮、钢管和绝缘子铁脚、金具等应连在一起接地。

4. 防侧击雷措施

（1）对高度高于 30m 的第一类防雷建筑物，应采取下列防侧击雷措施：

①从 30m 起每隔不大于 6m 沿建筑物四周设水平避雷带并与引下线相连；

②30m 及以上外墙上的栏杆、门窗等较大的金属物与防雷装置连接。

（2）对高度高于 45m 的钢筋混凝土结构、钢结构的第二类防雷建筑物，应采取下列防侧击雷措施：

①钢构架和混凝土的钢筋应互相连接，并与防雷装置引下线相连。

②应利用钢柱或柱内钢筋作为防雷装置引下线。

③应将 45m 及以上外墙上的栏杆、门窗等较大的金属物与防雷装置连接。

④竖直敷设的金属管道及金属物的顶端和底端与防雷装置连接。

（3）对高度高于 60m 的钢筋混凝土结构、钢结构的第三类防雷建筑物，其防侧击和等电位的保护措施应符合第二类防雷建筑物中高度超过 45m 的高层建筑保护措施的①、②、④条的规定，并应将 60m 及以上外墙上的栏杆、门窗等较大的金属物与防雷装置连接。

5. 其他防雷措施

（1）当一座防雷建筑物中兼有第一、二、三类防雷建筑物时的防雷措施：

①当第一类防雷建筑物的面积占建筑物总面积的 30% 及以上时，该建筑物宜确定为第一类防雷建筑物。

②当第一类防雷建筑物的面积占建筑物总面积的30%以下,且第二类防雷建筑物的面积占建筑物总面积的30%及以上时,或当这两类防雷建筑物的面积均小于建筑物总面积的30%,但其面积之和又大于30%时,该建筑物宜确定为第二类防雷建筑物。但对第一类防雷建筑物的防雷电感应和防雷电波侵入,应采取第一类防雷建筑物的保护措施。

③当第一、二类防雷建筑物的面积之和小于建筑物总面积的30%,且不可能遭直接雷击时,该建筑物可确定为第三类防雷建筑物;但对第一、二类防雷建筑物的防雷电感应和防雷电波侵入,应采取各自类别的保护措施;当可能遭受直接雷击时,宜按各自类别采取防雷措施。

(2) 当一座建筑物中仅有一部分为第一、二、三类防雷建筑物时的防雷措施:

①当防雷建筑物可能遭受直接雷击时,宜按各自类别采取防雷措施。

②当防雷建筑物不可能遭受直接雷击时,可不采取防直击雷措施,可仅按各自类别采取防雷电感应和防雷电波侵入的措施。

③当防雷建筑物的面积占建筑物总面积的50%以上时,该建筑物宜按①、②条的规定采取防雷措施。

(3) 固定在建筑物上的节日彩灯、航空障碍信号灯及其他用电设备的线路,应根据建筑物的重要性采取相应的防止雷电波侵入的措施。并应符合下列规定:

①无金属外壳或保护网罩的用电设备宜处在接闪器的保护范围内,不宜布置在避雷网之外,并不宜高出避雷网。

②从配电盘引出的线路宜穿钢管。钢管的一端宜与配电盘外壳相连;另一端宜与用电设备外壳、保护罩相连,并宜就近与屋顶防雷装置相连。当钢管因连接设备而中间断开时宜设跨接线。

③在配电盘内,宜在开关的电源侧与外壳之间装设过电压保护器。

四、雷电电磁脉冲防护

在当今智能化信息化的时代,各种类型的电子信息装置包括计算机、电信设备、控制系统等应用广泛,这些高精度、高灵敏度的产品中使用着大量的固态半导体元件,因耐压极低而极易受到电磁冲击而出现故障或损坏。因此要保证现在渗透到各个领域的电子信息系统控制系统的正常运行,必须采取雷电电磁脉冲防护措施。

1. 防雷区的划分

依据雷电电磁脉冲的强度,可把建筑物和构筑物由外到内划分为不同的雷电防护区(LPZ),简称防雷区,不同空间区域采取与之相适应的防雷措施。如图9-5所示,防雷区可分为:

(1) $LPZ0_A$ 区:为直击雷的非防护区,区内各物体处于防雷保护范围之外,有可能遭到直接雷击和接受全部雷电流,本区内的电磁场无衰减。例如大厦外面没有被避雷针、避雷带保护到的空间。

(2) $LPZ0_B$ 区:为暴露的直击雷防护区,区内各物体处于防雷保护范围之内,不可能遭到大于所选滚球半径对应雷电流的直接雷击,但本区内的电磁场仍然无任何屏蔽衰减。例如大厦顶部、侧面处于避雷带、避雷针保护范围之内的空间以及无屏蔽措施的大厦内部或有屏蔽措施大厦的窗洞附近。

(3) LPZ1 区：为第一雷电防护区，区内各物体不可能遭受直接雷击，流经各导体的雷电流比 LPZ0B 区有进一步减小。并且由于建筑物的屏蔽作用，区内的电磁场可能得到初步衰减。例如有屏蔽措施的大厦的内部（不包括窗洞附近）。

(4) LPZn+1 后续防雷区：为了进一步减小所导入的电流或电磁场而增设的后续防护区。如屏蔽大楼中具有屏蔽功能的房间内部，具有金属外壳的内部等，$n=1,2,\cdots,i$。

图 9-5 雷电防护区（LPZ）的划分

2. 防雷电电磁脉冲的基本措施

1）屏蔽

屏蔽是减小电磁干扰的基本措施。将建筑物的混凝土内钢筋、金属框架与构架、金属屋顶、金属立面等所有大尺寸金属部件连接在一起并且与防雷系统等电位联结，形成网孔宽度为几十厘米的金属屏蔽网络。穿入这类金属屏蔽网的导电金属物应就近与其作等电位联结。对于电源线与信号线合理的走线与布置也可以减小电磁感应。

对于电力、通信线路根据需要可以采用屏蔽电缆，但其屏蔽层如果要防 LEMP 的话至少应该在两端进行等电位联结。当系统有防静电感应要求只在一端作等电位联结时，应采用双层屏蔽电缆，其外层屏蔽按防 LEMP 要求在两端作等电位联结。电缆经过防雷区时，按规定还应在分区界面处再作等电位联结。

布设于各个独立建筑物之间的非屏蔽电缆应敷设在金属管槽中。这些金属管槽要求一端到另一端电气贯通，并分别与各自建筑物的等电位联结带连接。电缆的屏蔽层也应与等电位联结带连接。屏蔽电缆的屏蔽层如果经计算可以承载实际的雷电流，也可不敷设在金属管槽内。

2）等电位联结

等电位联结就是利用连接导体或电涌保护器将分开的金属物相互连接起来，安全导走可能加于其上的电流，减小它们之间危险的电位差。穿过各防雷分区界面的金属物和系统，以及在一个防雷分区内部的金属物和系统均应在界面处做等电位连接。对于各类防雷建筑物，各种等电位联结导体的截面不应小于表 9-2 的规定。镀锌钢或铜等电位联结带的截面不应小于 50mm^2。

各种等电位联结导体的最小截面　　　　　表 9-2

导体材料	联结类型	
	1. 内部金属装置与等电位联结带之间的连接导体 2. 通过小于 25% 总雷电流的等电位联结导体	1. 等电位联结带之间的连接导体 2. 等电位联结带与接地装置之间的连接导体 3. 通过大于 25% 总雷电流的等电位联结导体
铜	6mm²	16mm²
铝	10mm²	25mm²
铁	16mm²	50mm²

上述这些防雷电电磁脉冲的防护措施可以组合使用。建筑物本身抗 LEMP 干扰的典型思路是以格栅形的笼式屏蔽系统，即利用法拉第笼的原理，将建筑物的所有金属部件，包括金属框架、支架、钢筋以及非可燃可爆的金属管线等进行多重联结后共同接地，从而形成一个三维的、格栅形的金属屏蔽网络，使建筑物内的电子设备得到屏蔽保护，如图 9-6 所示。

建筑物形成的格栅形金属屏蔽网络，除了能有效防护空间电磁脉冲外，还是等电位网络。将设备金属外壳和金属机柜、机架等并入此网络，可以限制设施和设备任意两点

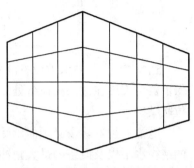

图 9-6　建筑物金属部件连接

之间的电位差。另外，格栅形金属网为雷电及感应电流提供多条并联通路，可使建筑物内部的分流达到最佳效果。利用建筑物的自然屏蔽物和各种金属物体与已联结成格栅形网络的设备之间相互联结成等电位网络，已是现在工程中通用的做法。

3) 装设电涌保护器

电涌保护器 (SPD) 一般安装于防雷区的交界处，以保证雷电流的大部分由外及里，在防雷区交界处被导入接地装置引入地下，而不进入下一防护区。防雷分区界面上 SPD 的安装顺序，如图 9-7 所示。其防护技术指标按分区界面穿越点的要求来选择。配电系统中 SPD 的安装顺序，如图 9-8 所示。

图 9-7　防雷分区界面上 SPD 顺序安装示意图

图 9-8　TN-C-S 供配电系统中 SPD 的安装顺序

通常情况下,被保护设备的安装位置不在界面处。当线路能承受预期的电涌电压时,电涌保护器可安装在被保护设备处。不过,线路的屏蔽层或金属保护层宜先在界面处做一次等电位联结。

电涌保护器除了必须能承受住预期的雷电流,还要让通过电涌时的最大箝压与所属系统的绝缘水平以及设备的最大耐冲击过电压协调一致。220/380V 三相系统中各种设备耐冲击过电压额定值选用,见表 9-3。

220/380V 系统中各设备耐冲击过电压额定值　　　　　表 9-3

设备的性质	特殊需要保护的设备	用电设备	配电线路和最后分支线路的设备	电源处的设备
耐冲击过电压类别	I 类	II 类	III 类	IV 类
耐冲击电压额定值(kV)	1.5	2.5	4	6

位于 $LPZ0_A$ 或 $LPZ0_B$ 区与 LPZ1 区的交界处,在建筑物外部引入的线路上安装的 SPD,应选用符合 I 类分级试验的产品。当安装于防雷区交界上的 SPD 不足以保护距离其较远的设备时,还应在该设备处装设 SPD。位于 LPZ1 区与 LPZ2 区交界处的第二级 SPD,应安装符合 II 类分级试验的产品。安装在 LPZ2 区与后续防雷区的第三级 SPD 应该具有防操作过电压的功能,应安装符合 III 类分级试验的产品。

第四节　接地装置设置与接地电阻计算

一、接地基本概念

1. 接地、接地装置和接地网

用金属把电气设备的某一部分与地做良好的连接,称为接地。埋入地中并直接与大地接触的金属导体,称为接地体或接地极。兼作接地用的直接与大地接触的各种金属构件、金属井管、钢筋混凝土建筑物的基础、金属管道和设备等,称为自然接地体。为了接地埋入地中的接地体,称为人工接地体。连接设备接地部位与接地体的金属导线,称为接地线。接地线在正常情况下是不载流的,但在故障情况下要通过接地故障电流。接地体与接地线总称接地装置。由若干接地体在大地中互相连接而组成的总体,称为接地网。接地线分为接地干线和接地支线,接地干线一般不应少于两根导体,在不同地点与接地网联结。

接地主要包括电力系统中性点接地、设备外壳保护接地、重复接地以及防雷接地等。

2. 接地电阻和接地电流

接地电阻是指电流从埋入地中的接地体流向周围土壤时,接地体与大地远处的电位差与该电流之比,而不是接地体的表面电阻。当电气设备发生接地故障时,电流就通过接地体向大地作半球形散开,这一电流称为接地电流(I_d)。图 9-9 表示了接地电流在接地体周围地面上形成的电位分布。试验证明,电位分布的范围只要考虑距离单根接地体或接地故障点 20m 左右的半球范围。呈半球形的球面已经很大,距接地点 20m 的电位与无穷远处的电位几乎相等,实际上已没有什么电位梯度存在。这表明,接地电流在大地中散逸时,在各点有不同的电位梯度和电位。电位梯度或电位为零的地方称为电气上的"地"或大地。

3. 对地电压、接触电压和跨步电压

1)对地电压 U_{d0}

电气设备从接地外壳、接地体到 20m 以外的零电位之间的电位差称为接地时的对地电压(U_{d0})。表示接地体及其周围各点的对地电压的曲线称为对地电压曲线。单根接地体有电流流过时的电位分布如图 9-10 所示。接地电阻越小,对地电压越小。

图 9-9 接地点附近电位分布曲线

图 9-10 单根接地体周围有电流流过时的电位分布图

2)接触电压 U_J

人站在发生接地故障的电气设备旁边,手触及设备的外露可导电部分,则人所接触的两点(如手和脚)之间所呈现的电位差,称为接触电压。

3)跨步电压 U_K

人体在接地故障点周围行走,两脚之间所呈现的电位差,称为跨步电压。显然跨步电压和跨步大小有关,步距越大,跨步电压越大。计算跨步电压时,人的跨距一般取 0.8m。由此可见距接地体越近,跨步电压越大,离开接地体 20m 以外时,跨步电压为零。

对地电压、接触电压、跨步电压示意图如图 9-11 所示。

图 9-11　对地电压、接触电压和跨步电压

二、接地装置的设置

1. 一般要求

在接地体设计时,应充分利用自然接地体,以节约投资,节省钢材。如果实地测量所利用的自然接地体电阻已能满足要求,而且这些自然接地体又能满足热稳定条件时,就不必再装设人工接地体。

电气设备人工接地装置的布置,应使接地装置附近的电位分布尽可能地均匀,以降低接触电压和跨步电压,保证人身安全。如接触电压和跨步电压超过规定值时,应采取措施。

2. 自然接地体的利用

自然接地体主要有:地下下水管道、非可燃、非爆炸液(气)金属管道、行车的钢轨、敷设于地下而数量不少于两根的电缆金属外皮;建筑物的钢结构和钢筋混凝土基础的钢筋等。利用自然接地体时,一定要保证良好的电气连接,在建筑物钢结构的结合处,除已焊接者外,凡用螺栓连接或其他连接的,都要采用跨接焊接,而且跨接线尺寸不得小于规定值。

3. 人工接地体的装设

(1)单根人工接地体的装设有垂直埋设和水平埋设两种基本结构形式,如图 9-12 所示。

图 9-12　人工接地体

最常用的垂直接地体为直径 50mm、长 2.5m 的钢管,最为经济合理,此外,还可垂直埋设角钢、水平埋设扁钢和圆钢等。角钢厚度不应小于 4mm,圆钢直径不应小于 10mm,钢管壁厚

不应小于3.5mm,扁钢截面不应小于100mm²。

（2）多根接地体的装设。在建筑供配电系统中,有时候单根接地体的接地电阻不能满足要求,常采用多根垂直接地体排列成行并以钢带并联起来,构成组合式接地装置。当多根接地体相互靠拢时,由于相互间磁场影响,入地电流的流散受到排挤,称为屏蔽效应。这种屏蔽效应使得接地装置的利用率下降,所以垂直接地体的间距一般不宜小于接地体长度的2倍,水平接地体的间距一般不宜小于5m。

（3）环路接地体及接地网的装设。为避免单根接地体电位分布不均匀和多根接地体屏蔽效应的影响,在建筑供配电系统特别是工厂接地体中广泛采用环路接地体,其布置如图9-13所示。

图9-13　环路接地体及其电位

环路接地体沿墙外侧每隔一定距离埋设接地的钢管,并用扁钢把钢管连接成一个整体。环路接地体的电位分布比较均匀,在环路网路内设备发生碰壳接地时,尽管设备对地电压仍很高,但由于接地网络内环路接地体电位分布比较均匀,可使接触电压和跨步电压大大减小,从而使触电危险得以减轻。为使环路接地体的电位分布更加均匀,常将许多自然接地体,如自来水管、建筑物的金属结构等同接地网连成一体。但流有可燃气体、可燃或可爆液体的管道严禁作为接地装置。

由图9-13,接地环路外侧对地电压曲线较陡,为尽量使地面的电位分布均匀,减小接触电压和跨步电压,特别在进行保护接地的变电所为使人安全进出变电所门口,可在地下埋设深帽檐或均压带,也可在外侧埋设一些各自独立的扁钢与接地网并联。人工接地网外缘应闭合,外缘各角应做成圆弧形。

35~110/6~10kV变电所敷设水平均压带的接地网如图9-14所示。为了减小建筑物的接触电压,接地体与建筑物的基础件应保持不小于1.5m的水平距离,一般取2~3m。变电所进出口路面应铺设砂石或沥青路面以保证安全。

4. 防雷装置的接地要求

避雷针宜装设独立的接地装置,且避雷针及其接地装置与被保护的建筑物和配电装置及其接地装

图9-14　加装均压带以使电位均匀分布

置之间应按设计规范规定保持足够的安全距离,以免雷击时发生反击闪络事故。

为了降低跨步电压,防护直击雷的接地装置距离建筑物出入口及人行道不应小于3m。当小于3m时,应采取下列措施:

(1)水平接地体局部埋深不小于1m。

(2)水平接地体局部包以绝缘体,例如涂厚50～80mm的沥青层。

(3)采用沥青碎石路面,或在接地装置上面敷设厚50～80mm的沥青层,其宽度超过接地装置2m。

三、接地电阻测量与计算

1. 影响接地电阻的因素

接地装置的接地电阻是接地体的散流电阻与接地体和接地线电阻的总和。主要由三个部分组成:

(1)接地线的电阻和接地体自身的电阻;

(2)接地体的表面与其所接触土壤之间的接触电阻;

(3)接地体周围土壤所具有的电阻值。

接地电阻的数值等于接地装置对地电压与通过接地极流入地中电流的比值。按通过接地极流入地中工频交流电流求得的电阻,称为工频接地电阻 R_d;按雷电流流经接地装置导入大地的冲击电流求得的接地电阻,称为冲击接地电阻 R_{sh}。各种电气设备接地装置的接地电阻数值,见表9-4。

各种电气设备接地装置的接地电阻   表9-4

种 类	接地装置使用条件		接地电阻(Ω)	备 注
1kV及以上电力设备	大接地电流系统		0.5	一般应符合 $R \leqslant 200/I$,$I > 4\,000$A时采用 $R = 0.5\Omega$
	小接地电流系统		10	$R \leqslant 120/I$
低压电力设备	中性点直接接地系统及非接地系统	运行设备总容量为100kVA以上	4	
		重复接地	10	
	TT系统用电设备保护接地		10	
防雷设备	独立避雷针		≤10	
	变(配)电所母线的阀型避雷器		≤5	
	低压进户线绝缘子瓶脚接地		≤30	
	建筑物的避雷针及避雷线		≤30	
其他	贮易燃油气罐的防静电接地防感应电压接地		≤30 ≤10	两者共用时选择小值

2. 接地电阻的测量

接地电阻测量常用的方法有电流表——电压表测量法和专用仪器测量法。

1)电流表——电压表测量法

用电流表——电压表法测量接地电阻,原理如图 9-15 所示。

图 9-15 中 B 为测量用的变压器,R_d 为被测接地体,r_F 是辅助接地体,r_B 是接地棒,应采用直径为 25mm,长为 0.5m 的镀锌圆钢,用的电压表应选用高内阻的,设读数为 U_v,电流表的读数为 I_d,则接地电阻 R_d 可近似地认为是 U_v 和 I_d 之比,即

$$R_d = U_v/I_d \tag{9-8}$$

此种方法需要必要的准备工作,测量手续也比较麻烦,但是其测量范围广,测量精度也高,尤其测量小接地电阻的接地装置。测量时要注意把 r_B、r_F、R_d 排在一条直线上,也可将三者布置成三角形。

2)接地电阻测量仪测量法

用接地电阻测量仪测量接地电阻的原理图如图 9-16 所示。

图 9-15 电流表-电压表测量接地电阻　　图 9-16 接地电阻测量仪测量接地电阻

接地电阻测量仪又称为接地绝缘电阻,其工作原理与电工绝缘电阻表相近。图 9-16 中 P′ 和 C′ 分别表示电压和电流探测针,要把它们与接地极 E′ 排成一条直线。

测量前,首先要将被测的接地体和接地线断开,再将仪表水平摆放,使指针位于中心线的零位上。否则要用"调零螺钉"调节。还要合理选择倍率盘的倍率,使被测接地电阻的阻值等于倍率乘以指示盘的读数。

测量时,转动摇把并逐渐加快,这是仪器指针如果偏转较为缓慢,说明所选倍率适当,否则要加大倍率;在升速过程中随时调整指示盘,使其指针位于中心线的零位上,当摇把转速达到 120r/min,并且指针平稳指零时,则停止转动和调节,这时倍率盘的倍数乘以指示盘的读数就是接地电阻的阻值。

测量接地电阻时,因接地体和辅助接地体周围都有较大的跨步电压,因此在 30~50m 范围内禁止人、畜进入。

在进行接地电阻的测量时,所测量的接地电阻包括了接地体与土壤接触部分的电阻在内。一根打入地下与周围土壤紧密接触的管子,接地电阻远小于在同样条件下但将管子摇松了的接地电阻。因此,在施工后的接地网在最初几年间接地电阻会有下降的趋势,这是因为接地体周围的土壤逐渐紧密并且与接地体的表面接触得越来越紧的缘故。

3. 接地装置的接地电阻值不符合要求时的改进措施

接地电阻经实测后达不到设计要求时,要采取措施来降低接地电阻值:

(1) 引地接地法。即将接地体埋设在附近土壤电阻率较低的地方,但连接线不宜过长,连接的地线干线最少两根。

(2) 埋接地体法。即将接地体埋于地下深处较潮湿、地下层土壤电阻率较小的地方。

(3) 化学处理法。在土壤中填充降阻剂,即在接地体周围土壤中加入食盐、木炭屑、炉灰等。但这种方法宜少用,因为填充物质不但易于流失而且腐蚀接地体和接地引下线。

(4) 换土法。即在埋设接地装置的周围用土壤电阻率较低的黏土、黑土(土壤电阻率在 $50\Omega\cdot m$ 以下)替换电阻率较高的土壤。

(5) 增大接地网的占地面积。

4. 人工接地体接地电阻的计算

1) 工频接地电阻的计算

(1) 单根垂直管形接地体的接地电阻

$$R_{d(1)} \approx \frac{\rho}{l} \tag{9-9}$$

式中,ρ 为土壤电阻率,见表 9-5;l 为接地体长度(m)。

各种土壤的电阻率　　表 9-5

土壤名称	电阻率/$\Omega\cdot m$	土壤名称	电阻率/$\Omega\cdot m$
陶黏土	10	砂质黏土、可耕地	100
泥炭、泥灰岩、沼泽地	20	黄土	200
捣碎的木炭	40	含砂黏土、砂土	300
黑土、田园土、陶土	50	多石土壤	400
黏土	60	砂、砂砾	1 000

(2) 多根垂直管形接地体的接地电阻

n 根垂直接地体并联时,由于接地体间的屏蔽效应,使得总的接地电阻 $R_d < R_{d(1)}$,实际接地电阻为

$$R_d = \frac{R_{d(1)}}{n\eta_d} \tag{9-10}$$

式中,η_d 为接地体的利用系数,垂直管形接地体的利用系数见表 9-6。

垂直管型接地体的利用系数　　表 9-6

1. 敷设成一排时(未计入连接扁钢的影响)					
管间距离与管子长度之比 a/l	管子根数 n	利用系数 η_d	管间距离与管子长度之比 a/l	管子根数 n	利用系数 η_d
1	2	0.84~0.87	1	5	0.67~0.72
2		0.90~0.92	2		0.79~0.83
3		0.93~0.95	3		0.85~0.88
1	3	0.76~0.80	1	10	0.56~0.62
2		0.85~0.88	2		0.72~0.77
3		0.90~0.92	3		0.79~0.83

2. 敷设成环形时(未计入连接扁钢的影响)

管间距离与管子长度之比 a/l	管子根数 n	利用系数 η_d	管间距离与管子长度之比 a/l	管子根数 n	利用系数 η_d
1	4	0.66~0.72	1	20	0.44~0.50
2		0.76~0.80	2		0.61~0.66
3		0.84~0.86	3		0.68~0.73
1	6	0.58~0.65	1	30	0.41~0.47
2		0.71~0.75	2		0.58~0.63
3		0.78~0.82	3		0.66~0.71
1	10	0.52~0.58	1	40	0.38~0.44
2		0.66~0.71	2		0.56~0.61
3		0.74~0.78	3		0.64~0.69

(3)单根水平带形接地体的接地电阻

$$R_d \approx \frac{2\rho}{l} \tag{9-11}$$

(4)n 根放射形水平接地带($n \leqslant 12$),每根长度 $l \approx 60\mathrm{m}$ 的接地电阻

$$R_d \approx \frac{0.062\rho}{n+1.2} \tag{9-12}$$

(5)环形水平接地网的接地电阻

$$R_d \approx \frac{0.06\rho}{\sqrt{A}} \tag{9-13}$$

式中,A 为环形接地带的接地面积(m^2)。

2)冲击接地电阻的计算

冲击接地电阻是指雷电流经接地装置泄放入地时的接地电阻。包括接地电阻和地中散流电阻。由于强大的雷电流泄放入地时,土壤被雷电波击穿并产生火花,使散流电阻显著降低。当然,雷电波陡度很大,具有高频特性,同时会使接地线的感抗增大,但接地线阻抗较之散流电阻毕竟小很多,因此冲击接地电阻一般小于工频接地电阻。按规范规定,冲击接地电阻可按下式估算:

$$R_{sh} = \frac{R_d}{A} \tag{9-14}$$

式中,A 为换算系数,为 R_d 与 R_{sh} 的比值,由图9-17确定。

图9-17中,l_e 为接地体的有效长度,应按下式计算

$$l_e = 2\sqrt{\rho} \tag{9-15}$$

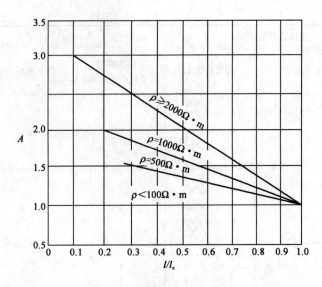

图 9-17 确定换算系数 A 的曲线

图 9-18 中的 l,在单根接地体时,为其实际长度(m);有分支线的接地体,l 为其最长分支线的长度(m);环形接地体时,l 为其周长的一半(m)。如果 $l_e < l$ 时,取 $l_e = 1$,即 $A = 1$。

a) 单根水平接地体　　b) 末端接垂直接地体的单根水平接地体

c) 多根水平接地体,$l_1 \leqslant l$　　d) 接多根垂直接地体的多根水平接地体,$l_1 \leqslant l,l_2 \leqslant l,l_e \leqslant l$

图 9-18 接地体的长度 l 和有效长度 l_e

5. 接地装置设计计算步骤

(1)根据设计规范确定本工程的接地电阻 R_d 值。

(2)实测或估算可利用的自然接地体的接地电阻值 $R_{d(nat)}$。

(3)计算需要补充的人工接地体的接地电阻 $R_{d(man)}$

$$R_{d(man)} = \frac{R_{d(nat)} R_d}{R_{d(nat)} - R_d} \tag{9-16}$$

(4)按一般经验确定接地体和接地线的规格尺寸、初步布置接地体。

(5)计算单根人工接地体的接地电阻 $R_d(1)$。

(6)逐步逼近人工接地体的数量

$$n = \frac{R_d(1)}{\eta_d R_{d(nat)}} \quad (9\text{-}17)$$

(7)短路热稳定校验。按满足热稳定最小截面,计算校验接地装置的金属材料截面大小是否满足要求。

第五节 建筑物等电位联结

建筑物内部和建筑本身所有的大金属构件以及电气装置外露可导电部分通过人工或自然接地体用导体连接起来以达到减少电位差的目的,称为等电位联结。

等电位联结对用电安全、防雷以及电子信息设备的正常工作和安全使用,都是十分必要的。根据理论分析,等电位联结作用范围越小,电气上越安全。实际上保护接地也是等电位联结,它是以大地电位为参考电位的大范围的等电位联结。

等电位联结分为:总等电位联结(MEB)、局部等电位联结(LEB)和辅助等电位联结(SEB)。国家建筑标准设计图集《等电位联结安装》(02D501-2)对建筑物的等电位联结具体做法作了详细介绍。

一、总等电位联结

总等电位联结作用于全建筑物。它在一定程度上可降低建筑内间接接触电击的接触电压和不同金属部件间的电位差,并消除自建筑物外经电气线路和各种金属管道引入的危险故障电压的危害,还对防止雷电波侵入对人身及设备造成的危害有重要作用。一般在建筑物的每一电源进线处,设置总的等电位联结端子箱,将建筑物内的保护干线、煤气、给水总管、通风管道等各种公共设施金属管道及建筑物金属构件等导体汇接到总等电位联结端子箱的端子排板上进行连接。具体如图 9-19 所示。

图 9-19 总等电位联结(MEB)

总等电位联结主母线的截面不应小于装置最大保护线截面的一半,但不小于 6mm²,如果是采用铜导线,其截面不可超过 25mm²,如为其他金属时,其截面应能承受与之相当的载流量。

二、局部等电位联结

局部等电位联结是在一局部场所范围内将各可导电部分连通。当电源网络阻抗过大,使自动切断电源的时间过长,不能满足防电击要求时;TN 系统内自同一配电箱给固定式和移动式两种设备供电,而固定设备保护电器切断电源时间不能满足移动设备防电击要求时;未满足浴室、游泳池、医院手术室、农牧业等场所对移动设备防电击要求时;为满足防雷和信息系统抗干扰的要求时,应做局部等电位联结。它是通过局部等电位联结端子板将 PE 母线或 PE 干线、公共设施的金属管道及建筑物金属构件互相连通。

浴室被国际电工标准列为电击危险大的特殊场所,在我国浴室内的电击事故也屡屡发生,造成人身伤害。主要是因为人在沐浴时遍体湿透,人体阻抗大大降低,接触到低于限值的接触电压也可引起电击造成伤亡事故。因此在浴室(卫生间)做局部等电位联结可使浴室处于同一电位。防止出现危险的接触电压,有效的保障人身安全。

在进行浴室局部等电位联结时,应将金属管道、排水管、金属浴盆、金属采暖管道和地面钢筋网通过等电位联结线在局部等电位联结端子板处联结在一起,当墙为混凝土墙时,墙内钢筋网也宜与等电位联结线连通;金属地漏、扶手、浴巾架、肥皂盒等孤立之物可不做联结。局部等电位联结端子板应采用螺栓连接,设置在方便检测的位置,以便拆卸进行定期检测;等电位联结线采用 BVR-1×4mm² 的导线在地面内和墙内穿塑料管暗敷,等电位联结线及端子板宜采用铜质材料,导电性和强度都比较好。浴室等电位联结如图 9-20 所示。

图 9-20 浴室内局部等电位联结(LEB)

应该指出,如果浴室内原来没有 PE 线,其等电位联结不得与浴室外的 PE 线相连,因 PE 线有可能因其他处的故障而带电位,反而能引入其他处的电位;如果浴室内有 PE 线,则浴室内的局部等电位联结必须与该 PE 线连接。

三、辅助等电位联结

在可导电部分，用导线直接连接，使其电位相等或接近。在建筑物作了总等电位联结之后，在伸臂范围内的某些外露可导电部分与装置外可导电部分之间，再用导线附加联结，以使其间的电位相等或相近。

局部等电位联结可看作是在一局部场所范围内的多个辅助等电位联结。

等电位联结安装完毕后要进行导通性测试，测试用电源可采用空载电压为 4～24V 的直流或交流电源，测试电流不应小于 0.2A，当测得等电位联结端子板与等电位联结范围内的金属管道等金属体末端之间的电阻不超过 3Ω 时，可认为等电位联结是有效的。如发现导通不良的管道连接处应做跨接线，在投入使用后应定期作导通性测试。

思考与练习题

9-1 雷电过电压的形式有哪些？雷电的危害是什么？

9-2 什么是年均雷暴日？它与电气防雷是什么关系？

9-3 什么是年预计雷击次数？如何计算？

9-4 建筑物按防雷要求分为哪几类？各类防雷建筑物应采取哪些防雷措施？

9-5 建筑物防直击雷的装置有哪几部分组成？各部分的作用是什么？

9-6 避雷针的主要功能是什么？

9-7 什么叫滚球法？如何利用滚球法确定避雷针的保护区域？

9-8 什么是雷电电磁脉冲？如何防护？

9-9 防雷分区有哪几个分区？如何划分？

9-10 电涌保护器的工作原理是什么？各级电涌保护器如何装设？

9-11 接地装置的作用是什么？应如何装设接地装置？防雷装置的接地要求是什么？

9-12 常用的人工水平接地体有哪几种？规格尺寸如何？

9-13 常用的人工垂直接地体有哪几种？规格尺寸如何？

9-14 影响接地电阻的因素有哪些？如何测量接地电阻？

9-15 常见接地装置接地电阻的要求有哪些？

9-16 什么是工频接地电阻和冲击接地电阻？如何换算？

9-17 什么是总等电位联结和局部等电位联结？其功能是什么？

9-18 某厂有一座第二类防雷建筑物，高 10m，其屋顶最远处的一角距离高 50m 的烟囱 150m 远，烟囱上装有一根高 2.5m 的避雷针。试验算该避雷针能否保护该建筑物？

建筑供配电系统设计工程实例

第一节 工程概况

某高层综合楼,总26层,地上25层,地下1层。总建筑面积约3.7万 m^2,其中地上33 000 m^2,地下4 000m^2,建筑主体高度89.9m,其中1层高5.1m,2~4层高4.8m,5~20层高3.2m,21~25层高3.4m。1~4层为商业用房,5~19层为公寓式写字间,20~25层为标准写字间。4层与5层之间设有夹层,为转换层。顶层为设备间、电梯机房及水箱间,1~4层设有中央空调。地下层为设备用房,汽车库。主体建筑为框架、剪力墙结构。

消防设计:主体建筑为一类高层建筑,建筑耐火等级为一级,地下一层及地上1~4层为每层2个防火分区,转换层及5~25层为每层一个防火分区。

第二节 负荷分级、负荷计算及无功功率补偿

一、负荷分级

该工程属一类高层建筑,用电多为一、二级负荷,用电负荷分级如下:

一级负荷:各层公共照明、普通乘客电梯、地下室排污泵、所有消防负荷包括应急照明、消防控制室用电、消防电梯、屋顶稳压泵、正压风机、送风机、排烟风机、喷淋泵、消火栓泵及泵房、消防电梯井坑排污泵等。

二级负荷:地下室及1~4层照明、商场自动扶梯、商场乘客电梯、生活泵等。

三级负荷:顶层设备房照明及插座用电、转换层及5~25层照明及插座用电、屋顶节日照明、商场空调机组、商场空调水泵等。

二、负荷数据

本工程负荷包括照明、电力及消防负荷。该大厦商铺、写字间等部分用电需要二次设计,因此先按单位功率法预留负荷,其余用电设备负荷功率由照明设计计算而得或由其他专业提供。根据方案设计,该综合楼各部分负荷数据见表10-1~表10-3。

第十章 建筑供配电系统设计工程实例

本工程照明负荷数据　　　　　　　　　　　　　　　　　　　　　表 10-1

用电设备名称	所在楼层	设备数量及功率	功率因数	负荷等级	备注
1～4层公共通道照明	1～4F	每层每防火分区12kW,共4层,总计96kW	0.9	一级	按单位功率法预留功率
5～25层公共通道照明	5～25F	每层2kW,共21层,总计42kW	0.9	一级	负荷功率由照明设计计算得来
地下室照明及插座	－1F	每防火分区5kW,总计10kW	0.85	二级	负荷功率由照明设计计算得来
1～4层照明及插座	1～4F	每层每防火分区165kW,共4层,总计1320kW	0.85	二级	按单位功率法预留功率
转换层照明及插座	TF	10kW	0.85	三级	负荷功率由照明设计计算得来
5～14层照明及插座	5～14F	每层2×36kW,共10层,总计720kW	0.85	三级	负荷功率由照明设计计算得来
15～19层照明及插座	15～19F	每层2×36kW,共5层,总计360kW	0.85	三级	负荷功率由照明设计计算得来
20～21层照明及插座	20～21F	每层85kW,共2层,总计170kW	0.85	三级	按单位功率法预留功率
22～25层照明及插座	22～25F	每层55kW,共4层,共220kW	0.85	三级	按单位功率法预留功率
顶层设备房照明及插座	RF	10kW	0.85	三级	负荷功率由照明设计计算得来
屋顶节日照明	RF	120kW	0.9	三级	预留功率

本工程电力负荷数据　　　　　　　　　　　　　　　　　　　　　表 10-2

用电设备名称	所在楼层	设备数量及功率	功率因数	负荷等级	备注
商场空调机组	1F	共4组,2×160kW+2×170kW 共计660kW	0.8	三级	负荷由暖通专业提供
商场空调水泵	1F	共4组,每组2台,一用一备,每台20kW,共计80kW	0.8	三级	负荷由暖通专业提供
商场自动扶梯	1～3F	共3处,每处2部扶梯。每部折算功率11.1kW,共计66.6kW	0.7	二级	扶梯由建筑专业选定,负荷由电梯负荷计算而得
商场乘客电梯	1F	1部电梯,折算功率25.9kW,共计25.9kW	0.7	二级	电梯由建筑专业选定,负荷由电梯负荷计算而得
普通乘客电梯	RF	共2处,每处2部电梯,每部折算功率25.9kW,共计103.6kW	0.7	一级	电梯由建筑专业选定,负荷由电梯负荷计算而得

续上表

用电设备名称	所在楼层	设备数量及功率	功率因数	负荷等级	备注
地下室排污泵	−1F	共9处,8处0.75kW,1处2×2.2kW,共计10.4kW	0.8	一级	负荷由给排水专业提供
生活泵(有屋顶水箱)	−1F	共4台,3用1备,每台10kW,共计30kW	0.8	二级	负荷由给排水专业提供

本工程消防负荷数据   表10-3

用电设备名称	所在楼层	设备数量及功率	功率因数	负荷等级	备注
顶层应急照明(火灾时点亮)	RF	3kW	0.9	一级	负荷功率由照明设计计算得来
5~25层应急照明(火灾时点亮)(含防火卷帘等)	5~25F	共21层,每层1.5kW,共计31.5kW	0.9	一级	负荷功率由照明设计计算得来
转换层应急照明	TF	5kW	0.9	一级	负荷功率由照明设计计算得来
1~4层应急照明	1~4F	共4层,每层每防火分区5kW,共计40kW	0.9	一级	负荷功率由照明设计计算得来
地下室及泵房应急照明(火灾时点亮)(含防火卷帘等)	−1F	每防火分区6kW,共计12kW	0.9	一级	负荷功率由照明设计计算得来
变电所用电	−1F	12kW	0.9	一级	负荷功率由照明设计计算得来
消防控制室用电	1F	18kW	0.8	一级	按单位功率法预留功率
消防电梯	RF	1部电梯,折算功率25.9kW,共计25.9kW	0.7	一级	电梯由建筑专业选定,负荷由电梯负荷计算而得
屋顶稳压泵	RF	2×4kW,共计8kW	0.8	一级	负荷由给排水专业提供
屋顶正压风机(火灾时运行)	RF	12kW	0.8	一级	负荷由暖通专业提供
转换层正压风机(火灾时运行)	TF	共2组10kW+16kW,共计26kW	0.8	一级	负荷由暖通专业提供
转换层排烟风机(火灾时运行)	TF	共2组21kW+25kW,共计46kW	0.8	一级	负荷由暖通专业提供
地下室送风机	−1F	2处,5kW+4.5kW,共计9.5kW	0.8	一级	负荷由暖通专业提供
地下室排烟风机(平时排风、火灾时排烟)	−1F	2处,6kW+5.5kW,共计11.5kW	0.8	一级	负荷由暖通专业提供

续上表

用电设备名称	所在楼层	设备数量及功率	功率因数	负荷等级	备注
喷淋泵（火灾时运行）	−1F	2台，一用一备，每台90kW，共计90kW	0.8	一级	负荷由给排水专业提供
泵房、消防电梯井坑排污泵	−1F	排污泵2组，每组2台，每台2.2kW，共计8.8kW	0.8	一级	负荷由给排水专业提供
消火栓泵（火灾时运行）	−1F	2台，一用一备，每台132kW，共计132kW	0.8	一级	负荷由给排水专业提供

三、负荷计算

本工程的各类负荷中有平时需要运行的用电设备，也有发生火灾时才需要运行的消防用电设备。因此负荷计算按照平时运行的负荷和火灾时运行的负荷来分别进行计算。

1. 平时运行的负荷计算

1）照明负荷计算

照明负荷按照负荷性质分组，1～25层公共通道照明为一组，地下室照明为一组；1～4层商场照明为一组；转换层、5～25层照明及顶层设备房照明为一组；屋顶节日照明为一组。采用需要系数法进行计算，不计备用设备功率。照明负荷计算书见表10-4。

照明负荷计算书　　　　表10-4

用电设备名称	设备功率(kW)	需要系数K_d	功率因数$\cos\varphi$	负荷等级	P_c(kW)	Q_c(kW)	S_c(kVA)	I_c(A)
1～25层公共通道照明	138	0.8	0.9	一级	110.4	53.5	122.7	186.4
地下室照明	10	1	0.85	二级	10	6.3	11.8	17.9
1～4层商场照明	1320	0.7	0.85	二级	924	572.7	1087.1	1651.7
转换层、5～25层、顶层设备房照明及插座	1490	0.65	0.85	三级	968.5	600.2	1139.4	1731.2
屋顶节日照明	120	1	0.9	三级	120	58.1	133.3	202.5
总计	3078	0.69	0.86		2132.9	1290.8	2494.3	3789.8
其中一级负荷	138	0.8	0.9		110.4	53.5	122.7	186.4
其中二级负荷	1330	0.7	0.85		934	579	1098.9	1669.7

2）电力负荷和平时运行的消防负荷计算

电力负荷和平时运行的消防负荷按设备类型和负荷性质分组，采用需要系数法分别进行计算，不计备用设备功率。电力负荷和平时运行的消防负荷计算书见表10-5。

本工程电力负荷和平时运行的消防负荷计算书　　　　表 10-5

用电设备名称	设备功率 (kW)	需要系数 K_d	功率因数 $\cos\varphi$	负荷等级	P_c (kW)	Q_c (kW)	S_c (kVA)	I_c (A)
商场空调机组	660	0.8	0.8	三级	528	395	660	1002.8
商场空调水泵	80	0.8	0.8	三级	64	48	80	121.6
商场自动扶梯	66.6	0.65	0.7	二级	43.3	44.2	61.8	93.9
商场乘客电梯	25.9	1	0.7	二级	25.9	26.4	37	56.2
普通乘客电梯	103.6	0.85	0.7	一级	88.1	90.0	125.9	191.3
地下室排污泵	10.4	0.75	0.8	一级	7.8	5.9	9.8	14.9
生活泵（有屋顶水箱）	30	1	0.8	二级	30	22.5	37.5	56.7
变电所用电	12	1	0.9	一级	12	5.8	13.3	20.2
消防控制室	18	1	0.8	一级	18	13.5	22.5	34.2
消防电梯	25.9	1	0.7	一级	25.9	26.4	37.0	56.2
屋顶稳压泵	8	1	0.8	一级	8	6.0	10.0	15.2
地下室送风机	9.5	1	0.8	一级	9.5	7.1	11.9	18.1
地下室排烟风机	11.5	1	0.8	一级	11.5	8.7	14.4	21.9
泵房、消防电梯井坑排污泵	8.8	1	0.8	一级	8.8	6.6	11.0	16.7
总计	1070.2	0.82	0.78		880.8	707.1	1129.5	1716.1
其中一级负荷	207.7	0.91	0.74		189.6	170.5	255	387.4
其中二级负荷	122.5	0.81	0.73		99.2	93.1	136.0	206.6

2. 火灾时运行的消防负荷计算

火灾时运行的消防负荷按设备类型和负荷性质分组，采用需要系数法进行计算，不计备用设备功率。负荷计算书见表 10-6。

本工程火灾时运行的消防负荷计算书　　　　表 10-6

用电设备名称	设备功率 (kW)	需要系数 K_d	功率因数 $\cos\varphi$	负荷等级	P_c (kW)	Q_c (kW)	S_c (kVA)	I_c (A)
顶层、转换层及 5~25 层应急照明	39.5	1	0.9	一级	39.5	19.1	43.9	66.7
1~4 层应急照明	40	1	0.9	一级	40	19.4	44.4	67.5
地下室及泵房应急照明	12	1	0.9	一级	12	5.8	13.3	20.2
变电所用电	12	1	0.9	一级	12	5.8	13.3	20.2
消防控制室用电	18	1	0.8	一级	18	13.5	22.5	34.2
消防电梯	25.9	1	0.7	一级	25.9	26.4	37	56.2

续上表

用电设备名称	设备功率 (kW)	需要系数 K_d	功率因数 $\cos\varphi$	负荷等级	P_c (kW)	Q_c (kW)	S_c (kVA)	I_c (A)
屋顶稳压泵	8	1	0.8	一级	8.0	6.0	10.0	15.2
屋顶正压风机	12	1	0.8	一级	12	5.8	13.3	20.2
转换层正压风机	26	1	0.8	一级	26	19.5	32.5	49.4
转换层排烟风机	46	1	0.8	一级	46	34.5	57.5	87.4
地下室送风机	9.5	1	0.8	一级	9.5	7.1	11.9	18.1
地下室排烟风机	11.5	1	0.8	一级	11.5	8.6	14.4	21.9
喷淋泵	90	1	0.8	一级	90	67.5	112.5	170.9
泵房、消防电梯井坑排污泵	8.8	1	0.8	一级	8.8	6.6	11	16.7
消火栓泵	132	1	0.8	一级	132	99.0	165.0	250.7
合计	491.3	1	0.82		491.3	344.6	600.1	911.8
计入同时系数 $K_{\Sigma p}=0.9$ $K_{\Sigma q}=0.95$	488.2	0.91	0.80		442.2	327.4	550.2	836.0

3. 10/0.38kV 变电所计算负荷

火灾时运行的消防负荷小于火灾时必然切除的正常照明负荷和电力负荷总和,因此火灾时的消防负荷不计入总计算负荷。本工程 10/0.38kV 变电所计算过程如下:

1)正常运行时的负荷计算

①总计算负荷 P_c

总计算负荷等于照明负荷和电力负荷及平时运行的消防负荷的总和。由表10-4、10-5可得照明计算负荷为:
$$P_{cl} = 2\,132.9\text{kW}, Q_{cl} = 1\,290.8\text{kvar}$$

电力及平时运行的消防负荷总计算负荷为 $P_{cm} = 880.8\text{kW}, Q_{cm} = 707.1\text{kvar}$

由此可得变电所低压侧总计算负荷为
$$P_c = P_{cl} + P_{cm} = 2\,132.9 + 880.8 = 3\,013.7\text{kW}$$
$$Q_c = Q_{cl} + Q_{cm} = 1\,290.8 + 707.1 = 1\,997.9\text{kvar}$$

②计入同时系数后的总计算负荷和功率因数。对于总计算负荷,取有功和无功同时系数分别为 $K_{\Sigma p} = K_{\Sigma q} = 0.80$,则计入同时系数后的总计算负荷为
$$P'_c = K_{\Sigma P} P_c = 0.8 \times 3\,013.7 = 2\,411.0\text{kW}$$
$$Q'_c = K_{\Sigma q} Q_c = 0.8 \times 1\,997.9 = 1\,598.3\text{kvar}$$
$$S'_c = \sqrt{P'^2_c + Q'^2_c} = \sqrt{2\,411.0^2 + 1\,598.3^2} = 2\,892.6\text{kVA}$$

功率因数为

$$\cos\varphi = \frac{P'_c}{S'_c} = \frac{2\,411.0}{2\,892.6} = 0.83$$

③无功补偿容量的计算。

根据规范要求,民用建筑低压侧无功功率补偿后的功率因数应达到 0.90 以上,一般在计算时按达到 0.92 来计算,故有：

对于总计算负荷：$\Delta Q = 2\,411.0\text{kW} \times [\tan(\arccos 0.83) - \tan(\arccos 0.92)] = 593.1\text{kvar}$,可取接近的 600kvar。

无功功率补偿后的总有功计算负荷保持不变,总无功计算负荷为

$$Q''_c = Q'_c - \Delta Q = 1\,598.3 - 600 = 998.3\text{kvar}$$

视在计算负荷为 $S''_c = \sqrt{P'^2_c + Q''^2_c} = \sqrt{2\,411.0^2 + 998.3^2} = 2\,609.0\text{kvar}$

功率因数 $\cos\varphi'' = \frac{P'_c}{S''_c} = \frac{2\,411.0}{2\,609.0} = 0.92$,无功补偿满足要求。

④变压器的损耗

有功损耗为 $\Delta P_T = 0.01 S''_c = 0.01 \times 2\,609.0 = 26.1\text{kW}$

无功损耗为 $\Delta Q_T = 0.05 S''_c = 0.05 \times 2\,609.0 = 130.5\text{kvar}$

⑤变电所高压侧的总计算负荷

变电所高压侧的总计算负荷

$$P_{c1} = P'_c + \Delta P_T = 2\,411.0 + 26.1 = 2\,437.1\text{kW}$$

$$Q_{c1} = Q''_c + \Delta Q_T = 998.3 + 130.5 = 1\,128.8\text{kvar}$$

$$S_{c1} = \sqrt{P^2_{c1} + Q^2_{c1}} = \sqrt{2437.1^2 + 1128.8^2} = 2685.7\text{kvar}$$

总功率因数

$$\cos\varphi = \frac{P_{c1}}{S_{c1}} = \frac{2437.1}{2685.7} = 0.91$$

2)电源故障时切除三级负荷后仅供一、二级负荷运行的负荷计算

照明负荷中一级负荷为 $P_{cl1} = 110.4\text{kW}$,$Q_{cl1} = 53.5\text{kvar}$,二级负荷为 $P_{cl2} = 934\text{kW}$,$Q_{cl2} = 579\text{kvar}$；电力及平时运行的消防负荷中一级负荷为 $P_{cm1} = 189.6\text{kW}$,$Q_{cm2} = 170.4\text{kvar}$,二级负荷为 $P_{cm2} = 99.2\text{kW}$,$Q_{cm2} = 93.1\text{kvar}$。则总的一级负荷和二级负荷为

$$P_{c12} = P_{cl1} + P_{cm1} + P_{cl2} + P_{cm2} = 110.4 + 189.6 + 934 + 99.2 = 1\,333.2\text{kW}$$

$$Q_{c12} = Q_{cl1} + Q_{cm1} + Q_{cl2} + Q_{cm2} = 53.5 + 170.4 + 579 + 93.1 = 896\text{kW}$$

取有功和无功同时系数分别为 $K_{\Sigma p} = 0.80$、$K_{\Sigma q} = 0.85$,则计入同时系数后的一、二级总计算负荷为

$$P_{c12}' = K_{\Sigma p} P_{c12} = 0.8 \times 1\,333.2 = 1\,066.6\text{kW}$$

$$Q_{c12}' = K_{\Sigma q} Q_{c12} = 0.85 \times 896 = 761.6\text{kvar}$$

$$S_{c12}' = \sqrt{P'^2_{c12} + Q'^2_{c12}} = \sqrt{1\,066.6^2 + 761.6^2} = 1\,310.6\text{kvar}$$

功率因数为

$$\cos\varphi_{12} = \frac{P'_{c12}}{S'_{c12}} = \frac{1\,066.6}{1\,310.6} = 0.81$$

无功补偿容量为

$\Delta Q_{12} = 1\,066.6\text{kW} \times [\tan(\arccos 0.81) - \tan(\arccos 0.92)] = 317.8\text{kvar}$,可取接近的 320kvar。

无功功率补偿后的一、二级总有功计算负荷保持不变,总无功计算负荷为

$$Q''_{c12} = Q'_{c12} - \Delta Q_{12} = 761.6 - 320 = 441.6\text{kvar}$$

补偿后的视在计算负荷为

视在计算负荷为 $S''_{c12} = \sqrt{P_{c12}^2 + Q''^2_{c12}} = \sqrt{1\,066.6^2 + 441.6^2} = 1\,154.4\text{kva}$

功率因数 $\cos\varphi''_{12} = \dfrac{P'_{c12}}{S''_{c12}} = \dfrac{1\,066.6}{1\,154.4} = 0.92$,无功补偿满足要求。

本工程10/0.38kV变电所负荷计算书如表10-7所示。

本工程10/0.38kV变电所计算负荷　　　　　表10-7

负荷名称		设备功率 P_e/(kW)	需要系数 K_d	功率因数	有功计算负荷 P_c(kW)	无功计算负荷 Q_c/(kvar)	视在计算负荷 S_c/(kva)	计算电流 I_c(A)
无功补偿前低压母线的计算负荷合计	照明、电力及平时消防负荷合计	4 148.2	0.73	0.83	3 013.7	1 997.9	3 615.8	5493.8
	其中一级负荷	345.7	0.87	0.80	300.0	223.9	374.3	568.7
	其中二级负荷	1 452.5	0.71	0.84	1 033.2	672.1	1 232.6	1 872.8
	一、二级负荷合计	1 798.2	0.74	0.83	1 333.2	896	1 606.3	2 440.6
计入同时系数	总负荷	4148.2	0.58	0.83	2411.0	1 598.3	2 892.6	4 395.0
	其中一、二级负荷	1798.2	0.59	0.81	1 066.6	761.6	1 310.6	1 991.3
无功补偿装置容量						总:-600 一、二级:-320		
无功补偿后低压母线的计算负荷	总负荷	4148.2	0.58	0.92	2411.0	998.3	2609	3964.0
	其中一、二级负荷	1798.2	0.59	0.92	1066.6	441.6	1154.4	1754
变压器功率损耗					26.1	130.5		
变压器高压侧计算负荷		4148.2	0.59	0.91	2437.1	1128.8	2685.7	155.1

第三节　供电电源、电压选择与电能质量

一、供电电源

本工程高压侧总有功计算负荷仅为2 437.1kW,故可采用10kV供电。根据当地电源状况,本工程从供电部门的110/10kV变电站引来1路10kV专线电源A,可承担全部负荷;同时从供电部门的35/10kV变电站引来1路10kV环网电源B,仅作一、二级负荷的第二个电源。两路10kV电源同时供电,电源A可作为电源B的备用。两路10kV电缆从建筑物一侧穿管埋地引入设在地下1层的10/0.38kV变电所。

本工程的两个10kV供电电源相对独立可靠,可以满足规范中一级负荷应由双重电源供

电且不能同时损坏的条件,且工程中没有特别重要的一级负荷,因此不再自备柴油发电机组或其他集中式应急电源装置。

已知供电部门的110/10kV变电站与35/10kV变电站的两个10kV电源中性点均采用经消弧线圈接地。

二、电压选择

本工程为高层民用建筑,用电设备额定电压为220/380V,低压配电距离最长不大于150m。本工程只设置一座10/0.38kV变电所,对所有设备均采用低压220/380V三相五线TN-S系统配电。

三、电能质量

采用下列措施保证电能质量:
(1)选用Dyn11联结组别的三相配电变压器,采用±5%无励磁调压分接头。
(2)采用铜芯电缆,选择合适导体截面,将电压损失限制在5%以内。
(3)气体放电灯采用低谐波电子镇流器或节能型电感镇流器,并就地无功功率补偿使其功率因数不小于0.9。在变电所低压侧采取集中补偿,自动投切。
(4)将单相设备均匀分布于三相配电系统中。
(5)照明与电力配电回路分开。对较大容量的电力设备如电梯、空调机组、水泵等采用专线供电。

第四节 电力变压器选择

一、变压器型式及台数选择

本工程为一般商住两用高层民用建筑,防火要求较高,且为减少占地,变电所位于主体建筑地下室内,故宜采用三相双绕组干式变压器,联结组别为Dyn11,无励磁调压,电压比10/0.4kV。为节省空间,变压器与开关柜布置在同一房间内,变压器外壳防护等级选用IP2X。因为本工程具有较大的一、二级负荷,故应选用两台或两台以上的变压器。

二、变压器容量选择

本工程总视在计算负荷为2 609.0kVA($\cos\varphi=0.92$),其中一、二级负荷1154.4kVA($\cos\varphi=0.92$),接近总计算负荷的一半。

方案一:选择两台等容量变压器,互为备用。每台容量按总视在计算负荷容量的70%($0.7\times2\ 609.0=1\ 826.3$kVA)左右且不小于全部一、二级负荷1 154.4kVA选择,即应该选择1 600kVA变压器两台。正常运行时照明负荷与电力负荷共用变压器,通过合理分配负荷,可使两台变压器正常运行时负荷率相当,均在70%~80%左右。当一台变压器故障时,另一台变压器可带全部的一、二级负荷和部分三级负荷运行,供电可靠性较高。

方案二:选择两台不同容量的变压器。正常运行时一台变压器带全部负荷,其容量应大于

2 609.0kVA,则单台变压器的容量超过 2 500kVA,不满足规范规定的民用建筑单台变压器容量不高于 2 500kVA 的规定,则需再增加一台变压器。正常时两台变压器独立运行,各带一半负荷,每台变压器容量为 1 600kVA,负荷率均为 82%;另设一台变压器当那两台变压器中任何一台或全部故障或检修时带全部一、二级负荷运行,其容量应大于 1 154.4kVA,可选择为 1 600kVA,其负荷率为 72%。本方案选择三台 1 600kVA 变压器,投资较高,且有一台备用变压器平时不工作,造成设备的闲置和浪费。

方案三:选择两台不同容量的变压器,照明负荷和电力负荷分别由不同的变压器供电。照明负荷变压器应按大于其计算负荷且不小于全部一、二级负荷计算,需 2 000kVA,负荷率为 85%;电力负荷变压器应按大于其计算负荷且不小于全部一、二级负荷计算,需 1 250kVA,负荷率为 58%。正常运行时照明负荷和电力负荷由不同变压器供电,一台变压器故障或检修时,由另一台变压器给全部一、二级负荷供电。本方案一台变压器的负荷率偏低,另一台偏高,且本工程照明负荷对电压质量无特殊要求,没有必要对正常照明和电力负荷分设不同变压器供电。

通过比较,方案一负荷分配均衡,负荷率在 70%～85% 之间,且供电可靠性高,故选择方案一。最终选择两台 SCB10-1 600-10/0.4 型变压器,其技术参数为:$U_k = 6\%$,$\Delta P_k = 10.2\text{kW}$,IP2X 防护外壳尺寸:长×宽×高 = 2 200mm×1 600mm×2 200mm。

三、变压器负荷分配及无功补偿

电力负荷和照明负荷均衡分配给两台变压器。

1)变压器 T1 的负荷分配

根据表 10-1 数据将屋顶节日照明、屋顶设备房及 15～25 层照明等(共计 880kW)除外的其他主要照明负荷(共计 2198kW)的配电主回路集中于变压器 T1 上。

根据前面提供的负荷数据可得,设备功率为 2 198kW,总有功计算负荷为 1 516.6kW,无功计算负荷为 939.8kvar,计入同时系数 $K_{\Sigma p} = K_{\Sigma q} = 0.80$ 后,总有功计算功率为 1 213.2kW,无功计算负荷为 751.8kvar,功率因数 $\cos\varphi = 0.85$。

为将功率因数提高到 0.92 以上,进行无功功率补偿,补偿容量为

$$1\,213.2\text{kW} \times [\tan(\arccos 0.85) - \tan(\arccos 0.92)] = 235.1\text{kvar}$$

实际取 12 组,每组 20kvar,共 240kvar。补偿后有功计算负荷不变,即 $P_c = 1\,213.2\text{kW}$,无功计算负荷为 $Q_c = 511.8\text{kvar}$。则无功补偿后低压母线总视在计算负荷为

$$S_c = \sqrt{P_c^2 + Q_c^2} = \sqrt{1213.2^2 + 511.8^2} = 1\,316.7\text{kVA}$$

选择大于并最接近该视在计算负荷的变压器容量,故应选择变压器容量为 1 600kVA。负荷率为 82%。

2)变压器 T2 的负荷分配

根据表 10-5 数据将电力负荷的配电主回路、消防用电设备配电回路(共计 1 070.2kW)及部分次要照明负荷(屋顶节日照明、屋顶设备房及 15～25 层照明共计 880kW),配电回路分配给变压器 T2。

设备功率为 1 950.2kW,总有功计算负荷为 1 402.7kW,无功计算负荷为 1 097.0kvar,计入同时系数 $K_{\Sigma p} = K_{\Sigma q} = 0.80$ 后,总有功计算功率为 1 170.1kW,无功计算负荷为 877.6kvar,功率因数 $\cos\varphi = 0.80$。

为将功率因数提高到 0.92 以上，进行无功功率补偿，补偿容量为

$$1\,170.11\text{kW} \times [\tan(\arccos 0.80) - \tan(\arccos 0.92)] = 379.1\text{kvar}$$

实际取 20 组，每组 20kvar，共 400kvar，补偿后有功计算负荷不变，即 $P_c=1\,170.1\text{kW}$，无功计算负荷为 $Q_c=477.6\text{kvar}$。则无功补偿后低压母线总视在计算负荷为

$$S_c = \sqrt{P_c^2 + Q_c^2} = \sqrt{1\,170.1^2 + 477.6^2} = 1\,263.8\text{kVA}$$

选择大于并最接近该视在计算负荷的变压器容量，故应选择变压器容量为 1600kVA。负荷率为 79%。

这样使得两台变压器正常运行时负荷率相当。同时，将给一、二级负荷（包括照明、电力和消防用电设备）配电的主回路与备用回路分别接于不同变压器的低压母线上，以保证供电可靠性，但不计入每台变压器的总负荷。

第五节　变电所电气主接线设计与变电所所址和型式的选择

一、变电所高压电气主接线设计

本工程变电所的两路 10kV 外供电源可同时供电，并设有两台变压器，因此变电所高压侧电气主接线有两种方案可供选择。

方案一：采用单母线分段主接线形式。正常运行时，由 10kV 电源 A 和电源 B 同时供电，母线断路器断开，两个电源各承担一半负荷。当电源 B 故障或检修时，闭合母线联络断路器，由电源 A 承担全部负荷；当电源 A 故障或检修时，母线断路器仍断开，由电源 B 承担一半负荷。此方案的供电可靠性高，灵活性好，但经济性差。

方案二：采用双回路线路变压器组接线方式。正常运行时，由 10kV 电源 A 和电源 B 同时供电，两个电源各承担一半负荷。当任一电源故障或检修时，由另一电源承担一半负荷。由于采用线路变压器组接线方式，电源 A 受变压器容量限制也只能承担一半负荷，其供电能力没有得到充分发挥。若需电源 A 承担全部负荷，则与其连接的变压器容量也需按照承担全部负荷选择，单台变压器容量不能满足要求。本方案经济性较好，灵活性和可靠性不如方案一。

综上分析，本工程变电所高压侧主接线采用方案一，即单母线分段接线。本工程变电所高压主接线系统见附录Ⅲ附图Ⅲ-1。

二、变电所低压电气主接线设计

变电所设有两台变压器（T1 和 T2），低压侧电气主接线也采用单母线分段接线形式。正常运行时，两台变压器同时运行，母联断路器断开，两台变压器各承担一半负荷。当任一台变压器故障或检修时，切除部分三级负荷后，闭合母联断路器，由另一台变压器承担全部一、二级负荷和部分三级负荷。该接线方式供电可靠性高。变电所低压侧电气主接线见附录Ⅲ附图Ⅲ-2～7。

三、变电所所址与型式的选择

根据相关设计规范的要求，本工程设置设于地下一层的室内型变电所，内有两台干式变压器，10 面高压中置式开关柜，19 面低压抽出式开关柜及 1 面直流电源屏，与物业管理合设值班室。

综合考虑高压电源进线与低压配电出线的方便,变电所设于建筑物与地下室西南角处,该处正上方无厕所、浴室或其他经常积水的场所,且不与上述场所毗邻;与电气竖井、水泵房等负荷中心较近;与车库有大门相通,设备运输方便。高低压电缆经桥架进出变电所,在所内部分设电缆沟埋地敷设。

变电所设备布置及电力干线平面图见附录Ⅲ附图Ⅲ-8。

第六节 低压配电干线系统设计

一、低压带电导体接地形式与低压系统接地形式

1. 低压带电导体接地形式

对三相用电设备组和单相用电设备组混合配电的线路以及单相用电设备组采用三相配电的干线线路,采用三相四线制系统;对单相用电设备配电的支线线路,采用单相三线制系统,将负荷均衡地分配在三相系统中。

2. 低压系统接地形式

本工程为设有变电所的民用建筑,对安全的要求比较高,因此采用 TN-S 系统。所有受电设备的外露可导电部分用 PE 线与系统接地点相连接。

3. 低压配电方式

本工程低压配电为混合式配电。根据负荷类别和性质将负荷分组作为配电干线,各干线从变电所低压配电柜放射式向外配电,而每条干线中的多个用电设备则根据负荷性质和作用采用放射式或者树干式配电。

二、低压配电干线系统接线方式设计

照明负荷和电力负荷分成不同的配电系统,以便于计量和管理。消防负荷的配电则自成系统,以保证供电的可靠性。

1. 照明负荷配电干线系统

(1)屋顶节日照明为三级负荷,容量较大、负荷集中,从配电室单独以单回路放射式直接配电(配电干线 WL1),在屋顶设备房设置 1 台照明配电箱。

(2)顶层设备房及 5~25 层办公照明和转换层照明均为三级负荷,负荷分布范围广,总容量较大,故采用分区单回路树干式配电,即顶层设备房及 15~25 层办公照明和 5~14 层办公照明及转换层照明各采用一路树干式配电(配电干线 WL2、WL3)。配电干线采用插接式母线槽,分支采用电缆。5~25 层因为要出租,故每间办公用房均设置照明配电箱;20~25 层因办公用房不多,每层设置 1 台电能计量配电箱,以放射式配电给每间办公用房的照明配电箱;5~19 层因办公用房较多,每层分 2 个区域,每个区域各设置 1 台电能计量配电箱,以放射式分别给本区内的每间办公用房配电。顶层设备用房、转换层照明容量较小,各设置 1 台照明配电箱。

(3)1~4 层商场照明为二级负荷,负荷容量较大,故对每层从配电室采用双回路树干式配电(配电干线(WL4M/WL4S、WL5M/WL5S、WL6M/WL6S、WL7M/WL7S)),在末端配电箱进行双电源自动切换。每层按防火分区各设置 2 台照明配电箱。

(4) 地下室照明容量虽小，但为二级负荷，故从配电室以双回路树干式配电(配电干线 WL8M/WL8S)，在末端配电箱进行双电源自动切换。地下室也按防火分区设置 2 台照明配电箱。

(5) 各层公共通道照明为一级负荷，负荷重要，但分布于各层，容量小，1～4 层公共通道照明为商场公共通道照明，性质尤为重要，因此采用分区树干式双回路配电，即 1～4 层公共通道照明和 5～25 层公共通道照明，各采用 2 路干线配电(配电干线 WL9M/WL9S、WL10M/WL10S)，配电干线采用预分支电缆。1～4 层每层按防火分区设置 2 台通道照明配电箱，由设置于各层的 1 台双电源自动切换配电箱以放射式配电。5～25 层每层按防火分区设置 1 台通道照明配电箱，由每三层设置的 1 台双电源自动切换配电箱以放射式配电。

照明负荷配电干线系统图见附录 III 附图 III-9。

2. 电力负荷配电干线系统

(1) 商场空调机组 1～4 为三级负荷，容量较大，负荷集中，故对每台机组采用单回路放射式配电(配电干线 WP1～WP4)。

(2) 商场空调水泵 1～4 为三级负荷，容量小而分散，故采用单回路树干式配电(配电干线 WP5)。

(3) 商场自动扶梯为二级负荷，容量小而分散，采用双回路树干式配电(配电干线 WP6M/WP6S)，在末端配电箱进行双电源自动切换。

(4) 商场乘客电梯、普通乘客电梯 1～2、生活泵为一、二级负荷，负荷集中，每处就近设置配电控制箱，分别采用双回路放射式配电(配电干线 WP7M/WP7S、WP8M/WP8S、WP9M/WP9S、WP11M/WP11S)，在末端配电控制箱进行双电源自动切换。

(5) 地下室排污泵为一级负荷，容量小而分散布置，每处就地设置控制箱，采用分区双回路树干式配电(配电干线 WP10M/WP10S)，在末端配电控制箱进行双电源自动切换。

电力负荷配电干线系统图见附录 III 附图 III-10。

3. 消防负荷配电干线系统

(1) 变电所用电、消防控制室用电、消防电梯、屋顶稳压泵、屋顶正压风机、喷淋泵、消火栓泵及泵房、消防电梯井坑排污泵等均为一级负荷，负荷较为集中，每处就地设置配电箱和控制箱，采用双回路放射式配电(配电干线分别为 WLE4M/WLE4S、WPE1M/WPE1S、WPE2M/WPE2S、WPE3M/WPE3S、WPE4M/WPE4S、WPE9M/WPE9S、WPE10M/WPE10S)，在末端配电箱进行双电源自动切换。

(2) 转换层正压风机、转换层排烟风机、地下室送风机、地下室排烟风机等均为小容量一级负荷，每处就地设置配电控制箱，采用双回路树干式配电(配电干线分别为 WPE5M/WPE5S、WPE6M/WPE6S、WPE7M/WPE7S、WPE8M/WPE8S)，在末端配电控制箱处进行双电源自动切换。

(3) 各层应急照明及防火卷帘为一级负荷，分布于各层，容量小，采用分区双回路树干式配电，即 1～4 层应急照明和 5～25 层及转换层应急照明各采用 2 路干线配电(配电干线为 WLE1M/WLE1S、WLE2M/WLE2S)，配电干线采用预分支电缆。1～4 层每层按防火分区设置 2 台应急照明配电箱，由设置于各层的 1 台双电源自动切换配电箱以放射式配电；5～25 层每层按防火分区设置 1 台应急照明配电箱，由每三层设置的 1 台双电源自动切换配电箱以放射式配电；转换层设置 1 台应急照明配电箱。

(4)地下室应急照明及防火卷帘为一级负荷,容量小,从配电室以双回路树干式配电(配电干线 WLE3M/WLE3S),在末端配电箱处进行双电源自动切换。地下室按防火分区设置 2 台应急照明配电箱。

消防负荷配电干线系统图见附录 III 附图 III-11。

三、层间配电箱系统

(1)20~25 层标准写字间每层通过插接开关箱,以树干式配电给 1 台层间配电箱,再由层间配电箱以放射式配电给各写字间末端配电箱,并计量各写字间消耗的电能。配电级数为 3 级。

(2)5~19 层公寓式写字间通过 2 只插接开关箱,以树干式分别配电给 2 台层间配电箱,再由层间配电箱以放射式配电给各写字间末端配电箱,并计量各写字间消耗的电能。配电级数为 3 级。

(3)5~25 层写字间每 3 层设置 1 台通道照明双电源切换箱,以放射式配电给设置于每个防火分区的通道照明末端配电箱。配电级数为 3 级。

(4)1~4 层商场每层设置 1 台通道照明双电源切换箱,以放射式配电给设置于每个防火分区的通道照明末端配电箱。配电级数为 3 级。

(5)5~25 层写字间每 3 层设置 1 台应急照明双电源切换箱,以放射式配电给每层的应急照明末端配电箱。配电级数为 3 级。

(6)地下室、1~4 层商场每层设置 1 台应急照明双电源切换箱,以放射式配电给每个防火分区的应急照明末端配电箱,配电级数为 3 级。

(7)1~4 层商场每层设置 1 台自动扶梯双电源切换箱,以放射式配电给设置于自动扶梯处的控制箱。配电级数为 3 级。

图 10-1 所示为某层照明配电箱系统图示例,其他层间配电箱系统图与此类似。图 10-2 为某双电源自动切换箱系统图示例。

图 10-1 某层照明配电箱系统图

图 10-2　某层双电源自动转换箱系统图

第七节　短路电流计算及设备和导线的选择

一、短路电流计算

供电部门提供的系统短路数据如下：

(1)提供 10kV 专线电源 A 的 110/10kV 变电站距离本工程 3km，电源引入电缆型号初选为 YJV22-8.7/9-3×120，110/10kV 变电站 10kV 母线处三相短路电流有效值规划最大值为 25kA，最小值为 18kA。电缆首端过电流保护延时时间为 0.8s，真空断路器全开断时间为 0.1s。

(2)提供 10kV 环网电源 B 的 35/10kV 变电站环网柜距离本工程 0.1km，电源引入电缆型号初选为 YJV22-8.7/9-3×95，该环网柜 10kV 母线处三相短路电流有效值规划最大值为 10kA，最小值为 6kA。电缆采用高分断熔断器保护。

1. 变电所高压侧短路电流计算

根据附录 III 附图 III-2 变电所高压侧主接线系统图，画出本工程变电所高压侧短路电流计算电路如图 10-3 所示，短路点 k-1、k-2 点选取在变电所两段 10kV 母线上。

本工程由两个 10kV 电源供电，但不并联运行。因此需分别计算变电所 10kV 母线上的三相和两相短路电流，找出其最大值和最小值。采用标幺值法进行计算，取 $S_d = 100\text{MVA}$。下面仅以系统 A 高压侧短路电流计算为例介绍高压侧短路电流计算过程。

1)基准值计算

基准电压

$$U_{d1} = U_{av1} = 105\%U_N = 10.5\text{kV}$$

基准电流

$$I_{d1} = \frac{S_d}{\sqrt{3}U_{d1}} = \frac{100}{\sqrt{3} \times 10.5} = 5.5\text{kA}$$

图 10-3　本工程变电所高压侧短路电流计算电路

最大运行方式下电力系统最大短路容量

$$S_{oc\ max} = \sqrt{3} U_{avl} I_{oc\ max} = 1.732 \times 10.5 \times 25 = 454.65 \text{MVA}$$

最小运行方式下电力系统最大短路容量

$$S_{oc\ min} = \sqrt{3} U_{avl} I_{oc\ min} = 1.732 \times 10.5 \times 18 = 327.3 \text{MVA}$$

2）电抗标幺值

最大运行方式下电力系统电抗标幺值

$$X_{s\ max}^* = \frac{S_d}{S_{oc\ max}} = \frac{100 \text{MVA}}{454.65 \text{MVA}} = 0.22$$

最小运行方式下电力系统电抗标幺值

$$X_{s\ min}^* = \frac{S_d}{S_{oc\ min}} = \frac{100 \text{MVA}}{327.3 \text{MVA}} = 0.305$$

电缆线路单位长度电抗值 $x_0 = 0.095 \Omega/\text{km}$，长度为 3km，则电缆线路电抗标幺值为

$$X_L^* = x_0 l \frac{S_d}{(U_{avl})^2} = 0.095 \times 3 \times \frac{100}{(10.5)^2} = 0.259$$

k-1 点短路时等效电路如图 10-4 所示。

图 10-4　k-1 点短路时等效电路

从而 k-1 点短路时总电抗标幺值最大运行方式下为

$$X_{\Sigma max}^* = X_{s\ max}^* + X_L^* = 0.22 + 0.259 = 0.479$$

最小运行方式下为

$$X_{\Sigma min}^* = X_{s\ min}^* + X_L^* = 0.305 + 0.259 = 0.564$$

从而三相短路电流为

$$I_{kmax}^{(3)} = \frac{I_{d1}}{X_{\Sigma max}^*} = \frac{5.5}{0.479} = 11.5 \text{kA}, \quad I_{kmin}^{(3)} = \frac{I_{d1}}{X_{\Sigma min}^*} = \frac{5.5}{0.564} = 9.8 \text{kA}$$

进而

$$I_{\text{kmax}}'^{(3)} = I_{\infty\text{max}} = I_{\text{kmax}}^{(3)} = 11.5\text{kA}, I_{\text{kmin}}''^{(3)} = I_{\infty\text{min}} = I_{\text{kmin}}^{(3)} = 9.8\text{kA}$$

三相短路容量为

$$S_{\text{kmax}}^{(3)} = \sqrt{3}U_{\text{avl}}I_{\text{kmax}}^{(3)} = 1.732 \times 10.5 \times 11.5 = 209.1\text{MVA}$$

$$S_{\text{kmin}}^{(3)} = \sqrt{3}U_{\text{avl}}I_{\text{kmin}}^{(3)} = 1.732 \times 10.5 \times 9.8 = 178.2\text{MVA}$$

两相短路电流为

$$I_{\text{kmax}}^{(2)} = 0.866 I_{\text{kmax}}^{(3)} = 0.866 \times 11.5 = 10.1\text{kA}$$

$$I_{\text{kmin}}^{(2)} = 0.866 I_{\text{kmin}}^{(3)} = 0.866 \times 9.8 = 8.5\text{kA}$$

按照同样方法可以计算出系统 B 高压侧 k-2 点短路时三相短路电流和两相短路电流。变电所高压侧短路计算书如表 10-8 所示。

变电所高压侧短路计算书　　　　表 10-8

基准值　$S_d = 100\text{MVA}, U_{dl} = 10.5\text{kV}, I_{dl} = 5.5\text{kA}$

序号	元件	短路点	运行参数		电抗标幺值 X^*	三相短路电流(kA)				三相短路容量 $S_k^{(3)}$(MVA)	两相短路电流 $I_k^{(2)}$(kA)
						$I_k''^{(3)}$	I_∞	$I_k^{(3)}$	I_{sh}		
1	系统 A		最大运行方式 max		0.220	25.0	25.0	25.0	63.8	454.7	21.7
			最小运行方式 min		0.305	18.0	18.0	18.0	45.9	327.3	15.6
2	线路 A		$x(\Omega/\text{km})$	$l(\text{km})$	0.259						
			0.095	3							
3	1+2	k-1	最大运行方式 max		0.479	11.5	11.5	11.5	29.3	209.1	10.1
			最小运行方式 min		0.564	9.8	9.8	9.8	25.0	178.2	8.5
4	系统 B		最大运行方式 max		0.55	10.0	10.0	10.0	25.5	181.9	8.7
			最小运行方式 min		0.916	6.0	6.0	6.0	15.3	109.1	5.2
5	线路 B		$x(\Omega/\text{km})$	$l(\text{km})$	0.009						
			0.095	0.1							
6	4+5	k-2	最大运行方式 max		0.559	9.8	9.8	9.8	25.0	178.2	8.5
			最小运行方式 min		0.925	5.9	5.9	5.9	15.2	108.1	5.1

通过计算可知，变电所 10kV 母线上三相对称短路电流的初始值在由电源 A 供电时最大，为 11.5kA；两相不对称短路电流初始值在由电源 B 供电时最小，为 5.1kA。

2. 低压电网短路电流计算

1）变电所低压侧短路电流计算

本工程变电所低压侧短路电流计算电路如图 10-5 所示。正常运行时，电源 A（变压器 T1）和电源 B（变压器 T2）同时供电，低压母线分段不联络，短路点选在两台变压器低压绕组出口处 k-3、k-4 点，两台低压进线开关负荷侧 k-5、k-6 点和离低压进线开关最远端母线处 k-7、k-8 点。低压侧除了三相和两相短路之外，单相接地故障发生率远高于三相和两相短路，因此还需计算单相接地故障电流。采用欧姆法进行计算，计算时配电母线的型号先按发热条件初选，导体截面具体选择与校验见本章后续内容。以变压器 T1 低压侧短路电流计算为例介绍具体计算过程。

图 10-5 本工程变电所低压侧短路电流计算电路

选取系统 A 最大运行方式下的短路容量,即 $S_k^{(3)}=209.1\text{MVA}$ 作为变压器 T1 低压侧短路电流计算的初始容量。$U_{av2}=0.4\text{kV}$。变压器 T1 低压侧短路时的计算过程如下:

(1)短路电路阻抗计算

电力系统阻抗:

$$Z_s = \frac{(U_{av2})^2}{S_k^{(3)}} = \frac{(0.4\text{kV})^2}{209.1\text{MVA}} = 0.765\text{m}\Omega$$

$$X_s = 0.995 Z_s = 0.761\text{m}\Omega, R_s = 0.1 X_s = 0.076\text{m}\Omega$$

此处相线-保护线阻抗

$$R_{\text{L-PEs}} = \frac{2}{3} R_s = 0.051\text{m}\Omega, X_{\text{L-PEs}} = \frac{2}{3} X_s = 0.507\text{m}\Omega$$

电力变压器电抗

$$Z_T = \frac{U_k\% (U_{av2})^2}{100 S_{NT}} = \frac{6 \times (0.4\text{kV})^2}{100 \times 1\,600\text{kVA}} = 6\text{m}\Omega$$

$$R_T = \frac{\Delta P_k\% (U_{av2})^2}{S_{NT}^2} = \frac{10.2 \times (0.4\text{kV})^2}{(1\,600\text{kVA})^2} = 0.638\text{m}\Omega$$

$$X_T = \sqrt{Z_T^2 - R_T^2} = 5.966\text{m}\Omega$$

此处相线-保护线阻抗

$$R_{\text{L-PET}} = R_T = 0.638\text{m}\Omega, X_{\text{L-PET}} = X_T = 5.966\text{m}\Omega$$

母线 T1WB1 段的阻抗为

$$R_{\text{WB1}} = r_{01} l_1 = 0.011\text{m}\Omega/\text{m} \times 4\text{m} = 0.044\text{m}\Omega$$

$$X_{\text{WB1}} = x_{01} l_1 = 0.116\text{m}\Omega/\text{m} \times 4\text{m} = 0.464\text{m}\Omega$$

此处相线-保护线阻抗

$$R_{\text{L-PEWB1}} = r_{\text{LpE1}} l_1 = 0.033\text{m}\Omega/\text{m} \times 4\text{m} = 0.132\text{m}\Omega,$$

$$X_{L\text{-}PEWB1} = x_{l,PE1} l_1 = 0.260\text{m}\Omega/\text{m} \times 4\text{m} = 1.040\text{m}\Omega$$

母线 T1WB2 段的阻抗为

$$R_{WB2} = r_{02} l_2 = 0.011\text{m}\Omega/\text{m} \times 9.6\text{m} = 0.106\text{m}\Omega,$$
$$X_{WB2} = x_{02} l_2 = 0.116\text{m}\Omega/\text{m} \times 9.6\text{m} = 1.114\text{m}\Omega$$

此处相线-保护线阻抗

$$R_{L\text{-}PEWB2} = r_{l,PE2} l_2 = 0.033\text{m}\Omega/\text{m} \times 9.6\text{m} = 0.317\text{m}\Omega,$$
$$X_{L\text{-}PEWB2} = x_{l,PE2} l_2 = 0.260\text{m}\Omega/\text{m} \times 9.6\text{m} = 2.496\text{m}\Omega$$

变压器 T1 低压侧短路时的等效电路如图 10-6 所示。

a) 三相短路时的等效电路

b) 单相接地短路时的等效电路

图 10-6　变压器 T1 低压侧短路时的等效电路

k-3 点短路时的总等效阻抗为

$$\sum R_{k\text{-}3} = R_s + R_T = 0.076 + 0.638 = 0.714\text{m}\Omega,$$
$$\sum X_{k\text{-}3} = X_s + X_T = 0.761 + 5.966 = 6.727\text{m}\Omega$$
$$\sum Z_{k\text{-}3} = \sqrt{(\sum R_{k\text{-}3})^2 + (\sum X_{k\text{-}3})^2} = \sqrt{0.714^2 + 6.727^2} = 6.765\text{m}\Omega$$

单相接地电阻、电抗和阻抗为

$$\sum R_{L\text{-}PEk\text{-}3} = R_{L\text{-}PEs} + R_{L\text{-}PET} = 0.051 + 0.638 = 0.688\text{m}\Omega,$$
$$\sum X_{L\text{-}PEk\text{-}3} = X_{L\text{-}PEs} + X_{L\text{-}PET} = 0.508 + 5.966 = 6.474\text{m}\Omega$$
$$\sum Z_{L\text{-}PEk\text{-}3} = \sqrt{(\sum R_{L\text{-}PEk\text{-}3})^2 + (\sum X_{L\text{-}PEk\text{-}3})^2} = \sqrt{0.688^2 + 6.474^2} = 6.510\text{m}\Omega$$

k-5 点短路时的总等效阻抗为

$$\sum R_{k\text{-}5} = R_s + R_T + R_{T1WB1} = 0.076 + 0.638 + 0.044 = 0.758\text{m}\Omega$$
$$\sum X_{k\text{-}5} = X_s + X_T + X_{T1WB1} = 0.761 + 5.966 + 0.464 = 7.191\text{m}\Omega$$
$$\sum Z_{k\text{-}5} = \sqrt{(\sum R_{k\text{-}5})^2 + (\sum X_{k\text{-}5})^2} = \sqrt{0.758^2 + 7.191^2} = 7.231\text{m}\Omega$$

单相接地电阻、电抗和阻抗为

$$\sum R_{L\text{-}PEk\text{-}5} = R_{L\text{-}PEs} + R_{L\text{-}PET} + R_{L\text{-}PET1WB1} = 0.051 + 0.638 + 0.132 = 0.820\text{m}\Omega$$
$$\sum X_{L\text{-}PEk\text{-}5} = X_{L\text{-}PEs} + X_{L\text{-}PET} + X_{L\text{-}PET1WB1} = 0.508 + 5.966 + 1.040 = 7.514\text{m}\Omega$$
$$\sum Z_{L\text{-}PEk\text{-}5} = \sqrt{(\sum R_{L\text{-}PEk\text{-}5})^2 + (\sum X_{L\text{-}PEk\text{-}5})^2} = \sqrt{0.820^2 + 7.514^2} = 7.559\text{m}\Omega$$

k-7 点短路时的总等效电阻、电抗和阻抗为

$$\sum R_{k\text{-}7} = R_s + R_T + R_{T1WB1} + R_{T1WB2} = 0.076 + 0.638 + 0.044 + 0.106 = 0.863\text{m}\Omega$$
$$\sum X_{k\text{-}7} = X_s + X_T + X_{T1WB1} + X_{T1WB2} = 0.761 + 5.966 + 0.464 + 1.114 = 8.305\text{m}\Omega$$

$$\sum Z_{k\text{-}7} = \sqrt{(\sum R_{k\text{-}7})^2 + (\sum X_{k\text{-}7})^2} = \sqrt{0.863^2 + 8.305^2} = 8.350 \text{m}\Omega$$

单相接地电阻、电抗和阻抗为

$$\sum R_{L\text{-PEk-}7} = R_{L\text{-PEs}} + R_{L\text{-PET}} + R_{L\text{-PET1WB1}} + R_{L\text{-PET1WB2}}$$
$$= 0.051 + 0.638 + 0.132 + 0.317 = 1.137 \text{m}\Omega$$

$$\sum X_{L\text{-PEk-}7} = X_{L\text{-PEs}} + X_{L\text{-PET}} + X_{L\text{-PET1WB1}} + X_{L\text{-PET1WB2}}$$
$$= 0.508 + 5.966 + 1.040 + 2.496 = 10.010 \text{m}\Omega$$

$$\sum Z_{L\text{-PEk-}7} = \sqrt{(\sum R_{L\text{-PEk-}7})^2 + (\sum X_{L\text{-PEk-}7})^2} = \sqrt{1.137^2 + 10.010^2} = 10.074 \text{m}\Omega$$

(2) 短路电流计算

k-3 点短路时的三相短路电流和三相短路容量分别为

$$I_{k\text{-}3}^{(3)} = \frac{U_{av2}}{\sqrt{3}\sum Z_{k\text{-}3}} = \frac{0.4\text{kV}}{1.732 \times 6.765 \text{m}\Omega} = 34.14 \text{kA}$$

$$S_{k\text{-}3} = \sqrt{3} U_{av2} I_{k\text{-}3}^{(3)} = 1.732 \times 0.4\text{kV} \times 34.14\text{kA} = 23.65 \text{MVA}$$

此时两相短路电流为 $I_{k\text{-}3}^{(2)} = 0.866 I_{k\text{-}3}^{(3)} = 0.866 \times 34.14 \text{kA} = 29.57 \text{kA}$

单相接地电流为 $I_{k\text{-}3}^{(3)} = \dfrac{\frac{U_{av2}}{\sqrt{3}}}{\sum Z_{L\text{-PEk-}3}} = \dfrac{0.4\text{kV}/1.732}{6.510 \text{m}\Omega} = 35.48 \text{kA}$

k-5 点短路时的三相短路电流和三相短路容量分别为

$$I_{k\text{-}5}^{(3)} = \frac{U_{av2}}{\sqrt{3}\sum Z_{k\text{-}5}} = \frac{0.4\text{kV}}{1.732 \times 7.231 \text{m}\Omega} = 31.94 \text{kA}$$

$$S_{k\text{-}5} = \sqrt{3} U_{av2} I_{k\text{-}5}^{(3)} = 1.732 \times 0.4\text{kV} \times 31.94\text{kA} = 22.13 \text{MVA}$$

此时两相短路电流为 $I_{k\text{-}5}^{(2)} = 0.866 I_{k\text{-}5}^{(3)} = 0.866 \times 31.94 \text{kA} = 27.66 \text{kA}$

单相接地电流为 $I_{k\text{-}5}^{(3)} = \dfrac{\frac{U_{av2}}{\sqrt{3}}}{\sum Z_{L\text{-PEk-}5}} = \dfrac{0.4\text{kV}/1.732}{7.514 \text{m}\Omega} = 30.74 \text{kA}$

k-7 点短路时的三相短路电流和三相短路容量分别为

$$I_{k\text{-}7}^{(3)} = \frac{U_{av2}}{\sqrt{3}\sum Z_{k\text{-}7}} = \frac{0.4\text{kV}}{1.732 \times 8.350 \text{m}\Omega} = 27.66 \text{kA}$$

$$S_{k\text{-}7} = \sqrt{3} U_{av2} I_{k\text{-}7}^{(3)} = 1.732 \times 0.4\text{kV} \times 27.66\text{kA} = 19.16 \text{MVA}$$

此时两相短路电流为 $I_{k\text{-}7}^{(2)} = 0.866 I_{k\text{-}7}^{(3)} = 0.866 \times 27.66 \text{kA} = 23.95 \text{kA}$

单相接地电流为 $I_{k\text{-}7}^{(3)} = \dfrac{\frac{U_{av2}}{\sqrt{3}}}{\sum Z_{L\text{-PEk-}7}} = \dfrac{0.4\text{kV}/1.732}{10.074 \text{m}\Omega} = 22.93 \text{kA}$

同样方法,可以分别计算出变压器 T2 低压侧 k-4、k-6 和 k-8 点处短路时的三相和两相短路电流及单相接地电流。变压器低压侧短路电流计算结果也可以制成短路电流计算书,在此省略。

2) 低压配电线路短路电流计算

低压配电干线系统中短路计算点,选取在配电干线首端分支处与末端分支处(即层配电箱处)、每层分支线末端(即末端配电箱处)。分支线短路计算点选取在计量配电箱终端处。配电干线及分支线计算长度根据建筑平面图和剖面图及其敷设走向确定。低压配电线路短路电流计算也采用欧姆法,计算时,配电干线及其分支线的导线型号规格先按发热条件初选,导体截面具体选择与校验见本章后续内容。

二、设备选择

1. 高压电器设备的选择

本工程10kV高压系统选用ZS1-12型高压户内中置式开关柜,柜内安装的高压电器主要是高压断路器、熔断器和互感器等电器设备。重点介绍高压断路器与互感器的选择,高压熔断器的选择与高压断路器的选择类似,只是注意最后要进行灵敏度校验。

1) 高压断路器的选择

高压断路器主要作为变压器回路、电源进线回路的控制和保护电器及分段联络用电器。使用环境为建筑物地下室内高压开关柜(AH3、AH4、AH5、AH7、AH10柜)内,10kV系统中性点经消弧线圈接地。根据需要和产品供应情况,10kV系统选用VD4型户内高压真空断路器,配用弹簧操纵机构。下面以AH3柜为例介绍高压断路器的选择与校验。

(1) 高压断路器的选择

额定电压U_N:不低于所在电网处的额定电压$U_{Ns}=10kV$,选取$U_N=12kV$。

额定电流I_N:应等于或大于所在回路的最大长期工作电流I_{max}(或计算电流I_c)。

AH3柜为10kV电源A高压进线柜,应能带全部负荷,其高压侧计算总视在负荷为两台变压器容量之和即为3 200kVA,从而得计算电流为$I_c=184.8A$。

根据断路器的电流等级,选择断路器额定电流$I_N=630A>I_c=184.8A$,满足要求。

根据VD4型户内高压真空断路器产品手册,选择VD2-12-630A。其相关参数为

额定开断电流$I_{oc}=20kA$,额定峰值耐受电流$i_{max}=50kA$,额定短时耐受电流(4s)$I_t=20kA$。

(2) 高压断路器的校验

额定开断电流校验:$I_{oc}=20kA>I_{kt}=I_k=11.5kA$,开断电流满足条件。

动稳定校验:$i_{max}=50kA>i_{sh}=29.kA$,满足动稳定条件。

热稳定校验:

$$I_t^2 t = 20^2 \times 4 = 1\,600 kA^2 \cdot s > I_k^2 t_{ima} = 11.5^2 \times (0.8+0.1+0.05) = 125.64 kA^2 \cdot s$$

满足热稳定条件。

2) 高压电流互感器的选择

本工程高压电流互感器有用于电能计量专用的(如AH2、AH9柜),有做继电保护和测量用的(如AH3、AH4、AH5、AH7、AH8柜),均选择LZZBJ12-10A型户内高压电流互感器。以AH3柜测量用电流互感器为例介绍电流互感器的选择与校验。

(1) 电流互感器的选择。

① 额定电压:$U_N=10kV$,满足$U_N \geq U_{Ns}=10kV$。

② 额定一次电流:$I_{1N}=200A$,满足$I_{1N}>I_{max}=184.8A$。

③ 额定二次电流:$I_{2N}=5A$。

选择LZZBJ12-10A-200型电流互感器,查其产品手册得其参数为动稳定电流$i_{max}=112.5kA$,

1s热稳定电流为$I_t=45$kA,准确度级及容量:测量0.5/20VA。

④连接形式:三相星形连接

(2)电流互感器的校验。

①动稳定校验:

$$i_{max} = 112.5 \text{kA} > i_{sh} = 29.3 \text{kA}$$

满足动稳定条件。

②热稳定校验:

$I_t^2 t = 45^2 \times 1 = 2\,025 \text{kA}^2 \cdot \text{s} > I_k^2 t_{ima} = 11.5^2 \times (0.1+0.8+0.05) = 125.64 \text{kA}^2 \cdot \text{s}$

满足热稳定条件。

③准确度级校验:

为了保证电流互感器的准确级,电流互感器二次侧所接实际负荷所消耗的容量 S_2 应不大于该准确级所规定的额定容量 $S_{N2} = I_{N2}^2 Z_{N2} \geqslant S_2 = I_{N2}^2 Z_2$。而

$$S_{N2} = I_{N2}^2 \sum r_1 + I_{N2}^2 r_1 + I_{N2}^2 r_c = \sum S_i + I_{N2}^2 r_1 + I_{N2}^2 r_c$$

其中,$\sum S_i$ 为电流互感器二次侧所接仪表的内容量总和(VA),测量电流表为电子式仪表,其电流回路负荷不超过1VA,故取$\sum S_i=1$VA。r_c为电流互感器二次连线的接触电阻(Ω),由于不能准确测量,一般取为0.1Ω;电流互感器二次侧为星形连接,从而有$r_1=\dfrac{L_c}{A\gamma}=\dfrac{3}{4\times 53}=0.014\Omega$。则

$$S_2 = 1 + 5^2 \times (0.1 + 0.014) = 3.85 \text{VA} < S_{N2} = 20 \text{VA}$$

满足准确度级要求。

3)高压电压互感器的选择

本工程高压电压互感器有的作计量专用(如 AH2、AH9 柜),有的作电压测量用(如 AH1、AH10 柜)。选用 JDZ12-10 型户内高压电压互感器。以 AH2 柜计量专用电压互感器为例,介绍高压互感器的选择与校验。

(1)电压互感器的选择。

①额定一次电压:$U_{N1}=10$kV,满足 $U_{N1} \geqslant U_{Ns}=10$kV;

②额定二次电压:$U_{2N}=100$V;

选择 JDZ12-10 型电压互感器,查其产品手册得其参数为:准确度级及容量:测量 0.2/30VA

③连接形式:两只单相电压互感器接成 Vv 连接。

(2)电压互感器的准确度级校验。电压互感器的额定二次容量(对应于所要求的准确级)S_{N2},应不小于电压互感器的二次负荷 S_2。电能计量柜内装设有电子式多功能电能表,每一电压线路功耗不大于1.0W,2VA,每只单相电压互感器的实际二次负荷容量等于电压互感器二次侧电压母线的线间负荷,即4VA,小于额定二次负荷容量30VA(0.2级),满足准确度级要求。

2. 低压电器设备的选择

本工程 0.38kV 低压电气系统变电所选用 MNS(BWL3)-0.4 型低压户内抽出式开关柜。柜内安装的低压电器主要有低压断路器和电流互感器等。低压配电垂直母线干线系统插接箱

及层配电箱中的低压电器主要有低压断路器和双电源自动转换开关等。下面以图 10-5 中变压器 T1 低压进线断路器（k-5 点前）为例介绍低压断路器的选择。

1）低压断路器的初步选择

（1）类别选择：变电所低压开关柜内的断路器是变电所低压电源进线和母线联络保护用断路器，选择抽出式空气断路器，选择性三段保护，E3N，32，PR122/P-LSI。

（2）极数选择：TN-S 系统，选择极数为 3P。

（3）额定电流选择：选择 $I_N=3\,200\text{A}>I_c=2\,000.1\text{A}$，满足要求。

（4）断流能力校验：$I_{oc}=65\text{kA}>I_k^{(3)}=31.94\text{kA}$，满足条件。

2）低压保护电器设备的整定与级间选择性配合

（1）过电流脱扣器额定电流选择。过电流脱扣器额定电流 $I_{N.OR}$ 应不小于线路的最大负荷电流，即

$$I_{N.OR} \geqslant I_{max} = I_c = 2\,000.1\text{A}$$

选择 $I_{N.OR}=I_N=3\,200\text{A}$，满足要求。

（2）长延时过电流脱扣器整定电流 $I_{op(l)}$。

①要求不小于线路的最大负荷电流，即

$$I_{op(l)} \geqslant I_{max} = 2\,000.1\text{A}$$

②与线路的允许载流量配合，满足

$$I_{op(l)} \leqslant K_{OL} I_{al} = 1 \times 2\,924 = 2\,924\text{A}$$

线路的 $I_{al}=2\,924\text{A}$ 可参见本章低压主接线系统图（见附录 III 附图 III-3～图 III-8）。

③与低压配电出线保护电器选择性配合（与最大容量出线 WL3 保护断路器配合），有

$$I_{op(l)} \geqslant 1.2 I_{op(l)(2)} = 1.2 \times 0.95 \times 1\,000\text{A} = 1\,140\text{A}$$

综合上述几个条件，选择 $I_{op(l)}=0.86 I_N=2\,752\text{A}$。

（3）短延时过电流脱扣器整定电流 $I_{op(s)}$。

①躲过短时尖峰电流

$$I_{op(s)} \geqslant K_{rel} I_{pk} = 1.2 \times [6.7 \times 244.0\text{A} + (1\,896.8\text{A} - 244.0\text{A})] = 3\,945.4\text{A}$$

（以最大容量为 132kW 水泵电动机全压起动计算，电动机额定电流为 244A，起动电流倍数为 6.7）

②与低压出线保护器选择性配合（与最大容量出线 WL3 保护断路器配合）

$$I_{op(s)} \geqslant 1.2 I_{op(s)(2)} = 1.2 \times 2 \times 1\,000\text{A} = 2\,400\text{A}$$

因此取 $I_{op(s)}=2 I_N=6\,400\text{A}$，满足条件。

（4）瞬时过电流脱扣器整定电流 $I_{op(o)}$。

①躲过短时尖峰电流 I_{pk}

以最大容量为 132kW 水泵电动机全压起动计算，电动机额定电流为 244A，起动电流倍数为 6.7 时的尖峰电流来进行选择，即

$$I_{r3} \geqslant 1.2[I_{st.M} + I_{c(n-1)}]$$
$$= 1.2 \times [2 \times 6.7 \times 244.0\text{A} + (1\,896.8\text{A} - 244.0\text{A})] = 5\,906.9\text{A}$$

②与低压出线保护器选择性配合

$$I_{k1max(2)} = 21.59\text{kA}$$

$$I_{\text{op(o)}} \geqslant 1.2 I_{\text{k1 max(2)}} = 1.2 \times 21.59 \text{kA} = 25.91 \text{kA}$$

因此,取 $I_{\text{op(o)}} = 8.1 I_N = 25.9 \text{kA}$,满足条件。

(5)保护灵敏度的校验。根据本章短路计算结果,已知 $I_{\text{kmin}}^{(1)} = 22.93 \text{kA}$,因此有

$$\frac{I_{\text{kmin}}^{(1)}}{I_{\text{op(s)}}} = \frac{22.93 \text{kA}}{2 \times 3\,200 \text{A}} = 3.58 > 1.3$$

满足要求。

其余低压配电垂直干线系统、插接箱、楼层配电箱等进出线回路中的保护用低压断路器的选择及整定方法类似,在此不再详述。

三、导线和电缆选择

已知当地最热月的日最高平均温度为 35℃,0.8m 处的最热月平均地温为 25℃。

本工程的导线类型根据导线应用场所主要分为:高压进出线电缆、高低压开关柜主母线和分支母线、低压出线电缆等。

高压进出线电缆的选择是以输送容量为依据来进行截面的选择的。高压进线电缆在变电所外采用直埋/穿管埋地,在变电所内采用电缆梯架/电缆沟相结合的敷设方式。先按允许温升条件选择,然后校验其电压损失和短路热稳定。高压出线电缆由于在变电所内部,线路长度很短,仅为几十米,电压损失极小,不需校验。

选择 KYN44A-12 型铠装移开式交流金属封闭高压开关柜,选用硬裸铜母线,每相 1 片。母线截面先按允许温升选择,然后校验动热稳定性。由于母线在开关柜内,长度较短,电压损失较小,不需校验。

选择 MNS(BWL3)-04 型低压开关柜,每相 2 片硬裸铜母线,截面选择先按允许温升选择,然后校验短路动热稳定性。低压开关柜有主母线和分支母线,由于主母线长度较短,电压损失较小,不需校验。分支母线由于长度较长,一般还需校验电压损失。低压母线在选择时要注意 N 线和 PE 线截面不应小于对应相母线截面的一半。

高低压主母线在开关柜内部的封闭环境,环境温度一般取 40℃。

低压出线电缆分为干线电缆和分支线电缆。干线电缆一般采用电缆桥架或者插接式母线槽敷设,分支线电缆有沿桥架敷设或者采用插接式预分支电缆。

电缆桥架敷设和插接式预分支电缆,一般先按允许温升条件选择,再校验电压损失和短路热稳定性。预分支电缆由于分支线较短,电压损失极小,可不校验。插接式母线槽应先选择额定电流,再校验电压损失和短路动、热稳定性。

下面以高压进线电缆的选择为例介绍电缆截面的选择过程。

高压进线电缆的选择以 10kV 专线电源 A 的进线电缆选择为例,所带为本工程全部负荷,容量为 3 200kVA,电流为 $I_{\max} = 184.8 \text{A}$。10kV 专线电源 A 的进线电缆选择 YJV22-8.7/10 型 3 芯电缆。电缆截面的选择先按允许温升条件选择,然后校验其电压损失和短路热稳定。计算过程如下:

1)按允许温升选择

应按最不利散热的敷设方式进行电缆截面的选择,即埋地敷设方式。

查 YJV22-8.7/10 型 3 芯电缆产品手册得,允许载流量 I_{al} 大于这个数值的接近的电缆截

面为95mm², I_{al}=215A。

已知电缆直埋/穿管敷设，埋深0.8m，地温25℃，2根电缆有间距并列敷设，可得电缆载流量校正系数K=0.9。从而

$$I'_{al} = 215 \times 0.9 = 193.5A > I_c = 145.7A$$

满足发热条件。

2) 校验电压损失

根据负荷计算的结果，已知 P_c=2 281.0kW，Q_c=1 081.6kW，查表得S=70mm²的YJV电缆单位长度电阻和电抗分别为 r_0=0.310Ω/km，x_0=0.101Ω/km，线路长度已知为 l=3km。则有

$$\Delta U\% = \frac{1}{10U_N^2}(Pr_0 + Qx_0)l = \frac{1}{10 \times 10^2} \times (2\,281.0 \times 0.310 + 1\,081.6 \times 0.101) \times 3$$
$$= 2.45$$

而允许电压损失为 $\Delta U_{al}\%$=5>$\Delta U\%$=2.45，满足电压损失要求。

3) 短路热稳定性校验

三相最大短路电流 $I_{kmax}^{(3)}$=11.5kA

短路假想时间 $t_{ima}=t_k+0.05=t_{pr}+t_{ab}+0.05=0.8+0.1+0.05=0.95(s)$

查表得热稳定系数 K=137A·$\sqrt{s}$/mm²，则热稳定最小允许截面

$$S_{min} = \frac{\sqrt{I_k^{2(3)} t_{ima}}}{K} \times 10^3 = \frac{\sqrt{11.5^2 \times 0.95}}{137} \times 10^3 = 81.8(mm^2)$$

所选择截面S=95mm²，大于S_{min}，满足要求。为了电缆长期的发热稳定，一般放大一至二级截面，故选择 S=120mm² 截面。即最终选择电缆截面型号规格为YJV22-8.7/10-3×120。

其余导线和电缆截面的选择结果可参见本工程高低压主接线系统图。

第八节 防雷与接地系统设计

一、建筑物防雷系统设计

1. 建筑物防雷类别的确定

本工程为某市一栋单体商业办公建筑，主楼（5～25层）为办公建筑，长 L=45.4m，宽 W=27.0m，高 H=90.1m。裙楼（1～4层）为商业建筑，长 L=59.1m，宽 W=55.8m，高 H=21.7m。

对于主楼，与建筑物接收相同雷击次数的等效面积为

$$A_e = [L \cdot W + 2(L+W)\sqrt{H(200-H)} + \pi H(200-H)] \times 10^{-6} = 0.046\,7 km^2$$

校正系数 K=1.0，年平均雷暴日数 T_d=34.7天，从而主楼年预计雷击次数为

$$N = 0.024 K T_d^{1.3} A_e = 0.024 \times 1.0 \times 34.7^{1.3} \times 0.046\,7 = 0.113$$

同样，可计算出裙楼年预计雷击次数 N=0.072。

根据规范可知，本建筑物应划分为第二类防雷建筑物。

2. 建筑物防雷措施

作为第二类防雷建筑物,应有防直击雷和防雷电波侵入的措施。由于主楼高度超过45m,还应采取防侧击雷和等电位的保护措施。另外,本建筑物内装有大量的电子信息系统设备,还应有防雷击电磁脉冲的措施。

3. 建筑物外部防雷装置的布置(见附录Ⅲ附图Ⅲ-12)

(1)屋面采用 ϕ10mm 镀锌圆钢或者金属栏杆作为接闪器,沿女儿墙四周敷设,支持卡子间距为1m,转角处悬空段不大于0.3m,避雷带高出屋面装饰柱或女儿墙0.15m。屋面采用 ϕ10mm 镀锌圆钢组成不大于 10m×10m 或 8m×12m 避雷网格。

(2)突出屋面的所有金属构件、金属通风管、屋顶风机等均应与避雷带可靠焊接。

(3)本工程采取以下防侧击和等电位的保护措施:

①将 45m 及以上各层外圈梁两个主筋通长焊接,并与各引下线焊接。

②将 45m 及以上外墙上的栏杆、门窗等较大的金属物与防雷装置连接。

③竖直敷设的金属管道及金属物的顶端和底端与防雷装置连接。

(4)利用柱子或剪力墙内两根 ϕ16mm 以上主筋通长焊接作为引下线,平均间距不大于18m,引下线上端与避雷带焊接,下端与基础底板上的钢筋焊接,每根引下线的冲击接地电阻不大于 10Ω。

(5)利用建筑物基础钢筋网作为防雷接地装置,在与防雷引下线相对应的室外埋深0.8m处,由被利用作为引下线的钢筋上焊出一根 40mm×4mm 的镀锌扁钢,此扁钢伸向室外,距外墙皮的距离不小于1.5m。在建筑物四角引下线距室外地坪 0.5m 处预留接地电阻测试卡6处。

4. 雷电过电压保护设计

1)高压电气装置过电压保护设计

本工程 10kV 变电所布置于地下室内,已在主体建筑物的防雷保护范围之内,因此高压电器设备不需装设直接雷击保护装置,但需采取防雷电波侵入的过电压保护。

具体做法是在两路 10kV 电源进线隔离柜内电源电缆终端侧和变压器柜出线电缆终端侧安装氧化锌避雷器,其接地线与变压器中性点以及金属外壳连接在一起。选用的氧化锌避雷器的规格型号为 HY5WZ-17/45。

2)低压电气装置过电压保护设计

本工程具有中等规模的办公自动化和有线电视系统,有大量的电子信息设备,需防雷击电磁脉冲。除根据建筑物和房间不同防雷区的电磁环境要求在外部设置屏蔽措施,以合适的路径敷设线路及线路屏蔽措施外,还采取下列措施:

(1)向电子信息系统供电的低压配电系统采用 TN-S 接地形式。

(2)分别在变电所低压母线上和终端配电箱处安装两级电涌保护器(SPD),安装于变电所低压配电柜处(LPZ0_B 区与 LPZ1 区交界处)为第一级 SPD,型号 OVRBT2 3N-70-320sP;安装于终端配电箱处(LPZ1 区)为第二级 SPD,型号 OVRBT2 1N-15-320P。

(3)空调机组及其水泵安装在 4 层屋面,处于 LPZ0_B 区,而其设备管线及电源线路保护管将穿越至室外的 LPZ0_B 区和室内的 LPZ1 区。除在 LPZ0_A 或 LPZ0_B 与 LPZ1 区的界面处做等电位联结外,还在配电箱处设置 SPD。

二、电气装置接地与等电位联结设计

1. 电气装置的接地与接地电阻的要求

(1)本工程电气装置的接地类型有系统工作接地、安全保护接地、雷电保护接地等。将上述接地与建筑物电子信息系统采用共同的接地系统,并实施等电位联结措施。

(2)共用接地装置的接地电阻按接入设备要求的最小值确定,取不大于1Ω。

2. 接地装置的设计

(1)利用建筑物钢筋混凝土基础内的钢筋作自然接地体,将基础地板上下两层主筋沿建筑物外圈焊接成环形,并将主轴线上的基础梁及结构底板上下两层主筋相互焊接做接地体。

(2)接地装置完工后,应实测其接地电阻,如大于1Ω时,还应补设人工接地体,人工接地体采用以水平接地体为主的闭合环形接地网。

(3)各种接地引下线一般利用柱子或剪力墙内两根$\phi 16$ mm以上主筋通长相互焊接,引至局部等电位端子箱LEB,再通过镀锌扁钢与地下室各设备房接地干线相连。各种接地引下线的下端应通过镀锌扁钢或连接导线与基础接地网可靠焊接并作防腐。

(4)本工程还采用一40mm×4mm镀锌扁钢沿建筑物四周敷设成闭合形状的水平人工接地体与自然接地体相连。水平人工接地体埋深0.8m,规格材料满足规范要求。

(5)变配电室内、强电竖井内采用一40mm×4mm镀锌扁钢在配电室内距地0.2m做一圈接地装置。电缆沟内也敷设一40mm×4mm镀锌扁钢做接地干线。材料规格满足规范要求。

(6)配电变压器的中性点接地线选择采用ZBYJV-0.6/1-1×240电缆,或采用80mm×5mm镀锌扁钢,选择结果满足热稳定性要求的最小截面。

本工程接地平面图见附录Ⅲ附图Ⅲ-13所示。图中注明了接地装置型式、接地体材料和敷设方式、接地电阻要求值以及利用桩基、基础内钢筋做接地极时应采取的措施。

3. 等电位联结设计

(1)本工程采用总等电位联结,其总等电位联结线必须与楼内所有可导电部分相互连接,如保护干线、接地干线、建筑物内的输送管道的金属件(如水管等)、集中采暖及空调系统金属管道、建筑物金属构件、电梯轨道等导电体。总等电位联结导线采用截面为25mm²的铜导线,总等电位联结端子板采用一63mm×4mm的铜母线。

(2)本工程在下列场所实施局部等电位联结:电梯机房、转换层空调机房、地下室水泵房、地下室配电间、每层强电竖井、5~14层公寓办公室每间卫生间等。局部等电位联结导线采用截面为16mm²的铜导线,局部等电位联结端子板采用一25mm×4mm的铜母线。

(3)本工程防雷等电位联结设计如下:

①所有进入本建筑物的外来导电物、安装在建筑物屋顶的设备管道、电线保护钢管均在$LPZ0_A$或$LPZ0_B$与LPZ1的界面处做等电位联结。由于外来导电物、电力线、通信线、设备管线等在不同地点进入建筑物,故分别设置等电位联结端子箱,将其就近连到内部环形导体上,并连通到基础接地体。等电位联结导线采用截面为16mm²的铜导线,等电位联结端子板采用一25mm×4mm的铜母线。

②穿过建筑物内部各后续防雷区（如一层消防控制室、弱电机房及其每层竖井等）的所有导电物、电力线、通信线均在界面处作局部等电位联结。等电位联结导线采用截面为16mm² 的铜导线，等电位联结端子板采用—25mm×4mm 的铜母线。建筑物电子信息系统的各种箱体、壳体、机架等金属组件与建筑物的共用接地系统组成 S 形星形结构的等电位联结网络。

本工程综合防雷接地与等电位联结示意图见附录 Ⅲ 附图 Ⅲ-14 所示。

附录

附录 I 建筑电气工程图纸中常用电气图形符号和文字符号

常用的电气图形符号图例和名称　　　　　　　　　　附表 I-1

序号	图例	名称	序号	图例	名称
001	□	一般配电箱柜	009	Ⓜ	电加热器
002	AL / ALE	照明配电箱 / 应急照明配电箱	010	●—	电热水器
003	AT	电源自动切换箱	011	⊕	风机盘管
004	▶◀ / ◁▷ / ▶◀	电话交换箱 壁龛式 / 落地式 / 挂墙式	012	AC	分体式空调
005	UPS	不间断电源配电箱	013	⋈	风机
006	✉	电动机启动器	014	▲或▶	水泵
007	AS	信号箱	015	⊗	排风扇
008	Ⓖ	发电机	016	↗	向上配线

续上表

序号	图例	名称	序号	图例	名称
017		向下配线	034		防水防尘灯
018		垂直通过分别向上向下配线	035		球型灯
019		由下引来	036		天棚灯
020		由上引来	037		花灯
021		垂直通过，由上引来向下配线	038		壁灯
022		灯、信号灯，可以在符号附近标注不同文字表示颜色或光源类型	039		单向疏散指示灯（向左、向右）
023		投光灯	040		双向疏散指示灯
024		聚光灯	041		安全出口标志灯
025		泛光灯	042		挂灯，草坪灯
026		单管荧光灯	043		台灯
027		双管荧光灯	044		路灯，一个灯头
028		三管荧光灯 多管荧光灯	045		路灯，三个灯头
029		专线应急荧光灯（单管）	046		高杆照明灯
030		自带电源的事故应急灯	047		地面灯、树灯
031		在专用线路上的事故照明灯	048		射灯
032		深照型灯	049		筒灯
033		广照型灯	050		光带

续上表

序号	图例	名　称	序号	图例	名　称
051		旋转灯	071		调光器
052		开关一般符号	072		钥匙开关
053		单极开关	073		"请勿打扰"门铃开关
054		暗装单极开关	074		风扇调速开关
055		密闭(防水)开关	075		带指示灯风扇调速开关
056		防爆开关	076		温度控制开关
057		双极开头	077		三速开关
058		暗装双极开关	078		温度与三速开关
059		密闭(防水)开关	079		单相插座
060		防爆开关	080		暗装单相插座
061		三极开关	081		三孔单相插座(带PE孔)
062		暗装三极开关	082		三相四孔插座
063		密闭(防水)开关	083		暗装三相四孔插座
064		防爆开关	084		防爆单相插座
065		暗装单极拉线开关	085		防爆三孔单相插座(带PE孔)
066		暗装双控拉线开关	086		插座箱(板)
067		暗装单极时限开关	087		带保险单箱插座
068		暗装双控开关	088		架空线路
069		具有指示灯的开关	089		管道线路
070		多拉开关	090		6孔管道线路

续上表

序号	图例	名　　称	序号	图例	名　　称
091		电缆铺砖保护	111		伸缩缝、沉降缝穿线盒
092		地下线路	112		避雷线
093		水下线路	113		（避雷、安全、屏蔽）接地线
094		电缆穿管保护	114		避雷器（字母符号:F）
095		电缆预留	115	L1,L2,L3	单相线路
096		电缆线路中间接线盒	116		变压器（单相）（字母符号:T）
097		接地一般符号	117		电抗器
098		接地端子板	118		电流互感器
099		暗装接地端子板	119		接地开关
100		等电位	120		漏电保护器
101		强电电缆井	121		带漏电保护的断路器
102		弱电电缆井	122		断路器一般符号（字母符号 QF）
103		应急照明线路	123		隔离开关一般符号（字母符号 QS）
104		低压电力线路	124		负荷开关一般符号（字母符号 QL）
105		控制线路	125		接触器动合触点
106		中性线（N线）	126		热继电器一般符号
107		保护线（PE线）	127	W	有功功率表
108		保护线和中性线共用（PEN线）	128	var	无功功率表
109		线槽配线（注明：回路号电缆根数及截面）	129		接触器动断触点
110		桥架配线（注明：回路号电缆根数及截面）	130		接触器自动释放触点

续上表

序号	图例	名　称	序号	图例	名　称
131		箱式变电站	148		指示仪表(＊由被测单位文字符号、化学分子式、图形符号等代替)
132		多极开关单线表示 (开关字母符号:QK)	149		记录仪表(＊含义同上)
133		多极开关一般符号	150		积算仪表(＊含义同上)
134		接触器一般符号	151		发电站(规划图用, 运行中涂黑)
135		电流互感器 LT(TA)	152		变配电所(同上)
136		电压互感器 PT(TV)	153		三相 电力变压器(T)
137		熔断器一般符号 (字母符号:FU)	154		电缆终端头(密封、套管式)
138		继电器一般符号(KM)	155		接插件组(插座、插头)
139		继电器缓慢释放线圈	156		接机壳或底板
140		继电器缓慢吸合线圈	157		故障、故障点
141	JL	防火卷帘控制箱	158		刀熔开关(配电设备内装字母符号 QU)
142	XFB	消防泵控制箱	159		跌落式熔断器 (户外配电设施字母符号 FD)
143	PLB	喷淋泵控制箱	160		电抗器(字母符号:L)
144	WYB	稳压泵控制器	161		电容器（＊为三角形接法的电力电容,电容字母符号:C）
145	KTJ	空调机控制器	162		线,线束
146	ZYF	正压风机控制箱	163		线束(斜线为3~4根线的线数)
147	XFI	新风机控制箱	164		线束(数字为四根及以上线的线数)

建筑电气工程常用基本文字符号   附表 I-2

名 称	符 号	说 明
相序	A	A相(第一相)涂黄色
	B	B相(第二相)涂绿色
	C	C相(第三相)涂红色
	N	N相为中性线涂黑色
线路敷设方式	E	明敷
	C	暗敷
	SR	沿钢索敷设
	SC	穿水煤气钢管敷设
	TC	穿电线管敷
	CP	穿金属软管敷设
	PC	穿硬塑料管
	FPC	穿半硬塑料管
	CT	电缆桥架敷设
敷设部位	F	沿地敷设
	W	沿墙敷设
	B	沿梁敷设
	CE	沿天棚敷设或顶板敷设
	BE	沿屋架或跨越屋架敷设
	CL	沿柱敷设
	CC	暗设天棚或顶板内
	ACC	暗设在不能进入的吊顶内
器具安装方式	CP	线吊式
	CP1	固定线吊式
	CP2	防水线吊式
	CH	链吊式
	P	管吊式
	W	壁装式
	S	吸顶或直敷式
	R	嵌入式(嵌入不可进入的顶棚)
	CR	顶棚内安装(嵌入可进入的顶棚)
	WR	墙壁内安装
	SP	支架上安装
	CL	柱上安装
	HM	座装
	T	台上安装
线路的标注方式	WP	电力(动力回路)线路
	WC	控制回路
	WL	照明回路
	WEL	事故照明回路

附录 II 部分常用技术数据表格

常用技术数据表格见附表 II-1～附表 II-24。

附表 II-1 民用建筑用电设备组的需要系数 K_d 和 $\cos\varphi$、$\tan\varphi$

序号	用电设备分类	K_d	$\cos\varphi$	$\tan\varphi$
1	通风和采暖用电			
	各种风机、空调器	0.7～0.8	0.8	0.75
	恒温空调箱	0.6～0.7	0.95	0.33
	冷冻机	0.85～0.9	0.8	0.75
	集中式电热器	1.0	1.0	0
	分散式电热器(20kW 以下)	0.85～0.95	1.0	0
	分散式电热器(100kW 以上)	0.75～0.85	1.0	0
	小型电热设备	0.3～0.5	0.95	0.33
2	给排水用电			
	各种水泵(15kW 以下)	0.75～0.8	0.8	0.75
	各种水泵(17kW 以上)	0.6～0.7	0.87	0.57
3	起重运输用电			
	客梯(1.5t 及以下)	0.35～0.5	0.5	1.73
	客梯(2t 及以上)	0.6	0.7	1.02
	货梯	0.25～0.35	0.5	1.73
	传送带	0.6～0.65	0.75	0.88
	起重机械	0.1～0.2	0.5	1.73
4	锅炉房用电	0.75～0.85	0.85	0.62
5	消防用电	0.4～0.6	0.8	0.75
6	厨房及卫生用电			
	食品加工机械	0.5～0.7	0.8	0.75
	电饭锅、电烤箱	0.85	1.0	0
	电砂锅	0.7	1.0	0
	电冰箱	0.60～0.7	0.7	1.02
	热水器(淋浴用)	0.65	1.0	0
	除尘器	0.3	0.85	0.62
7	机修用电			
	修理间机械设备	0.15～0.2	0.5	1.73
	电焊机	0.35	0.35	2.68
	移动式电动工具	0.2	0.5	1.73
8	打包机	0.2	0.6	1.33
	洗衣房动力	0.65～0.75	0.5	1.73
	天窗开闭机	0.1	0.5	1.73
9	通信及信号设备			
	载波机	0.85～0.95	0.8	0.75
	收信机	0.8～0.9	0.8	0.75
	发信机	0.7～0.8	0.8	0.75
	电话交换台	0.75～0.85	0.8	0.75
	客房床头电气控制箱	0.15～0.25	0.6	1.33

照明用电单位的需要系数表　　　　　　　　　　　附表 II-2

建筑类别	需要系数	备注	建筑类别	需要系数	备注
住宅楼	0.4～0.6	单元式住宅,每户两室,6～8个插座,户装电表	社会旅馆	0.7～0.8	标准客房,1灯,2～3个插座
单身宿舍	0.6～0.7	标准单间,1～2灯,2～3个插座	社会旅馆附对外餐厅	0.8～0.9	标准客房,1灯,2～3个插座
办公楼	0.7～0.8	标准单间,2灯,2～3个插座	旅游旅馆	0.35～0.45	标准客房,4～5灯,4～6个插座
科研楼	0.8～0.9	标准单间,2灯,2～3个插座	门诊楼	0.6～0.7	
教学楼	0.8～0.9	标准教室,6～8灯,1～2个插座	病房楼	0.5～0.6	
商店	0.85～0.95	有举办展销会的可能性	影院	0.7～0.8	
餐厅	0.8～0.9		剧院	0.6～0.7	
体育馆	0.65～0.75		汽车库、消防车库	0.8～0.9	
展览馆	0.7～0.8		实验室、医务室、变电所	0.7～0.8	
设计室	0.9～0.95		屋内配电装置、主控制楼	0.85	
食堂、礼堂	0.9～0.95		锅炉房	0.9	
托儿所	0.55～0.65		生产厂房(有天然采光)	0.8～0.9	
浴室	0.8～0.9		生产厂房(无天然采光)	0.9～1	
图书馆阅览室	0.8		地下室照明	0.9～0.95	
书库	0.3		井下照明	1	
试验所			小型生产建筑物、小型仓库	1	
屋外照明(无投光灯者)	0.5、0.7	2 000m² 及以下取 0.7,2 000m² 以上取 0.5	由大跨度组成的生产厂房	0.95	
			工厂办公楼	0.9	
屋外照明(有投光灯者)	1 0.85		由多个小房间组成的生产厂房	0.85	
事故照明	1		工厂的车间生活室、实验大楼、学校、医院、托儿所	0.8	
局部照明(检修用)	0.7		大型仓库、配电所、变电所等	0.6	
一般照明插座	0.2、0.4	5 000m² 及以下取 0.4,5 000m² 以上取 0.2	工地办公、居住照明	0.4～0.7	
			仓库	0.5～0.7	

照明用电设备的功率因数　　　　　　　　　　　附表 II-3

光源类别	$\cos\varphi$	$\tan\varphi$	光源类别	$\cos\varphi$	$\tan\varphi$
白炽灯、卤灯	1.00	0.00	高压钠灯	0.45	1.98
荧光灯(无补偿)	0.55	1.52	金属卤化物灯	0.40～0.61	2.29～1.29
荧光灯(有补偿)	0.90	0.48	镝灯	0.52	1.60
高压汞灯	0.45～0.65	1.98～1.16	氙灯	0.9	0.48

工业用电设备组的需要系数、二项式系数及功率因数值　　表 II-4

用电设备组名称	需要系数 K_d	二项式系数 b	二项式系数 c	最大容量设备台数 x[1]	$\cos\varphi$	$\tan\varphi$
小批生产的金属冷加工机床电动机	0.16～0.2	0.14	0.4	5	0.5	1.73
大批生产的金属冷加工机床电动机	0.18～0.25	0.14	0.5	5	0.5	1.73
小批生产的金属热加工机床电动机	0.25～0.3	0.24	0.4	5	0.6	1.33
大批生产的金属热加工机床电动机	0.3～0.35	0.26	0.5	5	0.65	1.17
通风机、水泵、空压机及电动发电机组电动机	0.7～0.8	0.65	0.25	5	0.8	0.75
非连锁的连续运输机械及铸造车间整砂机械	0.5～0.6	0.4	0.4	5	0.75	0.88
连锁的连续运输机械及铸造车间整砂机械	0.65～0.7	0.6	0.2	5	0.75	0.88
锅炉房和机加、机修、装配等类车间的吊车（ε=25%）	0.1～0.15	0.06	0.2	3	0.5	1.73
铸造车间的吊车（ε=25%）	0.15～0.25	0.09	0.3	3	0.5	1.73
自动连续装料的电阻炉设备	0.75～0.8	0.7	0.3	2	0.95	0.33
实验室用的小型电热设备（电阻炉干燥箱等）	0.7	0.7	0	—	1.0	0
工频感应电炉（未带无功补偿装置）	0.8	—	—	—	0.35	2.68
高频感应电炉（未带无功补偿装置）	0.8	—	—	—	0.6	1.33
电弧熔炉	0.9	—	—	—	0.87	0.57
点焊机、缝焊机	0.35	—	—	—	0.6	1.33
对焊机、铆钉加热机	0.35	—	—	—	0.7	1.02
自动弧焊变压器	0.5	—	—	—	0.4	2.29
单头手动弧焊变压器	0.35	—	—	—	0.35	2.68
多头手动弧焊变压器	0.4	—	—	—	0.35	2.68
单头弧焊电动发电机组	0.35	—	—	—	0.6	1.33
多头弧焊电动发电机组	0.7	—	—	—	0.75	0.88
生产厂房及办公室、阅览室、实验室照明[2]	0.8～0.1	—	—	—	1.0	0
变配电所、仓库照明[2]	0.5～0.7	—	—	—	1.0	0
宿舍（生活区）照明[2]	0.6～0.8	—	—	—	1.0	0
室外照明、应急照明[2]	1	—	—	—	1.0	0

注：[1] 如果用电设备组的设备总台数 $n<2x$ 时，则最大容量设备台数取 $x=n/2$，且按"四舍五入"修约规则取整。

[2] 这里的 $\cos\varphi$ 和 $\tan\varphi$ 值均为白炽灯照明数据。如为荧光灯照明，则 $\cos\varphi=0.9$，$\tan\varphi=0.48$；如为高压汞灯、钠灯，则 $\cos\varphi=0.5$，$\tan\varphi=1.73$。

三相矩形母线单位长度每相阻抗值

附表 II-5

母线尺寸 (mm)	65℃时单位长度电阻(mΩ·m^{-1})		下列相间几何均距时的感抗(mΩ)			
	铜	铝	100mm	150mm	200mm	300mm
25×3	0.268	0.475	0.179	0.200	0.225	0.244
30×3	0.223	0.394	0.163	0.189	0.206	0.235
30×4	0.167	0.296	0.163	0.189	0.206	0.235
40×4	0.125	0.222	0.145	0.170	0.189	0.214
40×5	0.100	0.177	0.145	0.170	0.189	0.214
50×5	0.08	0.142	0.137	0.157	0.18	0.20
50×6	0.067	0.118	0.137	0.157	0.18	0.20
60×6	0.056	0.099	0.120	0.145	0.163	0.189
60×8	0.042	0.074	0.120	0.145	0.163	0.189
80×8	0.031	0.055	0.102	0.126	0.145	0.170
80×10	0.025	0.045	0.102	0.126	0.145	0.170
100×10	0.020	0.036	0.09	0.113	0.133	0.157
2(60×8)	0.021	0.037	0.12	0.145	0.163	0.189
2(80×8)	0.016	0.028	—	0.126	0.145	0.170
2(80×10)	0.013	0.022	—	0.126	0.145	0.170
2(100×10)	0.010	0.018	—	—	0.133	0.157

电流互感器一次线圈阻抗值(单位:mΩ)

附表 II-6

型号 变流比	LQG0.5		LQC-1		LQC-3	
	电抗	电阻	电抗	电阻	电抗	电阻
5/5	600	4 300	—	—	—	—
7.5/5	266	2 130	300	480	130	120
10/5	150	1 200	170	270	75	70
15/5	66.7	532	75	120	33	30
20/5	37.5	300	42	67	19	17
30/5	16.6	133	20	30	8.2	8
40/5	9.4	75	11	17	4.8	4.2
50/5	6	48	7	11	3	2.8
75/5	2.66	21.3	3	4.8	1.3	1.2
100/5	1.5	12	1.7	2.7	0.75	0.7
150/5	0.667	5.32	0.75	1.2	0.33	0.3
200/5	0.575	3	0.42	0.67	0.19	0.17
300/5	0.166	1.33	0.2	0.3	0.88	0.08
400/5	0.125	1.03	0.11	0.17	0.05	0.04
500/5	—	—	0.05	0.07	0.02	0.02
600/5	0.04	0.3	—	—	—	—
750/5	0.04	0.3	—	—	—	—

三相线路导线和电缆单位长度每相阻抗值

附表 II-7

(一)三相线路导线和电缆单位长度每相电阻值

类别			导线(线芯)截面积(mm²)												
			2.5	4	6	10	16	25	35	50	70	95	120	150	185	240
导线类型		导线温度	每相电阻($\Omega \cdot km^{-1}$)													
LJ		50	—	—	—	—	2.07	1.33	0.96	0.66	0.48	0.36	0.28	0.23	0.18	0.14
LGJ		50	—	—	—	—	—	0.89	0.68	0.48	0.35	0.29	0.24	0.18	0.18	0.15
绝缘导线	铜芯	50	8.40	5.20	3.48	2.05	1.26	0.81	0.58	0.40	0.29	0.22	0.17	0.14	0.11	0.09
		60	8.70	5.38	3.61	3.48	1.30	0.84	0.60	0.41	0.30	0.23	0.18	0.14	0.12	0.09
		65	8.72	5.43	3.62	3.61	1.37	0.88	0.63	0.44	0.32	0.24	0.19	0.15	0.13	0.10
	铝芯	50	13.3	8.25	5.53	3.62	2.08	1.31	0.94	0.65	0.47	0.35	0.28	0.22	0.18	0.14
		60	13.8	8.55	5.73	5.53	2.16	1.36	0.97	0.67	0.49	0.36	0.29	0.23	0.19	0.14
		65	14.6	9.15	6.10	5.73	2.29	1.48	1.06	0.75	0.53	0.39	0.31	0.25	0.20	0.15
电力电缆	铜芯	55	—	—	—	—	1.31	0.84	0.60	0.42	0.30	0.22	0.17	0.14	0.12	0.09
		60	8.54	5.34	3.56	2.13	1.33	0.85	0.61	0.43	0.31	0.23	0.18	0.14	0.12	0.09
		75	8.98	5.61	3.75	3.25	1.40	0.90	0.64	0.45	0.32	0.24	0.19	0.15	0.13	0.10
		80	—	—	—	—	1.43	0.91	0.65	0.46	0.33	0.24	0.19	0.15	0.13	0.10
	铝芯	55	—	—	—	—	2.21	1.41	1.01	0.71	0.51	0.37	0.29	0.24	0.20	0.15
		60	14.38	8.99	6.00	3.60	2.25	1.44	2.03	0.72	0.51	0.38	0.30	0.24	0.20	0.16
		75	15.13	9.45	6.31	3.78	2.36	1.51	1.08	0.76	0.54	0.40	0.31	0.25	0.21	0.16
		80	—	—	—	—	2.40	1.54	1.10	0.77	0.56	0.41	0.32	0.26	0.21	0.17

(二)三相线路导线和电缆单位长度每相电抗值

类别			导线(线芯)截面积(mm²)												
			2.5	4	6	10	16	35	35	50	70	95	120	150	185	240
导线类型		线距(mm)	每相电抗($\Omega \cdot km^{-1}$)													
LJ		600	—	—	—	—	0.36	0.35	0.34	0.33	0.32	0.31	0.30	0.29	0.28	0.28
		800	—	—	—	—	0.38	0.37	0.36	0.35	0.34	0.33	0.32	0.31	0.30	0.30
		1 000	—	—	—	—	0.40	0.38	0.37	0.36	0.35	0.34	0.33	0.32	0.31	0.31
		1 250	—	—	—	—	0.41	0.40	0.39	0.37	0.36	0.35	0.34	0.34	0.33	0.32
LGJ		1 500	—	—	—	—	—	0.39	0.38	0.37	0.35	0.35	0.34	0.33	0.33	0.33
		2 000	—	—	—	—	—	0.40	0.39	0.38	0.37	0.37	0.36	0.35	0.34	0.34
		2 500	—	—	—	—	—	0.41	0.41	0.40	0.39	0.38	0.37	0.37	0.36	0.36
		3 000	—	—	—	—	—	0.43	0.42	0.41	0.40	0.39	0.39	0.38	0.37	0.37
绝缘导线	明敷	100	0.327	0.312	0.300	0.280	0.265	0.251	0.241	0.229	0.2	0.206	0.199	0.191	0.184	0.178
		150	0.353	0.338	0.325	0.306	0.290	0.277	0.266	0.251	0.2	0.231	0.223	0.216	0.209	0.200

续上表

类别		导线(线芯)截面积(mm²)												
		2.5	4	6	10	16	35	35	50	70	95	120	150	185	240
绝缘导线	穿管敷设	0.127	0.119	0.112	0.108	0.102	0.099	0.095	0.091	0.0	0.085	0.083	0.082	0.081	0.080
低压绝缘电力电缆	1kV	0.098	0.091	0.087	0.081	0.077	0.067	0.065	0.063	0.062	0.062	0.062	0.062	0.062	0.062
	6kV	—	—	—	—	0.099	0.088	0.083	0.079	0.076	0.074	0.072	0.071	0.070	0.069
	10kV	—	—	—	—	0.110	0.098	0.092	0.087	0.083	0.080	0.078	0.077	0.075	0.075
塑料电力电缆	1kV	0.100	0.093	0.091	0.087	0.082	0.075	0.073	0.071	0.070	0.070	0.070	0.070	0.070	0.070
	6kV	—	—	—	—	0.124	0.111	0.105	0.099	0.093	0.089	0.087	0.083	0.082	0.080
	10kV	—	—	—	—	0.133	0.120	0.113	0.107	0.101	0.096	0.095	0.093	0.090	0.087

橡皮绝缘电线明敷的载流量（A）（$\theta=65℃$）　　　　　　附表Ⅱ-8

截面(mm²)	BLX、BLXF 铝芯				BX、BXF 铜芯			
	25℃	30℃	35℃	40℃	25℃	30℃	35℃	40℃
1					21	19	18	16
1.5					27	25	23	21
2.5	27	25	23	21	35	32	30	27
4	35	32	30	27	45	42	38	35
6	45	42	38	35	58	54	50	45
10	65	60	56	51	85	79	73	67
16	85	79	73	67	110	102	95	87
25	110	102	95	87	145	135	125	114
35	138	129	119	109	180	168	155	142
50	175	163	151	138	230	215	198	181
70	220	206	190	174	285	266	246	225
95	256	247	229	209	345	322	298	272
120	310	289	268	245	400	374	346	316
150	360	336	311	284	470	439	406	371
185	420	392	363	332	540	504	467	427
240	510	473	441	403	660	617	570	522

注：θ 表示线芯允许长期工作温度，其他温度表示敷设处环境温度。

氯乙烯绝缘电线明敷的载流量（A）($\theta=65℃$）　　附表 II-9

截面 (mm²)	BLV 铝芯				BV、BVR 铜芯			
	25℃	30℃	35℃	40℃	25℃	30℃	35℃	40℃
1.0					19	17	16	15
1.5	18	16	15	14	24	22	20	18
2.5	25	23	21	19	32	29	27	25
4	32	29	27	25	42	39	36	33
6	42	39	36	33	55	51	47	43
10	59	55	51	46	75	70	64	59
16	80	74	69	63	105	98	90	83
25	105	98	90	83	138	129	119	109
35	130	121	112	102	170	158	147	134
50	165	154	142	130	215	201	185	170
70	205	191	177	162	265	247	229	209
95	250	233	216	197	325	303	281	251
120	285	266	246	225	375	350	324	296
150	325	303	281	257	430	402	371	340
185	380	355	328	300	490	458	423	387

聚氯乙烯绝缘电线穿钢管敷设的载流量（A）($\theta=65℃$）　　附表 II-10

	截面 (mm²)	二根单芯				管径(mm)		三根单芯				管径(mm)		四根单芯				管径(mm)	
		25℃	30℃	35℃	40℃	ST	DG	25℃	30℃	35℃	40℃	G	DG	25℃	30℃	35℃	40℃	G	DG
BLV 铝芯	2.5	20	18	17	15	15	15	18	16	15	14	15	15	15	14	12	11	15	15
	4	27	25	23	21	15	15	24	22	20	18	15	15	22	20	19	17	15	20
	6	35	32	30	27	15	20	32	29	27	25	15	20	28	26	24	22	20	25
	10	49	45	42	38	20	25	44	41	38	34	20	25	38	35	32	30	25	25
	16	63	58	54	49	25	25	56	52	48	44	25	32	50	46	43	39	25	32
	25	80	74	69	63	25	32	70	65	60	55	32	32	65	60	50	51	32	40
	35	100	93	86	79	32	40	90	74	77	71	40	40	80	74	69	63	32	(50)
	50	125	116	108	98	32	50	110	102	95	87	50	(50)	100	93	86	79	50	(50)
	70	155	144	134	122	50	50	143	133	123	113	50	(50)	127	118	109	100	50	
	95	190	177	164	150	(50)	(50)	127	118	109	100	50		152	142	131	120	70	
	120	220	205	190	174	(50)	(50)	195	182	168	154	70		172	160	148	136	70	
	150	250	233	216	197	(50)	(50)	225	210	194	177	70		200	187	173	158	70	
	185	285	266	246	225			255	238	220	201	70		230	215	198	181	80	
BV 铜芯	1.0	14	13	12	11	15	15	13	12	11	10	15	15	11	10	9	8	15	15
	1.5	19	17	16	15	15	15	17	15	14	13	15	15	16	14	13	12	15	15
	2.5	26	24	22	20	15	15	24	22	20	18	15	15	22	20	19	17	15	15
	4	35	32	30	27	15	15	31	28	26	24	15	15	28	26	24	22	15	20
	6	47	43	40	37	15	20	41	38	35	32	15	20	37	34	32	29	20	25
	10	65	60	56	51	20	25	57	53	49	45	20	25	50	46	43	39	25	25
	16	82	76	70	64	25	25	73	68	63	57	25	32	65	60	56	51	25	32
	25	107	100	92	84	25	32	88	82	75	32	32		85	79	73	67	32	40
	35	133	124	115	105	32	40	115	107	99	90	32	40	105	98	90	83	32	(50)
	50	165	154	142	130	32	(50)	146	136	126	115	40	(50)	130	121	112	102	50	(50)
	70	205	191	177	162	50	(50)	183	171	158	144	50	(50)	165	154	142	130	50	
	95	250	233	216	197	50	(50)	225	210	194	177	50		200	187	173	158	70	
	120	290	271	250	229	50	(50)	260	243	224	205	50		230	215	198	181	70	
	150	330	308	285	261	70	(50)	300	280	259	237	70		265	247	229	209	70	
	185	380	355	328	300	70		340	317	294	268	70		300	280	259	237	80	

聚氯乙烯绝缘电线穿硬塑料管敷设的载流量（A）($\theta=65$℃） 附表 II-11

截面(mm²)		二根单芯				管径(mm)	三根单芯				管径(mm)	四根单芯				管径(mm)
		25℃	30℃	35℃	40℃		25℃	30℃	35℃	40℃		25℃	30℃	35℃	40℃	
BLV 铝芯	2.5	18	16	15	14	15	16	14	13	12	15	14	13	12	11	20
	4	24	22	20	18	20	22	20	19	17	20	19	17	16	15	20
	6	31	28	26	24	20	27	25	23	21	20	25	23	21	19	25
	10	42	39	36	33	25	38	35	32	30	25	33	30	28	26	32
	16	55	51	47	43	32	49	45	42	38	32	44	42	38	34	32
	25	73	68	63	57	32	65	60	56	51	40	57	53	49	45	40
	35	90	84	77	71	40	80	74	69	63	40	70	65	60	55	50
	50	114	106	98	90	50	102	95	88	80	50	90	34	77	71	63
	70	145	135	126	114	50	130	121	112	102	50	115	107	99	90	63
	95	175	165	161	138	63	158	147	136	124	63	140	130	121	110	75
	120	200	187	173	158	63	180	168	155	142	63	160	149	138	126	75
	150	230	215	198	181	75	207	193	179	160	75	185	172	160	146	75
	185	265	247	229	209	75	235	219	209	185	75	212	198	183	167	90
BV 铜芯	1.0	12	11	10	9	15	11	10	9	8	15	10	9	8	7	15
	1.5	16	14	13	12	15	15	14	12	11	15	13	12	11	10	15
	2.5	24	22	20	18	15	21	19	18	16	15	19	17	16	15	20
	4	31	28	26	24	20	28	26	24	22	20	25	23	21	18	20
	6	41	38	35	32	20	36	33	31	28	20	32	29	27	25	25
	10	56	52	48	44	25	49	45	42	38	25	44	41	38	34	32
	16	72	67	62	56	32	65	60	56	51	32	57	53	49	45	32
	25	95	88	82	75	32	85	79	73	67	40	75	70	64	59	40
	35	120	112	103	94	40	105	98	90	83	40	93	86	80	73	50
	50	150	140	129	118	50	132	123	114	104	50	117	109	101	92	63
	70	185	172	160	146	50	167	156	144	130	50	148	138	128	117	63
	95	230	215	198	181	63	205	191	177	162	63	185	172	160	146	75
	120	270	252	233	213	63	240	224	207	189	63	215	201	185	172	75
	150	305	285	263	240	75	275	257	237	217	75	250	233	216	197	75
	185	355	331	307	280	75	310	289	268	245	75	280	261	242	221	90

注：硬塑料管规格根据HG2-63-65，并采用轻型管，管径指内径。

6～35kV 型 YJV 电缆明敷和埋地敷设时的载流量（单位：A）　　附表 II-12

电压等级	6/6kV，8.7/10kV			26/35kV		6/6kV，8.7/10kV				26/35kV	
电缆芯数	3芯			单芯	3芯			单芯		3芯	单芯
敷设方式	E 类：多芯电缆敷设在自由空气中或在有孔托盘、梯架上					D 类：多芯电缆直接埋地或穿管埋地敷设					
导体工作温度	90℃										
芯线截面（mm²）	不同环境温度的载流量										
	25℃	30℃	35℃	30℃	30℃	30℃	20℃	25℃	30℃	25℃	25℃
35	173	166	159	237		129	124	120	149		
50	210	202	194	289	179	256	183	147	142	176	128	154
70	265	255	245	371	229	328	190	182	176	218	159	191
95	322	310	298	452	277	400	224	215	208	258	189	217
120	369	355	341	525	322	465	255	245	237	294	214	246
150	422	406	390	606	371	537	289	277	268	332	242	278
185	480	462	444	694	424	615	323	310	300	372	272	313
240	567	545	523	819	500	725	375	360	349	421	314	361
300	660	635	610	947	577	839	425	408	395	477	353	406
400	742	713	684	1 139	651	1 009	463	444	430	515	397	457

注：1. 此表摘自《工业与民用配电设计手册》（第三版）。
2. 当电缆采用无孔托盘明敷时，表中载流量乘以 0.93。
3. 埋地敷设时，设土壤热阻系数为 2.5K·m/W。

0.6/1kV 型 YJV 电缆明敷和埋地敷设时的载流量（单位：A）　　附表 II-13

电缆带负荷芯数		3～4 芯				3～4 芯			单 芯		
敷设方式		E 类：多芯电缆敷设在自由空气中或在有孔托盘、梯架上				D 类：多芯电缆直接埋地或穿管埋地敷设			F 类：单芯电缆相互接触敷设在自由空气中或在有孔托盘、梯架上		
导体工作温度		90℃									
芯线截面（mm²）		不同环境温度的载流量									
相线	中性线	25℃	30℃	35℃	40℃	20℃	25℃	30℃	25℃	30℃	35℃	40℃
1.5		24	23	22	21	22	21	20				
2.5		33	32	29	29	29	28	27				
4	4	44	42	40	38	37	36	34				
6	6	56	54	52	49	46	44	43				
10	10	78	75	72	68	61	59	57				
16	16	104	100	96	91	79	76	73				
25	16	132	127	122	116	101	97	94	147	141	135	128
35	16	164	158	152	144	122	117	113	183	176	169	160

续上表

相线	中性线	25℃	30℃	35℃	40℃	20℃	25℃	30℃	25℃	30℃	35℃	40℃
50	25	210	192	184	175	144	138	134	225	216	207	197
70	35	269	246	236	224	178	171	166	290	279	268	254
95	50	326	298	286	271	211	203	196	356	342	328	311
120	70	378	346	332	315	240	230	223	416	400	384	364
150	70	436	399	383	363	271	260	252	483	464	445	422
185	95	498	456	438	415	304	292	283	554	533	512	485
240	120	588	538	516	490	351	337	326	659	634	609	585
300	150	678	621	596	565	396	380	368	765	736	707	670
400									903	868	833	790
500									1 038	998	958	908
630									1 197	1 151	1 105	1 047

注：1. 此表根据GB/T16 895.15—2002第523节布线系统载流量编制或根据其计算得出。
2. 当电缆靠墙明敷时，表中载流量乘以0.94。
3. 单芯电缆有间距垂直排列明敷时，表中载流量乘以0.9。
4. 埋地敷设时，设土壤热阻系数为2.5K·m/W。

0.6/1kV型铜芯聚氯乙烯绝缘电力电缆(VV)明敷和埋地敷设时的载流量（单位：A）

附表Ⅱ-14

电缆带负荷芯数		3～4芯				单 芯						
敷设方式		E类：多芯电缆敷设在自由空气中或在有孔托盘、梯架上				D类：多芯电缆直接埋地或穿管埋地敷设			F类：单芯电缆相互接触敷设在自由空气中或在有孔托盘、梯架上			
导体工作温度		70℃										
芯线截面(mm²)		不同环境温度的载流量										
相线	中性线	25℃	30℃	35℃	40℃	20℃	25℃	30℃	25℃	30℃	35℃	40℃
1.5		20	18	17	16	18	17	16				
2.5		27	25	24	22	24	23	21				
4	4	36	34	32	30	31	29	28				
6	6	46	43	40	37	39	37	35				
10	10	64	60	56	52	52	49	46				
16	16	85	80	75	70	67	64	60				
25	16	107	101	95	88	86	82	77	117	110	103	96
35	16	134	126	118	110	103	98	92	145	137	129	119
50	25	162	153	144	133	122	116	109	177	167	157	145
70	35	208	196	184	171	151	143	134	229	216	203	188
95	50	252	238	224	207	179	170	159	280	264	248	230
120	70	293	276	259	240	203	193	181	326	308	290	268
150	70	338	319	300	278	230	219	205	377	356	335	310

续上表

相线	中性线	25℃	30℃	35℃	40℃	20℃	25℃	30℃	25℃	30℃	35℃	40℃
185	95	386	364	342	317	258	245	230	434	409	384	356
240	120	456	430	404	374	298	283	265	514	485	456	422
300	150	527	497	467	432	336	319	299	595	561	527	488
400									695	656	617	571
500									794	749	704	652
630									906	855	804	744

注：1. 此表根据 GB/T16 895.15—2002 第 523 节布线系统载流量编制或根据其计算得出。
2. 当电缆靠墙明敷时，表中载流量乘以 0.94。
3. 单芯电缆有间距垂直排列明敷时，表中载流量乘以 0.9。
4. 埋地敷设时，设土壤热阻系数为 2.5K·m/W。

LJ 型裸铝绞线和 LGJ 钢芯铝绞线的载流量（A）($\theta=70℃$）　　附表 II-15

截面 (mm²)	LJ 型								LGJ 型			
	室 内				室 外				室 外			
	25℃	30℃	35℃	40℃	25℃	30℃	35℃	40℃	25℃	30℃	35℃	40℃
10	55	52	48	45	75	70	66	61				
16	80	75	70	65	105	99	92	85	105	98	92	85
25	110	103	97	89	135	127	119	109	135	127	119	109
35	135	127	119	109	170	160	150	138	170	159	149	137
50	170	160	150	138	215	202	189	174	220	207	193	178
70	215	202	189	174	265	249	233	215	275	259	228	222
95	260	244	229	211	325	305	286	247	335	315	295	272
120	310	292	273	251	375	352	330	304	380	357	335	307
150	370	348	326	300	440	414	387	356	445	418	391	360
185	425	400	374	344	500	470	440	405	515	484	453	416
240					610	574	536	494	610	574	536	494
300					680	640	597	550	700	658	615	566

单片母线的载流量（A）($\theta=70℃$）　　附表 II-16

母线尺寸 宽×厚 (mm)	铝								铜							
	交 流				直 流				交 流				直 流			
	25℃	30℃	35℃	40℃	25℃	30℃	35℃	40℃	25℃	30℃	35℃	40℃	25℃	30℃	35℃	40℃
15×3	165	155	145	134	165	155	145	134	210	197	185	170	210	197	185	170
20×3	215	202	189	174	215	202	189	174	275	258	242	223	275	258	242	223
25×3	265	249	233	215	265	249	233	215	340	320	299	276	340	320	299	276
30×4	365	343	321	296	370	348	326	300	475	446	418	385	475	446	418	385
40×4	480	451	422	389	480	451	422	389	625	587	550	506	625	587	550	506

续上表

母线尺寸 宽×厚 (mm)	铝							铜						
	交流				直流				交流			直流		
	25℃	30℃	35℃	40℃	25℃	30℃	35℃	40℃	25℃	30℃	35℃	40℃	25℃	30℃	35℃	40℃
40×5	540	507	475	438	545	512	480	446	700	659	615	567	705	664	620	571
50×5	665	625	585	539	670	630	590	543	860	809	756	697	870	818	765	705
50×6	740	695	651	600	745	700	655	604	955	898	840	774	960	902	845	778
60×6	870	818	765	705	880	827	775	713	1 125	1 056	990	912	1 145	1 079	1 010	928
80×6	1 150	1 080	1 010	932	1 170	1 100	1 030	950	1 480	1 390	1 300	1 200	1 510	1 420	1 330	1 225
100×6	1 425	1 340	1 255	1 155	1 455	1 368	1 280	1 180	1 810	1 700	1 590	1 470	1 875	1 760	1 650	1 520
60×8	1 025	965	902	831	1 040	977	915	844	1 320	1 240	1 160	1 070	1 345	1 265	1 185	1 090
80×8	1 320	1 240	1 160	1 070	1 355	1 274	1 192	1 100	1 690	1 590	1 490	1 370	1 755	1 650	1 545	1 420
100×8	1 625	1 530	1 430	1 315	1 690	1 590	1 488	1 370	2 080	1 955	1 830	1 685	2 180	2 050	1 920	1 770
120×8	1 900	1 785	1 670	1540	2 040	1 918	1 795	1 655	2 400	2 255	2 110	1 945	2 600	2 415	2 290	2 105
60×10	1 155	1 085	1 016	936	1 180	1 110	1 040	956	1 475	1 388	1 300	1 195	1 525	1 432	1 340	1 235
80×10	1 480	1 390	1 300	1 200	1 540	1 450	1 355	1 250	1 900	1 786	1 670	1 540	1 990	1 870	1 750	1 610
100×10	1 820	1 710	1 600	1 475	1 910	1 795	1 680	1 550	2 310	2 170	2 030	1 870	2 470	2 320	2 175	2 000
120×10	2 070	1 945	1 820	1 680	2 300	2 160	2 020	1 865	2 650	2 490	2 330	2 150	2 950	2 710	2 595	2 390

注：本表中系母线立放的数据。当母线平放且宽度≤60mm时，表中数据应乘以0.95，>60mm时应乘以0.92。

2～3片组合涂漆母线的载流量（A）（$\theta=70℃$）　　　　　　　附表Ⅱ-17

母线尺寸 宽×厚 (mm)	铝				铜			
	交流		直流		交流		直流	
	2片	3片	2片	3片	2片	3片	2片	3片
40×4			855				1 090	
40×5			965				1 250	
50×5			1 180				1 525	
50×6			1 315				1 700	
60×6	1 350	1 720	1 555	1 940	1 740	2 240	1 990	2 495
80×6	1 630	2 100	2 055	2 460	2 110	2 720	2 630	3 220
100×6	1 935	2 500	2 515	3 040	2 470	3 170	3 245	3 940
60×8	1 680	2 180	1 840	2 330	2 160	2 790	2 485	3 020
80×8	2 040	2 620	2 400	2 975	2 620	3 370	3 095	3 850
100×8	2 390	3 050	2 945	3 620	3 060	3 930	3 810	4 690
120×8	2 650	3 380	3 350	4 250	3 400	4 340	4 400	5 600
60×10	2 010	2 650	2 110	2 720	2 560	3 300	2 725	3 530
80×10	2 410	3 100	2 735	3 440	3 100	3 990	3 510	4 450
100×10	2 860	3 650	3 350	4 160	3 610	4 650	4 325	5 385
120×10	3 200	4 200	3 900	4 860	4 200	5 200	5 000	6 250

注：本表系母线立放的数据，母线间距等于厚度。

多片组合涂漆母线的载流量（A）($\theta=70$℃)　　　附表 II-18

母线尺寸 宽×厚 (mm)		交流					直流			
		4片	5片	6片	7片	8片	4片	5片	6片	7片	8片
铝	100×10	4 150	4 989	5 604	6 029	6 656	5 650	7 040	8 313	9 584	10 854
	120×10	4 650	5 749	5771	7 118	7 681	6 500	8 290	9 770	11 259	12 735
铜	100×10	5 300	5 852	6 454	7 086	7 608	7 250	8 970	10 591	12 211	13 830
	120×10	5 900	6 615	7 433	7 954	8 482	8 350	10 540	12 423	14 316	16 193

注：本表数据为计算数据，供参考。计算条件为母线立放，间距10mm，母线采用焊接连接。若为螺栓连接则表中数据应乘以 0.95。

部分 6～10kV 电力变压器技术数据　　　附表 II-19

型　号	额定容量 (kVA)	额定电压 (kV)	联结组号	空载损耗 (kW)	短路损耗 (kW)	空载电流 (%)	短路阻抗 (%)	备注
SC10-100/10	100			0.395	1.42	1.6		
SC10-160/10	160			0.54	1.91	1.5		
SC10-200/10	200			0.62	2.27	1.3		
SC10-250/10	250			0.71	2.48	1.3	4	
SC10-315/10	315			0.81	3.13	1.2		干式C-"成"型固体浇注式
SC10-400/10	400			0.97	3.60	1.1		
SC10-500/10	500			1.17	4.40	1.0		
SC10-630/10	630			1.30	5.37	0.9		
SC10-800/10	800	高压 11,10.5, 10,6.3,6 低压 0.4	Yyn0 或 Dyn11	1.53	6.27	0.8		
SC10-1 000/10	1 000			1.77	7.32	0.6	6	
SC10-1 200/10	1 250			2.10	8.19	0.5		
SC10-1 600/10	1 600			2.42	10.56	0.4		
S11-M-100/10	100			0.20	1.5	1.6		
S11-M-160/10	160			0.28	2.2	1.4		
S11-M-200/10	200			0.34	2.6	1.3		
S11-M-250/10	250			0.40	3.05	1.2	4	
S11-M-315/10	315			0.48	3.65	1.1		
S11-M-400/10	400			0.57	4.30	1.0		油浸 M-密封式
S11-M-500/10	500			0.68	5.1	1.0		
S11-M-630/10	630			0.81	6.2	0.9		
S11-M-800/10	800			0.98	7.5	0.8	4.5	
S11-M-1 000/10	1 000			1.15	10.3	0.7		
S11-M-1 250/10	1 250			1.36	12.0	0.6		
SH15-M-100/10	100			0.075	1.50	1.0	4	

续上表

型 号	额定容量 (kVA)	额定电压 (kV)	联结组号	空载损耗 (kW)	短路损耗 (kW)	空载电流 (%)	短路阻抗 (%)	备注
SH15-M-160/10	160	高压 11,10.5, 10,6.3,6 低压 0.4	Yyn0 或 Dyn11	0.10	2.20	0.7	4	H-非晶合金油浸 M-密封式
SH15-M-200/10	200			0.12	2.60	0.7		
SH15-M-250/10	250			0.14	3.05	0.7		
SH15-M-315/10	315			0.17	3.65	0.5		
SH15-M-400/10	400			0.20	4.30	0.5		
SH15-M-500/10	500			0.24	5.15	0.5		
SH15-M-630/10	630			0.32	6.20	0.30		
SH15-M-800/10	800			0.35	7.50	0.30		
SH15-M-1 000/10	1 000			0.45	10.30	0.30	4.5	
SH15-M-1 250/10	1 250			0.53	12.00	0.20		
SH15-M-1 600/10	1 600			0.63	14.50	0.20		

高压断路器技术数据　　　　　　　　　　　　　　附表 II-20

型 号	额定电压 (kV)	额定电流 (A)	额定开断电流 (kA)	极限通过电流峰值 (kA)	热稳定电流 (kA)	固有分闸时间 (s)	合闸时间 (s)	类别
SN10-10I		630、1 000	16	40	16(4s)	≤0.06	≤0.2	少油户内
SN10-10II		1 000	31.5	80	31.5(2s)			
SN10-10III		1 250、2 000、3 000	40	125	40(4s)			
ZN5-12		630	20	50	20(4s)	≤0.05		真空户内
		1 000、1 250	25	63	25(4s)			
ZN12-12		1 250、1 600、2 000、2 500	31.5	80、100	31.5(4s)	≤0.065	≤0.1	
	12	1 600、2 000、3 150	40	100、130	40(4s)			
		1 600、2 000、3 150	50	125、140	50(3s)			
ZN28-12		630	20	50	20(4s)	≤0.06		
		1 250	25	63	25(4s)			
		1 250、1 600、2 000	31.5	80	31.5(4s)			
		2 500、3 150	40	100	40(4s)			
ZW1-12 ZW8-12		630	6.3	16	6.3(4s)			真空户外
			12.5	31.5	12.5(4s)			
			16	40	16(4s)			
			20	50	20(4s)			
ZW20-12		400	16	40	16(4s)			
		630	20	50	20(4s)			
LN2-12		1 250	31.5	80	31.5(4s)	≤0.06	≤0.15	SF6户内

续上表

型号	额定电压(kV)	额定电流(A)	额定开断电流(kA)	极限通过电流峰值(kA)	热稳定电流(kA)	固有分闸时间(s)	合闸时间(s)	类别
LW3-12		400、630、1 250	12.5	31.5	12.5(4s)			SF6 户外
			16	40	16(4s)			
			20	50	20(4s)			
ZN12-40.5		1 250、1 600	25	63	25(4s)			真空户内
ZN39-40.5		2 000	31.5	80	31.5(4s)			
ZW7-40.5	40.5	1 250、1 600	25	63	25(4s)	≤0.06	≤0.15	真空户外
ZW□-40.5		2 000	31.5	80	31.5(4s)	≤0.085		
LN2-40.5		1 600	25	63	25(4s)		≤0.15	SF6 户内
LW8-40.5		1 600、2 000	25	63	25(4s)	≤0.06	≤0.1	
			31.5	80	31.5(4s)			
LW33-126		3 150	31.5	80	31.5(4s)	≤0.03	≤0.1	SF6 户外
LW35-126	126	3 150	40	100	40(4s)			
LW36-126		3 150	40	100	40(4s)			
LW10B-252		3 150	50	125	50(3s)			
LW11-252	252	4 000	50	125	50(3s)			
LW15-252		3 150	40	1 000	40(3s)			
		4 000	50	125	50(3s)			

电压互感器主要技术数据　　附表Ⅱ-21

型号	额定电压(kV)			额定容量(VA)(cos φ=0.9)			最大容量(VA)	备注
	一次线圈	二次线圈	辅助线圈	0.5级	1级	3级		
JDG-0.5	0.22	0.1		25	40	100	200	
JDG4-0.5	0.5	0.1		15	25	50	100	
JDJ-6	6	0.1		50	80	200	40	
JDJ-10	10	0.1		80	150	320	640	
JDJ-35	35	0.1		150	250	600	1 200	
JDZ-6	$6/\sqrt{3}$	$0.1/\sqrt{3}$		50	80	200	300	单相干式
JDZ-10	$10/\sqrt{3}$	$0.1/\sqrt{3}$		80	120	300	500	
JDZJ-6	$6/\sqrt{3}$	$0.1/\sqrt{3}$	0.1/3	50	80	200	400	
JDZJ-10	$10/\sqrt{3}$	$0.1/\sqrt{3}$	0.1/3	50	80	200	400	
JDZJ-35	$35/\sqrt{3}$	$0.1/\sqrt{3}$	0.1/3	150	250	500	1 000	

续上表

型号	额定电压(kV)			额定容量(VA)(cosφ=0.9)			最大容量(VA)	备注
	一次线圈	二次线圈	辅助线圈	0.5级	1级	3级		
JSZW-6	6/$\sqrt{3}$	0.1/$\sqrt{3}$	0.1/3	90	150	300	600	三相干式
JSZW-10	10/$\sqrt{3}$	0.1/$\sqrt{3}$	0.1/3	90	150	300	600	
JSJW-6	6/$\sqrt{3}$	0.1/$\sqrt{3}$	0.1/3	80	150	320	640	三相油浸式
JSJW-10	10/$\sqrt{3}$	0.1/$\sqrt{3}$	0.1/3	120	200	480	960	
JSJW-35	35/$\sqrt{3}$	0.1/$\sqrt{3}$	0.1/3	150	250	600	1 000	
JCC1-110	110/$\sqrt{3}$	0.1/$\sqrt{3}$	0.1/3	500	1 000		2 000	串级式
JCC2-110	110/$\sqrt{3}$	0.1/$\sqrt{3}$	0.1	500	1 000		2 000	
JCC2-220	220/$\sqrt{3}$	0.1/$\sqrt{3}$	0.1	500	1 000		2 000	
YDR-110	110/$\sqrt{3}$	0.1/$\sqrt{3}$	0.1	220	440		1 200	电容式
YDR-220	220/$\sqrt{3}$	0.1/$\sqrt{3}$	0.1	220	440		1 200	

电流互感器主要技术数据　　附表Ⅱ-22

型号	额定一次电流(A)	级次组合	额定二次负荷(Ω)				1s热稳定		动稳定	
			0.5级	1级	3级	B、D级	电流(kA)	倍数	电流(kA)	倍数
LMZ1-0.5	5~300	0.5/3 1/3	0.2	0.3						
	400~600		0.2	0.4						
LMZJ1-0.5	15~800	0.5/3 1/3	0.4	0.6						
	1 000~5 000		0.6	0.8	2.0					
LA-10	5~200	0.5/3 1/3	0.4					90		160
	300~400		0.4					75		135
	500				0.6			60		110
	600~1 000							50		90
LAJ-10 LBJ-10	20~200	0.5/D 1/D D/D	0.6	1.0		0.6		120		215
	400		0.8	1.0		0.8		75		135
	600~800		1.0	1.0		0.8		50		90
	1 000~1 500		1.2	1.6		1.0		50		90
	2 000~6 000		2.4	2.0		2.0		50		90
LDZJ1-10	600~1 500	0.5/3 1/3 0.5/D D/D	1.6	1.6 1.2		1.6		50		90

续上表

型号	额定一次电流(A)	级次组合	额定二次负荷(Ω)				1s热稳定		动稳定	
			0.5级	1级	3级	B、D级	电流(kA)	倍数	电流(kA)	倍数
LDZB6-10	400~500	0.5/B	0.8			1.2	31.5		80	
LQJ-10	5~100 150~400	0.5/3 1/3 0.5/D 1/D	0.4	0.6 0.4	0.6			90 75		225 160
LCW-35	15~1000	0.5/B	2		2			45		115
LCW-110	(2×50)~(2×300)	0.5/1	1.2	1.2				75		150
LCW-220	4×300	0.5/D D/D	2			1.2		60		

部分万能式低压断路器技术数据　　　　　　附表Ⅱ-23

型号	脱扣器额定电流(A)	长延时动作整定电流(A)	短延时动作整定电流(A)	瞬时动过额定电流(A)	单相接地短路故障电流(A)	分断能力	
						电流(kA)	cosφ
DW15-200	100	64~100	300~1000	300~1000 800~2000	—	20	0.35
	150	98~150	—	—			
	200	128~200	600~2000	600~2000 1600~4000			
DW15-400	200	128~200	600~2000	600~2000 1600~4000	—	25	0.35
	300	192~300					
	400	256~400	1200~4000	3200~8000			
DW15-600	300	192~300	900~3000	900~3000 1400~6000	—	30	0.35
	400	256~400	1200~4000	1200~4000 3200~8000			
	600	384~600	1800~6000				
DW15-1000	600	420~600	1800~6000	6000~12000	—	40(短延时30)	0.35
	800	560~800	2400~8000	8000~16000			
	1000	700~1000	3000~10000	10000~20000			
DW15-1500	1500	1050~1500	4500~15000	15000~30000			
DW15-2500	1500	1050~1500	4500~9000	10500~21000	—	60(短延时40)	0.2(短延时0.25)
	2000	1400~2000	6000~12000	14000~28000			
	2500	1750~2500	7500~15000	17500~35000			

续上表

型号	脱扣器额定电流(A)	长延时动作整定电流(A)	短延时动作整定电流(A)	瞬时动过额定电流(A)	单相接地短路故障电流(A)	分断能力 电流(kA)	$\cos\varphi$
DW15-4 000	2 500	1 750~2 500	7 500~15 000	17 500~35 000		80(短延时60)	0.2
	3 000	2 100~3 000	9 000~18 000	21 000~42 000			
	4 000	2 800~4 000	12 000~24 000	28 000~56 000			
DW16-630	100	64~100	—	300~600	50	30(380 V) 20(630 V)	0.25(380 V) 0.3(660 V)
	160	102~160		480~960	80		
	200	128~200		600~1 200	100		
	250	160~250		750~1 500	125		
	315	202~315		945~1 890	158		
	400	256~400		1 200~2 400	200		
	630	403~630		1 890~3 780	315		
DW16-2 000	800	512~800	—	2 400~4 800	400	50	—
	1 000	640~1 000		3 000~6 000	500		
	1 600	1 024~1 600		4 800~9 600	800		
	2 000	1 280~2 000		6 000~12 000	1 000		
DW16-4 000	2 500	1 400~2 500	—	7 500~15 000	1 250	80	—
	3 200	2 048~3 200		9 600~19 200	1 600		
	4 000	2 560~4 000		12 000~24 000	2 000		
DW17-630 (ME630)	630	200~400 350~630	3 000~5 000 5 000~8 000	1 000~2 000 1 500~3 000 2 000~4 000 4 000~8 000	—	50	0.25
DW17-800 (ME800)	800	200~400 350~630 500~800	3 000~5 000 5 000~8 000	1 500~3 000 2 000~4 000 4 000~8 000	—	50	0.25

部分塑料外壳式低压断路器技术数据　　　　附表 II-24

型号	壳架等级额定电流（A）	额定电流（A）	极数	额定极限短路分段能力 ~380 V (kA)	额定运行短路分段能力 ~380 V (kA)	瞬时脱扣器整定电流 配电用	瞬时脱扣器整定电流 保护电动机用
D20 Y-100	100	16,20,32,40,05,63,80,100	2、3	18	14	$10I_n \leqslant 40A$ 为 600A	$12I_n$
DZ20 J-100	100	16,20,32,40,05,63,80,100	2、3、4	35	18	$10I_n \leqslant 40A$ 为 600A	$12I_n$
D20 G-100	100	16,20,32,40,05,63,80,100	2、3	100	50	$10I_n \leqslant 40A$ 为 600A	$12I_n$
DZ20 H-100	100	16,20,32,40,05,63,80,100	2、3	35	18	$10I_n \leqslant 40A$ 为 600A	$12I_n$
DZ20 C-160	160	16,20,32,40,50,63,80,100,125,160	3	12		$10I_n$	—
DZ20 Y-200	200	63,80,100,125,160,180,200,225	2、3	25	18	$5I_n$ $10I_n$	$8I_n$ $12I_n$
DZ20 J-200	200	63,80,100,125,160,180,200,225	2、3、4	42	25	$5I_n$ $10I_n$	$8I_n$ $12I_n$
DZ20 G-200	200	63,80,100,125,160,180,200,225	2、3	100	50	$5I_n$ $10I_n$	$8I_n$ $12I_n$
DZ20 H-200	200	63,80,100,125,160,180,200,225	2、3	35	18	$5I_n$ $10I_n$	$8I_n$ $12I_n$
DZ20 C-250	250	100,125,160,180,220,225,250	3	15		$10I_n$	—
DZ20 C-400	400	100,125,160,180,220,225,250,315,350,400	3	20		$10I_n$	
D20 Y-400	400	200(Y)、250、315、350、400		30	23	$10I_n$	$12 I_n$
DZ20 J-400	400	200(Y)、250、315、350、400	2、3	50	25	$5I_n$	
DZ20 G-400	400	200(Y)、250、315、350、400		100	50	$10I_n$	
DZ20 C-630	630	250、315、350、400、500、630	3	20		$5I_n$ $10I_n$	
D20 Y-630	630	250、315、350、400、500、630	2、3	30	23	$5I_n$ $10I_n$	
DZ20 J-630	630	250、315、350、400、500、630	2、3、4	50	25	$5I_n$ $10I_n$	
DZ20 H-630	630	250、315、350、400、500、630	3	50	25	$5I_n$ $10I_n$	
DZ20 J-1 250	1 250	630、700、800、1 000、1 250	2、3	50	38	$4I_n$ $7I_n$	—
D20 H-250	1 250	630、700、800、1 000、1 250		65	38	$4I_n$ $7I_n$	—

附录Ⅲ 建筑供配电系统设计工程实例部分图纸

建筑供配电系统设计工程实例图纸见附图Ⅲ-1～附图Ⅲ-14。

附图Ⅲ-1 变电所高压电气主接线系统

附图Ⅲ-2 变电所低压侧电气主接线系统图（一）

附图Ⅲ-3 变电所低压侧电气主接线系统（二）

开关柜编号									AA9
开关柜型号				AA8					MNS(BWL3)-0.4
				MNS(BWL3)-0.4					
回路编号	WPE3S	WPE4S	WPE7S	WPE8S	WPE1S	WPE2S	WPE5S	WPE6S	WPE9S	WPE10S	
变压器容量(kW)	8	11	9.5	11.5	20	25.9	26	51.8	90	140.8	12×20kvar
计算电流(A)	15.2	20.9	18.1	21.9	38.0	56.2	49.4	95.6	187.7	250.8	346.4
蓄池电站 I_{r1}	$0.7I_n$	$0.8I_n$	$0.6I_n$	$0.6I_n$	$0.7I_n$	$0.8I_n$	$0.8I_n$	$0.8I_n$	$0.5I_n$	$0.5I_n$	
I_2,t_2	$5.5I_{r0},0.1s$	$5.5I_{r0},0.1s$	$5.5I_{r0},0.1s$	$5.5I_{r0},0.1s$	$5I_{r0},0.25s$	$5I_{r0},0.25s$	$5I_{r0},0.25s$	$5I_{r0},0.25s$	$8I_{r0},0.1s$	$8I_{r0},0.1s$	
电缆型号规格(mm²) ZB(NH)YJV-0.6/1	NHYJV-5×16	NHYJV-5×16	NHYJV-5×10	NHYJV-5×10	NHYJV-3×25+2×16	NHYJV-3×25+2×16	NHYJV-3×25+2×16	NHYJV-3×50+2×25	NHYJV-3×95+2×50	NHYJV-3×185+2×95	
电气测量方案	一相电流 CL48-AI	一相电流 CL48-AI	一相电流 CL48-AI	一相电流 CL48-AI	一相电流 CL48-AI	一相电流 CL48-AI	一相电流 CL48-AI	一相电流 CL48-AI	一相电流 CL48-AI	一相电流 CL48-AI	三相电流、电压、功率因数等 CL72-AI3/AV3/PF,各 CL72-AI3
用途	屋顶稳压泵	屋顶正压风机	地下室送风机	地下室排烟风机(备)	消防控制室(备)	消防电梯(备)	换转层正压风机(备)	换转层排烟风机(备)	喷淋泵及泵房井坑排污泵(备)	消火栓泵(备)	无功补偿
备注											
小室高度(mm)	200/2	200/2	200/2	200/2	200	200	200	200	200	400	
开关柜尺寸(mm)	W800×D1000×H2200										W800×D1000×H2200

附图Ⅲ-4 变电所低压侧电气主接线系统(三)

附图Ⅲ-5 变电所低压侧电气主接线系统(四)

左接AA12柜　　～230/400V　TMY-3[2(100×10)]+(100×10)　右接AA15柜

PE TMY-100×10

开关柜编号	AA13						
开关柜型号	MNSCBWL30-0.4						
回路编号			WLE1M	WLE2M	WLE3M	WLE4M	
容量 (kW)			40	39.5	12	10	
计算电流 (A)			67.6	66.7	20.3	16.9	
蓄电池 I_{r1}			$0.8I_n$	$0.8I_n$	$0.6I_n$	$0.6I_n$	
电站 I_{r2}, t_2 I_{r3}			$5I_n, 0.25s$	$5I_n, 0.25s$	$5I_n, 0.1s$	$5I_n, 0.1s$	
电缆型号规格 (mm²) ZB(NH)YJV-0.6/1			YFD-NHYJV 3×35+2×16	YFD-NHYJV 3×35+2×16	NHYJV-5×10	ZBYJV-5×10	
电气测量方案	三电流 CL72-AI3	一相电流 CL48-AI	一相电流 CL48-AI	一相电流 CL48-AI	一相电流 CL48-AI	一相电流 CL48-AI	一相电流 CL48-AI
用途	备用	备用	1-4层 应急照明	顶层,5-25层 转换层 应急照明	变电所所用电 (主)	地下室 应急照明 (主)	备用
备注							
小室高度 (mm)	400	200	200	200	200	200	200
开关柜尺寸 (mm)	W800×D1000×H2200						

开关柜编号	AA14						
开关柜型号	MNS(BVL3)-0.4						
回路编号	WP11M	WP9M	WP8M	WP7M	WP6M	WP10M	
容量 (kW)	30	51.9	51.8	25.9	66.6	10.4	
计算电流 (A)	57	95.6	95.6	56.2	94.0	14.8	
蓄电池 I_{r1}	$0.8I_n$	$0.8I_n$	$0.8I_n$	$0.8I_n$	$0.8I_n$	$0.6I_n$	
电站 I_{r2}, t_2 I_{r3}	$5I_n, 0.25s$	$6.5I_n, 0.25s$	$6.5I_n, 0.25s$	$5I_n, 0.25s$	$5.5I_n, 0.25s$	$5.5I_n, 0.1s$	
电缆型号规格 (mm²) ZB(NH)YJV-0.6/1	ZBYJV-3×35+2×16	ZBYJV-3×35+2×70+2×35	ZBYJV-3×35+2×70+2×35	ZBYJV-3×35+2×16	ZBYJV-3×70+2×35	NBYJV-5×10	
电气测量方案	一相电流 CL48-AI	一相电流 CL48-AI	一相电流 CL48-AI	一相电流 CL48-AI	一相电流 CL48-AI	一相电流 CL48-AI	一相电流 CL48-AI
用途	生活泵 (主)	乘客电梯 (主)	乘客电梯 (主)	商场乘客 电梯 (主)	商场自动 扶梯 (主)	地下室排 污泵	备用
备注	*	*	*	*	*	*	*
小室高度 (mm)	200	200	200	200	200	200/2	200/2
开关柜尺寸 (mm)	W800×D1000×H2200						

附图III-6　变电所低压侧电气主接线系统 (五)

附图III-7 变电所低压侧电气主接线系统(六)

附图III-8 变电所图设备布置及电力干线平面
(比例1：100)

附图 III-9 照明负荷配电干线系统图

附图Ⅲ-10 电力负荷配电干线系统图

附图 III-11 消防负荷配电干线系统图

注:
1. 本工程按第二类防雷建筑物设置防雷保护措施。采用φ10镀锌圆钢式利用金属栏杆做避雷带，φ10镀锌圆钢作避雷网。
2. 突出屋面的所有金属构件，金属通风管、屋顶风机等均应与避雷带可靠焊接。
3. 利用柱内两根主筋兼作防雷装置引下线，主体建筑12处，裙楼共10处。
4. 本工程主楼45m以上应采取防侧击和等电位的保护措施，具体做法见设计说明。
5. 防雷装置安装做法见国家标准建筑设计图集D501-1《建筑物防雷设施安装》。

附图 III-12 屋面防雷平面图

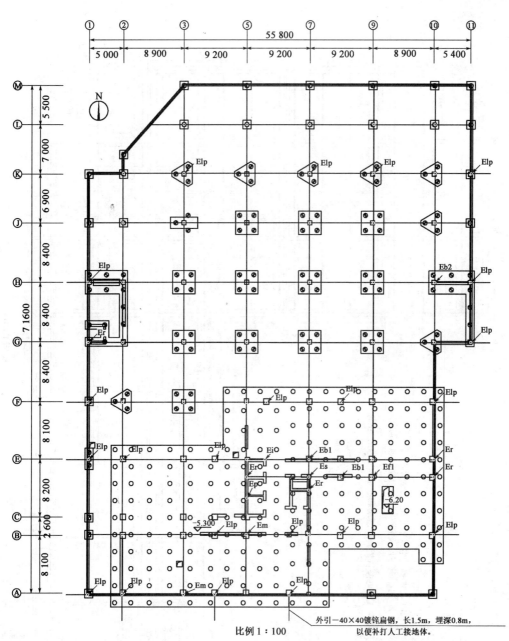

注:
1. 本工程电气装置系统工作接地、安全保护接地、雷电保护接地与建筑物电子信息系统接地采用共用接地系统。接地电阻要求不大于1Ω。
2. 本工程利用建筑物钢筋混凝土基础内的钢筋作自然接地体,将基础底板上下两层主筋沿建筑物外圈焊接成环形,并将主轴线上的基础梁及结构底板上下两层主筋相互焊接成作网状接地。
3. 各种接地引下线符号说明如下,做法见设计说明。
   Elp:防雷接地引下线; Er:电梯机房、LEB接地引下线; Ei:夹层空调机房、LEB接地引下线; Ef1:一层消防控制室内LEB接地引下线; Eb1:地下室水泵房LEB接地引下线; Eb2:地下室配电间内LEB接地引下线; Ep:各层强电井内LEB接地引下线; Es:各层弱电井内LEB接地引下线; Em:地下室变电所内MEB接地引下线
4. 接地装置安装做法见国家标准设计图集D501-3《利用建筑物金属体做防雷及接地装置安装》。

附图 III-13 接地平面图

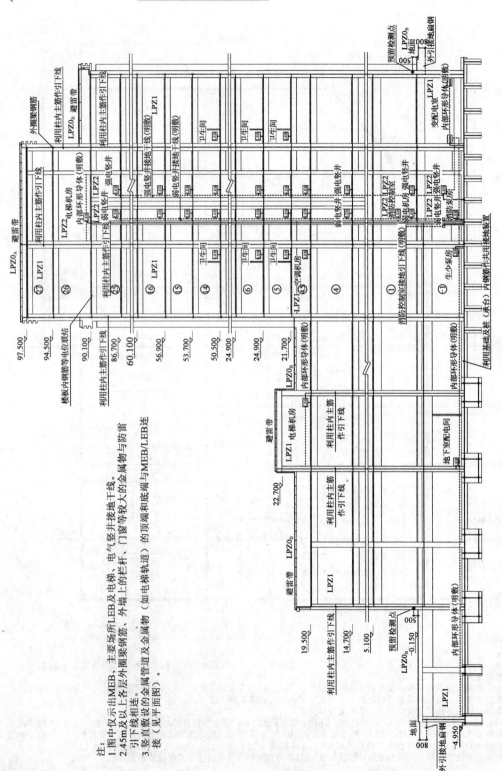

附图Ⅲ-14 综合防雷接地与等电位联结示意图

附录 IV 思考与练习题参考答案

第一章 建筑供配电系统设计基础

1-4　1T：一次绕组 10.5kV，二次绕组 38.5kV；2T：一次绕组 35kV，二次绕组 11kV；3T：一次绕组 10kV，二次绕组 0.40/0.23kV

1-5　发电机 G：10.5kV；2T：一次绕组 10.5kV，二次绕组 242kV；3T：一次绕组 220kV，第一个二次绕组 121kV，第二个二次绕组 11kV。

1-11　相接地电容电流为 38A，大于 30A，系统中性点应改为经消弧线圈接地。

第四章 负荷计算及无功功率补偿

4-6　负荷计算书见附表 IV-1。

题 4-6　负荷计算书　　　　　　　　　　　　　表 IV-1

设备	数量	总安装功率 (kW)	设备功率 P_e(kW)	K_d	$\cos\varphi$	$\tan\varphi$	P_c(kW)	Q_c(kvar)	S_c(kVA)	I_c(A)
机床	35	98	98	0.2	0.5	1.73	19.6	33.9	39.2	59.6
通风机	4	5	5	0.8	0.8	0.75	4	3	5	7.6
电炉	4	10	10	0.8	0.35	2.68	8	21.4	22.8	34.6
行车	2	10	10	1	0.5	1.73	10	17.3	20	30.4
电焊机	3	17.5 (ε=65%)	8.47	0.35	0.6	1.33	2.96	3.94	4.93	7.5
总计							44.56	79.54	91.17	138.5
总计当 $K_{\Sigma p}$=0.9 $K_{\Sigma q}$=0.95			131.47	0.31	0.47	1.88	40.1	75.56	85.54	130

4-7　负荷计算书见附表 IV-2。

题 4-7　负荷计算书　　　　　　　　　　　　　表 IV-2

设备	数量	各相总安装功率(kW)	设备功率 P_e(kW)	折算到三相的设备总功率	K_d	$\cos\varphi$	$\tan\varphi$	P_c (kW)	Q_c (kvar)	S_c (kVA)
220 V 单相	2	40	U：60	180	0.6	0.95	0.33	108	35.6	
	2	20	V：40							
	1	20	W：40							
380 V 单相 ε_N=65%	3	46	UV：78.2	228.6	0.5	0.6	1.33	114.3	152.0	
	2	51	VW：74.2							
	1	32	WU：66.9							
合计				408.6	0.54	0.76	0.84	222.3	187.6	290.9

4-8 $P_e=480$W, $K_d=0.45$, $\cos\varphi=0.8$, $\tan\varphi=0.75$, $P_c=216$kW, $S_c=270$kVA $Q_c=162$kvar, $I_c=410$A

4-9 $P_c=117$kW, $\cos\varphi=0.8$, $\tan\varphi=0.75$, $Q_c=87.75$kvar, $S_c=146.25$kVA, $I_c=222.2$A

4-10 每盏高压钠灯额定功率应计入功率损耗系数后为 0.6kW, $P_c=82$kW, $\cos\varphi=0.45$, $\tan\varphi=1.98$, $Q_c=162.4$kvar, $S_c=181.9$kVA, $I_c=276.4$A

4-12 $Q_{N.C}=497.8$kvar

4-14 负荷计算书见附表 IV-3。

题 4-14 负荷计算书   附表 IV-3

车间名称	用电设备名称	安装容量(kW)	K_d	$\cos\varphi$	$\tan\varphi$	P_c(kW)	Q_c(kvar)	S_c(kVA)
1#车间	车间工艺设备	250	0.7	0.75	0.88	175	154	
	空调、通风设备	78	0.8	0.8	0.75	62.4	46.8	
	车间照明	40	0.85	0.85	0.62	34	21.1	
	其他	50	0.6	0.7	1.02	30	30.6	
	合计	418				301.4	252.5	
2#车间	总计	736	0.8	0.8	0.75	588.8	441.6	
3#车间	总计	434	0.8	0.8	0.75	347.2	260.4	
全厂合计		1 588				1 237.4	954.5	
变配电所	计入同时系数 $K_{\Sigma p}=0.9$ $K_{\Sigma q}=0.95$			0.79	0.78	1 113.7	859.1	
	全厂低压无功功率补偿						−400	
	补偿后			0.92	0.43	1 113.7	459.1	1 204.6
	变压器损耗					12	60	
	高压侧			0.908		1 125.7	519.1	1 239.6
	变压器容量	选择两台 SCB9-800 kVA 干式电力变压器,平均负荷率 77%。						

第五章 短路电流及其计算

5-6 高压侧:$I''^{(3)}_{k-1}=I^{(3)}_{\infty k-1}=I^{(3)}_{k-1}=2$ kA, $i^{(3)}_{sh k-1}=5.1$ kA, $I^{(3)}_{sh k-1}=3$ kA, $S^{(3)}_{k-1}=36.5$ MVA
低压侧:$I''^{(3)}_{k-2}=I^{(3)}_{\infty k-2}=I^{(3)}_{k-2}=26$ kA, $i^{(3)}_{sh k-2}=66.3$ kA, $I^{(3)}_{sh k-2}=39.3$ kA, $S^{(3)}_{k-2}=18$ MVA

5-7 $I''^{(3)}_k=I^{(3)}_\infty=I^{(3)}_k=5.15$ kA, $i^{(3)}_{sh}=13.1$ kA, $I^{(3)}_{sh}=7.78$ kA, $S^{(3)}_k=56.2$ MVA

5-8 $I''^{(3)}_k=I^{(3)}_\infty=I^{(3)}_k=5.16$ kA, $i^{(3)}_{sh}=13.2$ kA, $I^{(3)}_{sh}=7.8$ kA, $S^{(3)}_k=56.3$ MVA

5-9 $I''^{(3)}_{k-1}=I^{(3)}_{\infty k-1}=I^{(3)}_{k-1}=10.8$ kA, $i^{(3)}_{sh k-1}=16.3$ kA, $I^{(3)}_{sh k-1}=27.5$ kA, $S^{(3)}_{k-1}=118.2$ MVA

5-10 $I''^{(3)}_{k-2}=I^{(3)}_{\infty k-2}=I^{(3)}_{k-2}=4.34$ kA, $i^{(3)}_{sh k-2}=11.1$ kA, $I^{(3)}_{sh k-2}=6.55$ kA, $S^{(3)}_{k-2}=47.4$ MVA

5-11 选择 50mm×5mm 的铝母线。$I_N=661A$，母线最大计算应力 $52.05×10^6$(Pa)。满足动热稳定性要求。

第六章 电气设备的选择与校验

6-5 高压断路器额定参数与计算数据比较见附表Ⅳ-4，高压隔离开关额定参数与计算数据比较见附表Ⅳ-5。

高压断路器额定参数与计算数据比较　　　　　　　　　　附表Ⅳ-4

设 备 参 数	ZN3-10 I-630	比较条件	计 算 数 据	
U_N(kV)	10	≥	U_N(kV)	10
I_N(A)	630	≥	I_{max}(A)	350
I_{oc}(kA)	8	≥	I_{kt}(kA)	2.8
$I_t^2 t$[(kA)².s]	8²×4=256	≥	$I_\infty^2 t$[(kA)².s]	7.84
i_{max}(kA)	20	≥	i_{sh}(kA)	7.14

高压隔离开关额定参数与计算数据比较　　　　　　　　　　附表Ⅳ-5

设 备 参 数	GN⁶-10 T/400	比较条件	计 算 数 据	
U_N(kV)	10	≥	U_N(kV)	10
I_N(A)	400	≥	I_{max}(A)	350
i_{max}(kA)	30	≥	i_{sh}(kA)	7.14
$I_t^2 t$[(kA)².s]	14²×5=980	≥	$I_\infty^2 t$[(kA)².s]	7.84

6-6 选择变比 200/5 的 LA-10 型电流互感器，$I_{1N}=200$ A，$I_{2N}=5$A，$K_{es}=160$，$K_t=90$，0.5级，二次额定负荷 $Z_{2N}=0.4Ω$，动热稳定性均满足要求。

6-7 低压断路器额定参数与计算数据比较见附表Ⅳ-6。

低压断路器额定参数与计算数据比较　　　　　　　　　　附表Ⅳ-6

设 备 参 数		DW15-600	比较条件	计 算 数 据	
U_N(V)		380	≥	U_N(V)	380
I_N(A)		600	≥	I_{max}(A)	250
过电流脱扣器额定电流	$I_{N·OR}$(A)	600	≥	I_{max}(A)	250
瞬时过电流脱扣器动作电流	$I_{op(o)}$(A)	$KI_N=3×200=600$	≥	$K_{rel}I_{pk}$(A)	1.35×400=540
			≤	$K_{OL}I_{al}$(A)	4.5×350=1 575
长延时过电流脱扣器动作电流	$I_{op(l)}$(A)	$KI_N=1×300=300$	≥	$K_{rel}I_{max}$(A)	1.1×250=275
			≤	$K_{OL}I_{al}$(A)	1×350=350
灵敏度校验	K_s	$I_k^{(1)}/I_{op(o)}=5.8$	>	K_s	1.5
断流能力校验	I_{oc}(kA)	30	≥	I_k	9.8

第七章 导线和电缆的选择

7-8 选择 BV-0.5-3×50+1×25 mm²。

7-9 选择 BLV-0.5-70 mm² 塑料铝芯绝缘导线。

7-10 选择导线为 BLX-0.5-3×35+1×25 mm²。

7-11 选择导线为 LJ-50，发热条件和机械强度均满足要求。

7-12 选择 LGJ-70 mm²，发热条件和机械强度均满足要求。

7-13 $S_{ec}=35$ mm²，选择 YJV-3×35 mm² 电缆，发热条件和短路热稳定性均满足要求。

参考文献

[1] 李英姿,洪元颐. 现代建筑电气供配电设计技术[M]. 北京:中国电力出版社,2008.
[2] 马誌溪. 供配电工程. 清华大学出版社[M]. 北京:2009.
[3] 马誌溪. 建筑电气工程基础设计实施实践[M]. 北京:化学工业出版社,2006.
[4] 方潜生. 建筑电气[M]. 北京:中国建筑工业出版社,2010.
[5] 段春丽,黄仕元. 建筑电气[M]. 北京:机械工业出版社,2006.
[6] 翁双安. 供配电工程设计指导[M]. 北京:机械工业出版社,2008.
[7] 马誌溪. 电气工程设计[M]. 北京:机械工业出版社,2002.
[8] 江文,许慧中. 供配电技术[M]. 北京:机械工业出版社,2005.
[9] 唐志平. 供配电技术[M]. 北京:电子工业出版社,2008.
[10] 戴绍基. 建筑供配电技术[M]. 北京:机械工业出版社,2003.
[11] 王晓丽,孙宇新,沈明元. 建筑供配电与照明(上册)[M]. 北京:人民交通出版社,2008.
[12] 刘介才. 工厂供电设计指导[M]. 北京:机械工业出版社,1998.
[13] 中国航空工业规划设计研究院. 工业与民用建筑配电设计手册(第三版)[M]. 北京:中国电力出版社,2005.
[14] 杨玉红,李梅芳. 供电与照明工程计算机辅助设计指导[M]. 北京:中国建筑工业出版社,2008.
[15] 魏金成. 建筑电气[M]. 重庆:重庆大学出版社,2005.
[16] 注册电气工程师执业资格考试复习指导教材编委会. 注册电气工程师执业资格考试习题集(供配电专业)[M]. 北京:中国电力出版社,2008.
[17] 冯建勤,冯巧玲. 电气工程基础[M]. 北京:中国电力出版社,2010.